高等职业教育旅游与酒店管理类专业"十三五"规划系列教材

宴会设计与运作管理

（第 2 版）

主　编　周妙林

副主编　陈　青

参　编　丁　霞　樊　平

U0242684

东南大学出版社

·南京·

图书在版编目(CIP)数据

宴会设计与运作管理/周妙林主编. —2 版. —南京：东南大学出版社,2014.4(2022.1重印)
ISBN 978-7-5641-4798-3

Ⅰ. ①宴…　Ⅱ. ①周…　Ⅲ. ①宴会—设计—高等职业教育—教材　②宴会—商业管理—高等职业教育—教材　Ⅳ. ①TS972.32　②F719.3

中国版本图书馆 CIP 数据核字(2014)第 053622 号

宴会设计与运作管理

出版发行	东南大学出版社
社　　址	南京市四牌楼 2 号　邮　编　210096
网　　址	http://www.seupress.com
电子邮箱	press@seupress.com
经　　销	全国各地新华书店
印　　刷	苏州市古得堡数码印刷有限公司
开　　本	787 mm×1092 mm　1/16
印　　张	15.75
字　　数	424 千字
版　　次	2014 年 4 月第 2 版
印　　次	2022 年 1 月第 3 次印刷
书　　号	ISBN 978-7-5641-4798-3
定　　价	45.00 元

本社图书若有印装质量问题,请直接与营销部联系。电话(传真):025-83791830。

出 版 说 明

当前职业教育还处于探索过程中,教材建设"任重而道远"。为了编写出切实符合旅游管理专业发展和市场需要的高质量的教材,我们搭建了一个全国旅游管理类专业建设、课程改革和教材出版的平台,加强旅游管理类各高职院校的广泛合作与交流。在编写过程中,我们始终贯彻高职教育的改革要求,把握旅游管理类专业课程建设的特点,体现现代职业教育新理念,结合各校的精品课程建设,每本书都力求精雕细琢,全方位打造精品教材,力争把该套教材建设成为国家级规划教材。

质量和特色是一本教材的生命。与同类书相比,本套教材力求体现以下特色和优势:

1. 先进性:(1)形式上,尽可能以"立体化教材"模式出版,突破传统的编写方式,针对各学科和课程特点,综合运用"案例导入"、"模块化"和"MBA 任务驱动法"的编写模式,设置各具特色的栏目;(2)内容上,重组、整合原来教材内容,以突出学生的技术应用能力训练与职业素质培养,形成新的教材结构体系。

2. 实用性:突出职业需求和技能为先的特点,加强学生的技术应用能力训练与职业素质培养,切实保证在实际教学过程中的可操作性。

3. 兼容性:既兼顾劳动部门和行业管理部门颁发的职业资格证书或职业技能资格证书的考试要求又高于其要求,努力使教材的内容与其有效衔接。

4. 科学性:所引用标准是最新国家标准或行业标准,所引用的资料、数据准确可靠,并力求最新;体现学科发展最新成果和旅游业最新发展状况;注重拓展学生思维和视野。

本套丛书聚集了全国最权威的专家队伍和由江苏、四川、山西、浙江、上海、海南、河北、新疆、云南、湖南等省市的近 60 所高职院校参加的最优秀的一线教师。借此机会,我们对参加编写的各位教师、各位审阅专家以及关心本套丛书的广大读者致以衷心的感谢,希望在以后的工作和学习中为本套丛书提出宝贵的意见和建议。

高等职业教育旅游与酒店管理类专业"十三五"规划系列教材编委会

高等职业教育旅游与酒店管理类专业
教材编委会名单

顾问委员会（按姓氏笔画排序）

沙　润　周武忠　袁　丁　黄震方

丛书编委会（按姓氏笔画排序）

主　任　朱承强　陈云川　张新南

副主任　毛江海　王春玲　支海成　邵万宽　周国忠
　　　　　董正秀　张丽萍

编　委　丁宗胜　马洪元　马健鹰　王　兰　王志民
　　　　　方法林　卞保武　朱云龙　刘江栋　朱在勤
　　　　　任昕竺　汝勇健　朱　晔　刘晓杰　李广成
　　　　　李世麟　邵　华　沈　彤　陈克生　陈苏华
　　　　　陈启跃　吴肖淮　陈国生　张建军　李炳义
　　　　　陈荣剑　杨　湧　杨海清　杨　敏　杨静达
　　　　　易　兵　周妙林　周　欣　周贤君　孟祥忍
　　　　　柏　杨　钟志慧　洪　涛　赵　廉　段　颖
　　　　　唐　丽　曹仲文　黄刚平　巢来春　崔学琴
　　　　　梁　盛　梁　赫　韩一武　彭　景　蔡汉权
　　　　　端尧生　霍义平　戴　旻

修 订 前 言

　　为了全面贯彻落实《国务院关于大力推进职业教育改革与发展的决定》和教育部关于职业教育课程和教材建设总体要求与意见，以更好地适应我国餐饮市场经济发展，满足高职高专院校教育改革和发展的要求，我们在东南大学出版社的倡导下，于2008年组织部分有实际餐饮管理工作经验的专业教师编写了这本《宴会设计与运作管理》教材。本教材面世以来多次重印，深受各院校及广大读者的青睐，为了使本教材更加紧跟时代的步伐，满足教学及广大读者的需求，我们在东南大学出版社的提议下，在本书上一轮的教材（东南大学出版社2009版）基础上进行了较大的修增，具体有如下几方面特点：

　　一、本教材以教学目标为宗旨、以技能为核心、以知识为基础、以管理提升学生综合能力为指南，结合国家职业技能鉴定考核的标准，本着适用、实用、实践的原则，打破了传统教材编写的条框，摒弃重理论、轻实践的模式，采用模块组合的方法，由简到繁、由易到难、循序渐进、图文并茂，按学生的认识规律和操作顺序排列，既方便教学，又提高学生的实际操作能力和实际水平。

　　二、随着我国国民经济的快速发展，各种形势及政策发生了较大的变化，人们的消费观念有较大的改变，为了紧随餐饮行业的发展，培养学生的综合能力，本书新增加一章"主题宴会的设计"内容，这有利于学生及读者在今后的工作中能够充分发挥自己主题宴会设计的创造力，使教材更加富有时代特色和前瞻性。

　　三、整个教材以案例为引导，每个章节不但有"本章导读"、"特别提示"、"小资料"、"本章小结"、"复习思考题"、"实训题"等栏目，而且将探究式、互动式、开放式的教学方法融入编写内容中，使每个章节内容既相对独立又相互交叉，以模块的方式组合在一起，以满足不同院校、不同专业、不同学制、不同地域的教学实践需要，方便教学，由此形成崭新的教材体系。

　　四、本教材共分为十二章，在上一轮本课程教材的基础上进行了调整，分别为概述、宴会菜单设计的原则与要求、常见宴会菜单设计、特殊宴会菜单设计、美食节策划与菜单设计、主题宴会的设计、宴会台型的设计、宴会台面设计、宴会服务、宴会部的组织机构与工作职责、宴会的质量与成本控制、宴会部的促销与内部管理。调整后的章节结构更为合理，内容更加丰富，并且用大量的菜单实例及图片来加以说明，有利于学生理论联系实际，尽快掌握各种宴会设计与运作管理的能力。本书既可以作为高等职业院校餐饮管理、烹饪专业及培训机构的教材，又可作为各类酒店及餐饮从业人员工作之范本。

　　本教材由南京旅游职业学院周妙林编写第一、第二、第三、第四、第五、第十、第十一章；丁霞编写第六、第七章；樊平编写第八章；陈青编写第九、第十二章；全书由周妙林主编，陈青副主编，周妙林统稿。

　　本教材在编写过程中参考和借鉴了国内外众多专家学者及酒店的最新研究成果，第六章的图片来自2013年全国及江苏院校技能大赛的部分餐桌台面设计的作品，并得到南京旅游职业学院领导的大力支持，还得到南京金陵饭店副总经理花惠生同志，南京旅游职业学院陆理民、朱林生等同志的帮助和指导。在此对以上为本书做出贡献的单位与同志谨致衷心的感谢。

　　由于编者水平有限，书中不足之处，敬请读者不吝赐教。

编　者

2014 年 2 月 28 日

知 识 篇

第一章　概述 …………………………………………………………… 003
　第一节　宴会的起源与演变 ………………………………………… 003
　　一、宴会的起源 ………………………………………………… 004
　　二、宴会的演变 ………………………………………………… 005
　第二节　宴会的改革与创新 ………………………………………… 008
　　一、宴会的改革 ………………………………………………… 009
　　二、宴会的创新 ………………………………………………… 011
　　三、宴会的发展趋势 …………………………………………… 014
　第三节　宴会的特点与作用 ………………………………………… 016
　　一、宴会的特点 ………………………………………………… 016
　　二、宴会的作用 ………………………………………………… 017
　　三、宴会的要求 ………………………………………………… 019
　第四节　宴会的分类与内容 ………………………………………… 021
　　一、宴会的分类 ………………………………………………… 021
　　二、宴会的命名 ………………………………………………… 024
　　三、宴会的内容 ………………………………………………… 025

第二章　宴会菜单设计的原则与要求 ………………………………… 029
　第一节　宴会菜单设计的原则 ……………………………………… 029
　　一、以宾客需求为核心 ………………………………………… 030
　　二、以客观条件为依据 ………………………………………… 030
　　三、以价格高低为标准 ………………………………………… 031
　　四、以经营特色为重点 ………………………………………… 032
　　五、以科学组合为目标 ………………………………………… 033
　第二节　宴会菜单设计的要求 ……………………………………… 034
　　一、选用原料要有广泛性 ……………………………………… 034
　　二、选择菜肴要突出季节性 …………………………………… 035
　　三、菜肴构成要突出地方性 …………………………………… 036
　　四、烹调方法要有多变性 ……………………………………… 036
　　五、菜肴口味要有差异性 ……………………………………… 036

六、菜肴色彩要有丰富性 ································· 037

七、菜肴形态要有多样性 ································· 037

八、菜肴质感要有多种性 ································· 038

九、菜肴营养要有平衡性 ································· 039

十、菜肴数量要有合理性 ································· 039

第三节 宴会菜单设计的程序 ···························· 041

一、明确菜单类别 ···································· 041

二、了解菜单规格 ···································· 041

三、选定菜肴名称 ···································· 042

四、规定菜肴原料 ···································· 043

五、核算菜肴成本 ···································· 044

六、确定菜肴品种 ···································· 046

技 能 篇

第三章 常见宴会菜单设计 ······························ 051

第一节 中式宴会菜单设计 ···························· 051

一、中式宴会菜单设计的特点 ······················ 051

二、中式宴会菜品设计的要求 ······················ 052

三、中式宴会菜单设计的方法 ······················ 053

四、中式宴会菜单设计实例 ························ 056

五、中式宴会菜肴制作的关键 ······················ 061

第二节 西式宴会菜单设计 ···························· 062

一、西式宴会菜单设计的特点 ······················ 062

二、西式宴会菜单设计的要求 ······················ 063

三、西式正式宴会菜单设计的方法 ·················· 064

四、鸡尾酒会菜单设计的方法 ······················ 066

五、冷餐酒会（自助餐会）菜单设计的方法 ·········· 068

第三节 中西合璧宴会菜单设计 ························ 075

一、中西合璧宴会的特点 ·························· 075

二、中西合璧宴会菜单设计的要求 ·················· 075

三、中西合璧宴会菜单设计的方法 ·················· 076

第四章 特殊宴会菜单设计 ······························ 082

第一节 烧烤宴会菜单设计 ···························· 082

一、烧烤宴会菜单设计的特点 ······················ 082

二、烧烤宴会菜单设计的要求 ······················ 083

三、烧烤宴会菜单设计的方法 ······················ 084

四、烧烤菜肴制作中的注意事项 ···················· 086

第二节　火锅宴会菜单设计 ………………………………………………… 087

一、火锅的种类 …………………………………………………………… 087

二、火锅宴会的特点 ……………………………………………………… 088

三、火锅宴会菜单设计的要求 …………………………………………… 089

四、火锅宴会菜单设计的方法 …………………………………………… 090

五、火锅宴会菜单设计中的注意事项 …………………………………… 092

第三节　特色宴会菜单设计 ………………………………………………… 094

一、特色宴会的分类 ……………………………………………………… 094

二、特色宴会的特点 ……………………………………………………… 094

三、特色宴会设计的要求 ………………………………………………… 095

四、特色宴会菜单设计的方法 …………………………………………… 096

第四节　大型宴会菜单设计 ………………………………………………… 098

一、大型宴会的特点 ……………………………………………………… 099

二、大型宴会菜单设计的要求 …………………………………………… 099

三、大型宴会菜单设计的方法 …………………………………………… 100

四、大型宴会菜单设计的实例 …………………………………………… 100

五、制作大型宴会菜肴的注意事项 ……………………………………… 101

第五章　美食节策划与菜单设计 …………………………………………… 103

第一节　美食节的特点与种类 ……………………………………………… 103

一、美食节的特点 ………………………………………………………… 103

二、美食节的种类 ………………………………………………………… 105

第二节　美食节策划的方法与步骤 ………………………………………… 107

一、美食节策划的方法 …………………………………………………… 108

二、举办美食节的步骤 …………………………………………………… 109

第三节　美食节菜单设计的要求与原则 …………………………………… 111

一、美食节菜单设计的要求 ……………………………………………… 111

二、美食节菜单设计的原则 ……………………………………………… 112

三、美食节菜单设计 ……………………………………………………… 113

四、美食节菜单设计实例 ………………………………………………… 114

第四节　美食节运作中的管理 ……………………………………………… 118

一、美食节的宣传与促销管理 …………………………………………… 118

二、美食节气氛与环境布置管理 ………………………………………… 121

三、美食节菜品制作管理 ………………………………………………… 122

四、美食节资料与档案管理 ……………………………………………… 124

第六章　主题宴会的设计 …………………………………………………… 126

第一节　主题宴会的特征与分类 …………………………………………… 126

一、主题宴会的特征 ……………………………………………………… 126

二、主题宴会的分类 ·· 127

第二节　主题宴会设计的原则和要求 ·························· 128

一、主题宴会设计的原则 ···································· 128

二、主题宴会设计的要求 ···································· 129

第三节　主题宴会设计的作用与方法 ·························· 130

一、主题宴会设计的作用 ···································· 130

二、主题宴会设计的程序 ···································· 131

三、主题宴会设计的方法与案例 ······························ 132

第四节　主题宴会的发展趋势 ································ 132

一、菜肴讲究营养化 ·· 133

二、运行讲究卫生化 ·· 133

三、组配讲究节俭化 ·· 133

四、操作讲究精细化 ·· 133

五、设计讲究特色化 ·· 133

六、品种讲究多样化 ·· 133

七、场面讲究美境化 ·· 134

八、饮食讲究趣味化 ·· 134

九、制作讲究快速化 ·· 134

十、形式面向国际化 ·· 134

第七章　宴会台型的设计 ···································· 136

第一节　中式宴会台型设计 ·································· 136

一、中式宴会台型的种类 ···································· 136

二、中式宴会台型设计的方法 ································ 137

三、中式宴会台型设计的关键 ································ 138

第二节　西式宴会台型设计 ·································· 139

一、西式宴会台型设计的种类 ································ 140

二、西式宴会台型设计的技法 ································ 141

三、西式宴会台型设计的关键 ································ 142

第三节　大型宴会台型设计 ·································· 142

一、大型宴会台型的种类 ···································· 142

二、大型宴会台型设计的技法 ································ 145

三、大型宴会台型设计的注意事项 ···························· 145

第八章　宴会台面设计 ······································ 147

第一节　宴会台面种类与设计要求 ···························· 147

一、宴会台面的种类 ·· 147

二、宴会台面设计的基本要求 ································ 148

第二节　宴会摆台与装饰 ···································· 149

一、中餐宴会的摆台与装饰 ……………………………………………… 149
二、西餐宴会的摆台与装饰 ……………………………………………… 152
三、冷餐酒会的设计与装饰 ……………………………………………… 155

第九章　宴会服务 …………………………………………………………… 158
第一节　宴会服务类型与特点 ………………………………………… 158
一、宴会服务的类型 ……………………………………………… 158
二、宴会服务的特点 ……………………………………………… 159
第二节　宴会服务程序与标准 ………………………………………… 160
一、中餐宴会服务的程序与标准 ………………………………… 160
二、西餐宴会服务的程序与标准 ………………………………… 163
第三节　宴会酒水设计与服务要求 …………………………………… 169
一、酒水在宴会中的作用 ………………………………………… 170
二、常用酒水品种的特点 ………………………………………… 170
三、宴会酒水的设计 ……………………………………………… 174
四、宴会酒水的服务要求 ………………………………………… 175

管 理 篇

第十章　宴会部的组织机构与工作职责 ………………………………… 181
第一节　宴会部组织机构的设置 ……………………………………… 181
一、宴会部组织机构设置原则 …………………………………… 181
二、宴会部组织机构设置 ………………………………………… 182
三、宴会部人员的配备 …………………………………………… 185
第二节　宴会部员工的素质要求 ……………………………………… 187
一、宴会部员工仪容仪表的要求 ………………………………… 187
二、宴会部员工基本素质要求 …………………………………… 190
第三节　宴会部员工的工作职责 ……………………………………… 193
一、宴会部管理层人员工作职责 ………………………………… 193
二、宴会部作业层人员工作职责 ………………………………… 198

第十一章　宴会的质量与成本控制 ……………………………………… 202
第一节　宴会的质量控制 ……………………………………………… 202
一、宴会质量控制程序 …………………………………………… 202
二、宴会菜品质量控制方法 ……………………………………… 203
三、宴会服务质量控制措施 ……………………………………… 205
第二节　宴会的成本控制 ……………………………………………… 209
一、宴会的成本控制范围 ………………………………………… 209
二、宴会菜品的定价与成本控制 ………………………………… 210

三、宴会酒水的定价与成本控制 ·· 216

四、宴会其他费用的成本控制 ·· 220

第十二章　宴会部的促销与内部管理 ···································· 223

第一节　宴会的促销 ·· 223

一、宴会促销的形式 ·· 224

二、宴会促销的方法 ·· 224

第二节　宴会厅设备设施与环境管理 ···································· 225

一、宴会厅设备设施要求及管理 ·· 226

二、宴会厅的环境要求及管理 ·· 227

第三节　宴会厅收银管理 ·· 229

一、宴会厅收银程序及要求 ·· 230

二、账款管理及报表 ··· 231

第四节　宴会娱乐项目设计及管理 ······································ 231

一、宴会娱乐项目的设计 ·· 232

二、宴会娱乐项目的管理 ·· 232

三、宴会娱乐项目的开发 ·· 234

第五节　宴会部运作中的特殊情况处理 ·································· 235

一、客人的投诉处理 ··· 235

二、宴会服务中较为典型的问题处理 ···································· 236

参考文献 ··· 240

知识篇

第一章　概　述

本章导读

宴会设计与运作管理,就是餐饮企业根据用餐者的对象、饮食习惯、标准等不同,设计出不同类别规格的菜单,并根据宴会的操作程序,设定要求,进行有效的组织,从而达到原定目标的一项行动。

我国宴会历史悠久,种类繁多,博大精深,驰誉中外,随着我国国民经济的快速发展,人民生活水平的不断提高,国内外各项交流日益频繁,宴会的设计与运作管理显得十分重要,宴会不仅是最高级的餐饮形式,也是风俗礼仪、餐饮文化的综合表现,宴会设计与运作管理的好坏,不仅是衡量餐饮企业管理水平高低,而且又是衡量餐饮企业是否有竞争力的重要指标,本章主要对宴会的起源、演变、改革及发展趋势有一个较全面的介绍,并对宴会的特点、作用、分类方法、命名内容进行了明确表述,这对研究宴会设计与运作管理者来说,是一项必备的知识,同时又给餐饮管理者提高管理水平、厘清管理思路打下良好的基础。

第一节　宴会的起源与演变

引导案例

有一美国政府妇女代表团第一次到中国考察,每到一个城市,当地政府都用中国传统宴会形式招待她们。她们吃遍了中国的美味佳肴,领略各地风俗人情,深感中国不愧是礼仪之邦、烹饪王国。有一天,代表团中有一位女记者好奇地连问服务员三个问题:中国古代皇帝举办宴会吃的是什么菜? 宴会的形式及规格和现代宴会有什么不同? 每次宴会安排很多菜肴,吃不完你们怎么处理? 这三个问题服务员无法应答,只能说"我请我们的领导来回答你们的问题"。如果那位女记者问你的话,你能回答她提出的问题吗?

宴会又称筵席、酒席、筵宴等,都是指人们为了达到某一心愿或目的,用较讲究的酒菜招待客人的一种多人聚餐的形式。

中国宴会的起源与演变,有一个漫长而不断完善的历史进程,几千年来,人们经过代代相传和不断变革,形成现代各种丰富多彩的宴会,为进一步满足当代人们的生活需求,深入研究宴会起源及演变的过程具有一定的现实意义。

一、宴会的起源

宴会是由古代筵席一词演变而来的,《周礼·春宫·司几筵》注疏说"铺陈曰筵、籍之曰席"。古代人生活习惯及饮食时都席地而坐,"筵席"原本是古人铺在地上的坐具,为了防潮、讲卫生,就用蒲苇等粗料编成四周尺寸大约为一丈六尺的"筵"铺于地面。在"筵"上面再铺一块用莞草等细料编成的四周尺寸大约为八尺的"席",筵与席的摆设方式是筵在下,席在上,筵与席的区别是筵大席小,筵粗席细,席就作当时的座位,所用食品菜肴就放在前席的"几"上。这就构成古代的筵席。而"宴会"从字义上看是指宴饮的聚会。由此看来,"筵席"与"宴会"的区别在于前者强调了内容,较具体,而后者注重形式和聚会的氛围,其含义也比较广。尽管筵席与宴会略有区别,但其实质内容是一致的,所以当今人们往往将筵席与宴会等同使用,这完全是可以理解的。

那么,我国宴会到底起源于何时,根据考证,大致起源于夏代,因为宴会形成,一是必须要有一定的物质基础,尽管当时生产力水平很低,但人们基本解决了衣不蔽体、食不果腹的状况,社会上有了一定的剩余产品,人与人之间有了"礼"的要求,才逐渐形成一种就餐方式。当时,氏族内部或氏族之间,为商讨大事而举行各种隆重的聚会,并伴有聚餐,这就是古代宴会的雏形。二是必须要有一定的先决条件,如祭祀、礼俗、宫室、起居等。

(一) 祭祀活动是形成宴会雏形的基础

早在远古时期,生产力水平低下,先民对许多自然现象和社会现象无法理解,如对雷电交加、刮风下雨、洪水泛滥、野兽袭人等表现得无能为力,无法解释,久之便产生天神旨意、祖宗魂灵等观念,出现原始的祭祀活动。要祭祀,必须准备一些食品,供神灵享用,以表心意。于是祭品和陈放祭品的礼器应运而生。根据有关记载,周天子九鼎为"太牢",诸侯七鼎为"大牢",大夫五鼎为"少牢",这些都是王室用于祭奠天神或祖宗用的。至于民间,如单祭天神,求赐丰收,一只猪蹄便可以;如果单祭战神,保佑胜利,杀条狗也就行了。至于礼器,则有木制的豆、瓦制的登、竹制的笾等。每逢大礼,还要击鼓奏乐,诵诗跳舞,宾朋云集,礼仪颇为隆重,祭祀完毕,若是国祭,君王则将祭品分赐大臣;若是家祭,亲朋好友将共享祭品。这样,祭品转化为宴会上的菜品,礼器演变成宴会上的餐具,这就是古代宴会的雏形。

(二) 各种礼俗是促进宴会进步的动力

我国历代是一个礼仪之邦,非常讲究各种礼节,早在先秦时期,无论是宫廷官府,还是平民百姓,都十分重视礼俗,如敬事神鬼的"吉礼",朝聘过从的"宾礼",征讨不服的"军礼",婚庆喜事的"嘉礼",男子成年行"冠礼",女子成年行"笄礼",孩子出生行"洗礼",庆祝祝寿行"寿礼",辞世行"丧礼"等等。按照常规,行礼必要设宴,如菜肴欠丰,便是礼节不恭,轻者受到耻笑,重者引起争端,所以古代宴会的形成与古代各种礼俗有着密切的联系。

(三) 宫室起居是提升宴会规格的条件

古代宴会多在宫内进行,其形式自然受宫室条件的制约,尤其夏商周三代,先民还保持着原始人的穴居遗风,尚无桌椅,以"筵"铺地,"席"为坐具,再由坐具引申为饮宴场所,后出现房屋之后,才有真正意义上的宴会,由于古时餐具以陶罐、铜鼎为主,形似香炉,体积甚大,煮制食物较多,但菜点品种不多,一般一人一鼎,对于德高望重的老人和贵族才能增至三鼎或五鼎。这种宫室起居规定在以后宴会形成过程中关系重大。

(四) 节日节会是传承宴会发展的纽带

古代宴会形成的另一原因是人们每年在季节的转换、年岁的更替等一些特别日期举行的庆祝或纪念活动,这些活动除必要的仪式外,不乏组织群体的聚餐活动,大到一个村落人相聚会餐,小到一个家族的团聚就餐等一系列的饮食活动。其聚餐菜品,形式每年基本相似,这种节日节会的庆祝和纪念等活动,年复一年,代代相传,逐步形成民俗节日及风俗习惯,它具有一定的传承性、社交性、多人聚餐等宴会的基本特征,也是我国宴会形成和发展的重要成因。

二、宴会的演变

我国的宴会经过几千年的演变,不断地得到了发展,大致分为如下几个方面:

(一) 宴会形式上的演变

宴会形式的演变可以追溯到夏代前后,当时并无多大讲究,参加的人员是在半地穴的屋子里围坐而已。到了殷朝时期,各代殷王为祭祀他们的祖先,就用牛鼎、鹿鼎等盛器来盛装祭品。祭祀完毕,所参加者便围在那些装满食物的祭器旁尽情饱餐一顿。所以在《礼记·表记》中记载"殷人尊神,率民以事神,先鬼而后礼",当时奴隶主阶级为了加强统治地位,极力宣传"君权神授"的唯心史观,加剧了古人对神鬼的崇拜,祭礼名目繁多,诸如衣祭、翌祭、侑祭、御祭等等。祭祀活动逐步升级,日渐成习,这些祭礼,实际上是一次次宴会,后来殷人逐渐模仿祭祀鬼神的做法来宴请客人,如殷纣王,最为奢侈,根据《史记正义》引《括地志》,纣王当政,荒淫无道,搞起酒池肉林大宴,"使男妇俱,相逐其间,为长夜之饮",开了夜宴的先河。

到了周朝时期宴会的形式有了很大的改变,从过去宴会为祭祀而设的惯例,随即出现了许多为活人而设的宴会制度,从过去上至天子,下至庶民一概席地而坐,而出现"大射礼"、"乡饮酒礼"、"公食大夫礼"等诸多名目,实现宴会边列制度,这种制度规定,如果进食者身份高贵或是年老者,可以凭食几而食,有的宴会是站着进食的,比如三年举行一次"乡饮酒礼"规定:六十岁以上的人才可以坐席而食,而六十岁及以下的人只能站着伺候长者,站着饮食。同时在许多场合设立了献食制度,按规定,贵客和尊主进食,均由自己的妻妾举案献食或用仆从进食,吃一味献一味,一味献毕,再献另一味,汉代孟光举案齐眉的故事,在我国妇孺皆知。至于天子膳食,则由膳夫献食,膳夫要先尝食,目的是为了表示食物无毒,方可献食于天子。这一制度周秦、两汉、南北朝以来一直如此,成为古代宴会中的一种礼仪规定。

隋唐五代时,由席地而食发展至站立凭桌而食。我们的祖先制成了桌椅,将人从跪坐中解放了出来。宴会的席面有了改变,进食由席地而坐,上升为坐椅凳,凭桌而食,席面也随之升高了,筵席的概念换上了新的内容,不再代表旧时铺地的坐垫了。到了五代前后宴会形式有了突破性发展,食案有所改变,不再列席,多用作献食捧盘了,便有了木椅,椅背上有靠背椅单,用虎皮之类做成。即叫太师椅,铺在地上筵席,后来也升到了桌上,成了围桌的桌帏,只不过把编苇制品变成了布制品。从此那种席地而宴的不卫生的局面也就结束了。五代时贵家饮宴实行一人一桌一椅的一席制,每个席面上各置食馔数簋,是分食制(见韩熙载《夜宴图》),这既符合饮食卫生要求,也说明分食制并不是仅兴于西方国家的饮食方式。直到明代官僚豪绅宴会仍循此制度。也有联席者,一长桌面,同时坐两三位来宾,唐宋还有十多人围大方桌宴饮。

明清时期，宴会的形式又有很大的改变，明朝时期，有了八仙桌，清代康熙、乾隆年间出现圆桌，又叫团圆桌，清人林兰痴特地记载了扬州园中出现的团桌，他还写了一首诗"一席团桌月印偏，家园无事漫开筵。客来不速无须虑，列坐相看面面园。"由于团桌有方便之处，且利于就餐者平等相会，现在不仅用于民间，而且用于国宴，风行全国，流传四海。宴会随着社会历史的不断发展，其宴会的形式也产生了不断的变化，同时也改变了人们不良的饮食习俗，逐渐趋向健康文明的饮食方向发展。

（二）宴会规格上的演变

先秦时期宴会并无一定的规格要求，根据《周礼》、《礼记》等书的追记，虞舜时代已出现"燕礼"这是一种敬老宴，每年举行多次，主要慰问本族耆老和外姓长者，其形式是先祭祖、后围坐，吃些狗肉，饮几杯米酒，较为简单。进入夏朝敬老之风尚存，但扩大了宴会规模，夏桀当政，追逐四方珍异，宴会渐渐开奢靡之风。殷商时期也不太讲究规格，但殷人嗜酒，奢好群饮，菜品有牛肉等，已较前丰富，到了周代时期才有一定的规格制度，往往以菜点的多少体现森严的等级差别。如："天子之豆二十有六，诸公十有六，诸侯十有二，上大夫八，下大夫六。"（见《礼记·礼器》），有时周天子的饮宴也相当奢侈，他一餐饭须准备 6 种粮食，6 种牲畜，6 种饮料，8 种珍馐，120 道菜和 120 种酱。一些官宴也大大超过规格，据《仪礼·公食大夫礼》记载，一个诸侯请上大夫赴宴，也有正馔 33 件，加馔 12 件，共有 45 个馔肴。至于"乡饮酒礼"就规定，60 岁的享用 3 道菜，70 岁的享用 4 道菜，80 岁的享用 5 道菜，90 岁的享用 6 道菜等，这大概是后世制定菜单与宴会设计的来历。但到了战国时期，菜肴的数量就没有这么多了。屈原在《招魂》中所描述的一个菜单，主食 4 种、菜品 8 种、点心 4 种和饮料 3 种，《大招》中的席单列出楚地主食 7 种、菜品 18 种和饮料 4 种。比起周代时期，菜品数量有些简化。

两汉时期，虽然不是食前方丈，但也不亚于周代时期的排场，有时菜品有增无减，并且食用的菜品精美得多。从长沙马王堆汉轪侯墓一个食物单显示，共有品类 100 多种（见中国科学院考古所《长沙马王堆一号汉墓》上册）。虽然这些出于墓葬之中，但也反映了墓主人生前的真实生活。

唐宋时期，经济飞速发展，科学文化相当发达，当时的中国是东方最强大的封建国家，来中国传教、学习、贸易等内外交往日益频繁，宴会的规格也进入了一个变革的发展时期，如《镜花缘》中有一段关于宴会的描述：宾主就位之初，除果品外，冷菜 10 余种，酒过一、二巡，则上小盘小碗，少则或 4 或 8，多者 10 余种至 20 多种不等，其间上点心 12 道，小吃上完再上正肴，菜既奇丰，碗亦奇大，或 8 至 10 余种不等，另有唐中宗时期出现大臣拜官后，向皇帝进献烧尾宴的惯例，如唐代韦巨源招待唐天子的烧尾宴，用了 58 种珍肴（见北宋陶穀《清异录·馔羞门》）。到了南宋绍兴二十一年（1151 年），清河郡王张俊接待宋高宗及随员，便按职位高低摆出 6 种席面，不仅皇帝计有 250 件看馔，就连侍卫也是"各食 5 味"，每人羊肉 1 斤，馒头 50 个，好酒 1 瓶（见《武林旧事》卷 9）。唐宋御宴，不仅菜多，桌次也多，赴宴者常常多达数百人，另外，在宴会的用料上更为广泛，已从山珍扩大到海味，由家禽扩展到异物，菜肴花式推陈出新，此外，由古时的钉饾演变而来的"看盘"，也出现在市场宴会上，为席面增色不少。

明清时期，宴会已日趋成熟，无论是餐饮设施、设备，还是菜品、宴会的规格和种类，都集历代之大成者，是前世无法比拟的。从宴会的规模和结构来看，唯有"千叟宴"其规模之大、等级之高、耗资之巨。"千叟宴"系清代宫廷为年老重臣和各地贤达耆老举办的宴会。

由于参加者人多年长,均 60 岁以上的男子,每次都超过千人或数千人,故称"千叟宴"。清代千叟宴,从康熙到嘉庆前后举办四次,即第一次康熙五十二年三月二十五日和二十七日两次宴赏在 65 岁以上耆老,人数达 2 800 余人。第二次在康熙六十一年正月新春,皇帝又宴请 60 岁以上耆老 1 000 余人,分满汉两批入席。第三次乾隆皇帝五十年间参加的耆老共有 3 000 多人。第四次在乾隆六十一年间,这次入宴的群臣耆老达 5 000 多人。到了嘉庆以后,由于财力不足,这种规模盛大的宫廷宴礼再也不举办了。后来,清代官场中流行一种"满汉全席"规定,满族菜和汉族菜并举,大小菜肴共 108 件,其中南菜 54 件,北菜 54 件,且点菜不在其中,随点随加,有时满汉全席菜肴多达 200 多种。到了光绪年间,西太后(慈禧)的生活更加骄奢,满汉全席菜肴更加丰富精美,一般官宦每逢宴客,也无不以设满汉全席为荣,这对宴会设计及烹调技术的发展起到了一定的促进作用。再如市肆酒楼,饭馆的宴会规格,往往以原料贵贱、碗碟多少、技艺高低来区分档次,既有高档的 16 碟 8 簋 1 点心,也有低档的"三蒸九扣"十大件,还有 16 碟 8 大 8 小,12 碟 6 大 6 小,重九席、双八席、四喜四全席,五福六寿席等,有的以一桌突出头菜命名,如燕窝席、鱼翅席、熊掌席、海参席等,还有的只准使用一种主料,可变的仅是辅料、技法与味型的全鸡席、全鸭席、全羊席、全牛席、全猪席、全蟹席等。总之,明清时期宴会无论是规模还是规格及种类等都是空前的。

1911 年辛亥革命胜利,民国成立,"满汉全席"改为"大汉全席",菜式也从 200 多款改为 72 道,许多满式菜并不入汉席之中,所以以后无满汉之分。民国以后,历年军阀混战,民不聊生,满汉全席也逐渐随之消失。菜的数量也大有减之,清末民初,社会上最为流行的 8 个冷盘,5 个大件,另外有进门点心和干果之类,称"5 簋 8 碟"的酒席菜单,也有 8 个冷盘,8 个大件的八八席菜单,后来流行的 4 大拼盘 12 菜的格局等。

新中国成立以后宴会在规格及质量上有了很大的变化和改革,菜肴数量有所变化,如社会流行的 4 冷菜 4 热炒,6 大件或 8 大件,也有 6 冷菜 8 大菜,8 冷菜 8 大菜,10 冷菜 6 大菜等不同的格局,一般宴会含冷、热菜、点心、水果等,均控制 20 个菜品左右,主要根据宴会的对象、价格的高低、宴会主人的习惯来确定菜单,国宴除冷菜外,坚持"四菜一汤",提倡"三菜一汤"。这同过去封建社会统治阶级那种宴席富有奢侈浪费,以多为贵、以奇为尚、以豪华为荣的做法,有了根本的区别和改变。

🔊 **特别提示**:随着我国国民经济的不断发展,社会的文明程度越来越高,当今,宴会菜品多少一般以够吃为标准,政府积极提倡勤俭节约,反对浪费,国宴的菜品规格从过去的"四菜一汤"逐步向"三菜一汤"标准过渡,这一改革,为形成节约型社会做出了榜样。

(三) 宴乐文化上的演变

宴乐文化主要在宴会进行过程中,伴似音乐、舞蹈或吟诗作画等活动,其目的是增加宴会气氛,提高宴会者情绪与食欲。宴乐文化大约起于殷代前后,据《史记》记载,在殷商时期纣王当政,好淫乐,每次野宴时,在离宫、馆之间,以酒为池,悬肉为林,到处笙歌管弦,深夜不绝,男女三千多人,饮到醉醺醺之时,就举行裸体歌舞,虽是荒淫无道,但可说是原始宴乐文化的雏形。到了西周时期,宴乐基本形成,并且予以制度化,《诗经宾之初筵》云:宾之初筵,左右秩秩,笾豆有楚,肴核维旅。酒既和旨、饮酒孔偕,钟鼓既设,举酬逸逸。这种钟鼓齐鸣,其乐融融的饮宴,气氛热烈,进食者食欲大振。

宋朝时期,在《东京梦华录》卷九记载北宋皇帝的寿筵,场面隆重而热烈,宴乐形式多变而有序,酒敬九巡,佳肴多达三十余道,宴乐种类有十多种,如奏乐唱歌,起舞致敬,演京师百戏,杂剧,琵琶独奏,蹴球表演,四百女童跳采莲舞,摔跤表演等,每饮一酒,上一菜,都有不同的宴乐相配,酒、食、乐彼此相侑,把与筵者的情绪侑至兴奋、极乐的最佳状态,这种一人祝寿,动用数千人张罗,实属劳民伤财。

明代皇上进御膳,都有规定乐章,明洪武元年制定的《圜丘乐章》中规定进俎时奏《凝和之曲》,彻馔奏《雍和之曲》。到嘉靖年间续定的《天成宴乐章》则规定有《迎膳曲》、《进膳曲》、《进汤曲》,并且还规定了歌词,都是为封建帝王歌功颂德,粉饰太平的陈词滥调。一般用于盛大典礼才演奏演唱,至于平时便宴,曲调临时择定,并无一定程式。

清代封建统治者更加奢侈挥霍,宫廷筵席更加铺张浪费,慈禧太后六旬庆寿期间仅演乐、唱戏两项就支银 52 万两。制办大量乐器,新添蟒袍豹皮褂、虎皮裙、羊皮套、獭皮帽等各类演出服装 2 364 件,耗银 40 671 两。为此宴乐已成为统治者靡费炫耀的手段,也是封建王朝统治没落的主因。

至于在民间就没有这么讲究,一般菜馆酒楼歌伎、乐伎或江湖卖唱之人所唱的内容,一般为当时流行的辞曲。如初唐流行王昌龄、王之涣之诗,中唐流行白居易的《长恨歌》、《琵琶行》,北宋流行苏东坡的《念奴娇·赤壁怀古》、《水调歌头·中秘》等。在古代席间作乐,还有投壶、行酒令,此与后世抽牙牌行酒令、击鼓传花行酒令等都如出一辙。划拳又是民间宴乐的重要形式,划拳又称豁拳、猜拳,相传始于唐代,由于猜拳的方式适用面广,简便易行,娱乐性强,因而历代风行不衰,至今仍为有些地区的百姓所喜爱。

新中国成立后,特别是改革开放以来,宴乐活动不断地创新,其内容富有思想性、艺术性、科学性。尤其举办有些国宴或较高档次的宴会,往往放一些音乐,举办一些小型歌舞、相声、杂技表演等文艺活动,目的是为了显示宴会的隆重,增加宴会的气氛,有利于与宴者振奋精神,怡乐其心情,增进食欲,促进国际友人交往,了解中国饮食文化。

纵观中国宴会的起源与演变,我国宴会起源于夏代,形成于周代,兴于唐宋,盛于明清,创新于现代。在封建社会里,宴会一般成为王宫贵族、达官显宦、豪绅巨贾们花天酒地、大讲排场、挥霍浪费、纵情享乐的场所,从客观上反映我国历代不同时期的政治、经济文化等方面的演变状况,随着历史的变迁,宴会从形式、规格及宴乐文化等方面从简到繁,又从繁到简,经历了一个漫长而复杂的历程,也促进了我国饮食文化的繁荣发展。

第二节　宴会的改革与创新

引导案例

某一家五星级酒店的厨师长近一段时间,工作感到十分烦恼,原因是新调来一位酒店总经理,对餐饮工作很不满意,加上客人对餐饮菜肴质量投诉也越来越多,主要讲这家酒店宴会菜肴"数量较多,变化不大,菜肴总是老品种、老口味、老式样",所以顾客越来越少,营业额逐日下降,厨师长压力也越来越大,针对这些情况,你能否帮助这位厨师长出一些高招,应采取哪些措施呢?

随着我国国民经济不断发展,人民的生活水平不断提高,国际交往日益频繁,人们对饮食的需求和对美好生活的追求有了更高的标准,在强调饮食质量的基础上,更注重精神享受和文化氛围,而宴会是饮食文化中的最高形式,如何对宴会进行改革和创新,使之更好地满足国际交往和人民生活需求,是值得我们研究的课题。

一、宴会的改革

翻开我国历代宴会演变历程,尽管在宴会的形式、规格、赴宴礼仪、格局、菜品、席位等等都有很大的差异,但我们不难发现其中有许多"遗传基因",它们同中有异,异中见同,纷繁万状、各具姿色。宴会中蕴藏着中华民族浓郁的文化和精神,也存在着严重的问题和弊端,所以我们必须在继承中吸取其精华,去其糟粕,在宴会改革中必须抓住重点,找出问题,采取措施,保证宴会的改革与时俱进,符合时代发展的要求。

(一)宴会改革的重点

1. 改革宴会的菜品结构

当今各地宴会菜品结构很不合理,都是荤菜多,素菜少;菜肴多,主食少;越是标准、售价高的宴会,菜肴安排有山珍海味、鸡鸭鱼肉等动物性原料就越多,即使安排一些素菜,也只有一至二道,在菜肴与主食的比例上差异也很大,由于宴会菜品结构的不合理,参加宴会者所摄取的脂肪、蛋白质、糖类的量与人体的所需量大大超过标准,而人体所必需的维生素、矿物质又严重缺乏,从而形成人体所需的各种营养素比例严重失调,造成很多人得了"富贵病",如高血脂、高血糖、高血压等疾病。所以宴会菜品结构的改革势在必行。

2. 改革宴会的进餐方式

在五代时,贵家饮宴实行一人一桌一椅的一席制,宴会的进餐方式很符合现代卫生要求,到了明清时期出现了八仙桌、团圆桌(圆形桌子)后,人们习惯同桌共食制,宴席中每上一盘菜或一碗汤往往众人齐下筷或在一个碗中盛汤,这样的饮食方式很容易造成传染性疾病及细菌的传播。另外在我国传统饮食习惯中,主人为了显示自己的好客,常常用自己用过的筷子给客人夹菜、敬菜点,有的地方有个规矩,主人敬来的菜点,客人不吃不礼貌,但饮食爱好各不相同,主人认为好的菜点,客人不一定很喜欢吃,结果主人敬了很多菜点,客人吃不完,感到很尴尬,也造成浪费,也不卫生,主人的这种热情和礼貌,反而使客人失去选择菜肴的权利和自由。尽管近几年来对宴会的进餐方式进行了一系列的改革,如自助餐宴会、分食制宴会等等,但传统的同桌共食制还是较普遍,这种宴会的进餐方式及传统规矩非改不可。

3. 改革宴会的消费习俗

中国宴会经过千百年来的演变,尽管有了很大的变化,但在旧的传统观念影响下,竭力追求菜肴名贵而丰盛、场面奢华而气派的饮食价值观,在人们头脑中根深蒂固,代代相互传袭,如当今有些地区推出"满汉全席"等等,这种以搜奇猎异、暴珍天物为贵,以菜品丰盛量多为尊的消费旧俗,造成有些宴会菜品数量过多,少者20多道,多者50多道,甚至更多一些,大大超过赴宴者的进食量,所以,相当多的宴会结束后,席面上剩余的菜肴数量较多,最后只能作泔水废弃,造成极大的浪费。另外由于宴会菜品过多,上菜程序、礼仪之繁缛复杂,一次宴会通常要花上23小时才能完成,这与当今社会人们生活节拍加快的时代是完全不相适应的。上述这些旧的消费习俗不但浪费社会资源,更败坏社会的风气,助长一些人的不正之风,其危险是可想而知的,所以改革宴会的消费旧俗是社会发展的必然要求。

🔊 **特别提示**:宴会菜品在装盛时,也必须做一些重大改革,防止过分的用雕品及其他工艺品来点缀菜肴,只求菜肴形与色的美而忽视了菜品固有的口味、温度、卫生等方面的要求。

(二) 宴会改革的原则

从中国传统的宴会文化来看,与当今时代发展变化已很不相适应,但宴会的改革必须从现阶段我国的国情、民情出发,顺应社会的潮流,科学地调整宴会的菜品结构,切实保证菜肴的营养卫生,大力提倡时代新风尚,实行理智消费、科学消费的理念,在保留我国宴会饮食文化风采的基础上,强化了宴会的内涵和时代气息。为此宴会的改革必须掌握如下几项基本原则:

1. 要保持宴会的基本特征

我国宴会具有聚餐式、规格化和社会性三个主要基本特征,这不仅是我国人民的饮食风格,同时也是我国饮食文明的表现,但我们在宴会设计和运作管理中,必须要注意宴会风格的统一性、配菜的科学性、工艺的丰富性、形式的典雅性,还要突出我国传统的礼仪和风俗习惯,保持一定的规格和氛围,显示待客的真诚欢迎和良好的情意。如果失去宴会的基本特征,过于简陋,则违背民意,宴会的改革就很难被人们所接受。

2. 要体现宴会在市场经济中的规律

宴会在改革中,我们既要反对那些在饮宴中千方百计猎奇求珍、穷奢极欲、挥霍浪费的习俗,又要按照当今市场经济的价值规律办事,灵活运用宴会这一特殊的"商品",满足人们正常的社交活动的需求。如婚宴、寿宴、交际宴、欢迎宴、送别宴、答谢宴等多种形式的宴会,并根据顾客需求,设计出不同规格和标准的宴会菜单,其价格和档次可分高、中、低几种,供顾客选择,只有一切按市场经济规律办事,才能顺应社会潮流。

3. 要突出宴会的民族饮食风格

我国传统的宴会虽然有种种弊端,必须要抛弃,但传统宴会也有很多优秀的民族饮食风格,尤其在宴会菜肴的设计及组合中有着明显的特点,如选择原料严谨、制作工艺精湛、烹调技法多种多样、菜肴口味千变万化、装盘造型千姿百态、菜品组合十分讲究,这些特点既是我国烹饪文化中的精髓,又是我国民族饮食的风格,是外国烹调所不及的,必须继承并不断地发扬光大,绝对不能为了宴会改革,把传统宴会中的精华所抛弃,其结果是宴会失去了民族特色,很难被广大群众所接受。

所以,宴会的改革,要从实际出发,顺应社会发展的潮流,通过改革后的宴会,应当是既有中国民族特色,又是档次多种,质价相符,营养均衡,文明卫生,满足不同层次和消费者多种需求的产品。

(三) 宴会改革的思路

宴会的改革是一项系统工程,它不但要改变人们的消费观念,更重要的是要改变传统宴会在形式和内容上的弊端,特别在改革开放、经济日趋发达的今天,人们之间的交往日益频繁,他们往往以举办宴会的方式来交流相互之间的思想、情感、信息及改善公共关系等,所以中国传统的宴会能不能适应现代社会发展的需要,与国际市场接轨,就需要我们深入研究,厘清改革的思路,主要抓好如下几方面的工作:

1. 讲究菜结构,控制菜品数量

传统宴会的菜品结构由冷菜、热炒、大菜、汤、点心、水果等组成,选用的原料均侧重于

山珍海味及动物性原料,所用的植物性原料较少。菜品的数量偏多,总量偏大,铺张浪费现象严重,饮宴时间过长,厨师和服务人员劳动量增大。因此,必须要加以改革,主要思路是:在菜单设计中要倡导风格多种多样的宴会菜品结构模式,降低荤菜的比例,讲究原料的多样化,增加植物类、豆制品等食品的原料;调整热菜与主食、点心的比例,减少热菜的品种,增加主食与点心的品种;控制菜品的总量及每份菜的数量,提高菜品的质量,加快烹调的速度,缩短进餐的时间。

2. 讲究用餐卫生,注重营养平衡

传统宴会在用餐方式和习俗上存在着"十箸搅于一盘",不用公筷公勺,相互夹菜给对方等不卫生的现象,在菜品组合上重荤轻素,重菜肴轻主食,重猎稀求珍轻土特产品,造成饮宴者营养不平衡,身体不健康,为此,这种用餐不讲卫生、饮食不注意营养平衡等不文明的习俗只有通过改革才能有所改变,主要思路是,饮宴时每上一道菜品都须用公勺、公筷取菜或分菜,积极推行宴会"各客式"、"自助餐"、"分食制"服务派菜等卫生文明的宴请方式。在菜品组合中,做到荤素并举,主副并重,选料广泛,注重营养平衡等措施。

3. 讲究烹调技艺,注重装盘技巧

宴会的改革还要在菜品制作及装盘方法上做一些必要的改变,有些宴会烹调方法、口味单调,造型千篇一律,色泽不鲜艳,装盘的盛器与菜肴的数量、色泽、性质不相适应,所以我们在制作宴会菜肴时,要求宴会的每一道菜其烹调方法、口味、色泽及所有原料不宜相同,制作每一道菜肴时要注重用料的比例、加热的方法、程序和时间,做到标准化、规范化制作,彻底改变过去制作菜肴时凭每个人的经验的不同而带有随意性的现象。在菜肴装盘过程中,应根据不同的宴会、不同的菜点,选用相适应的餐具或用具盛装,不能只局限于常使用的陶瓷器、金银器、不锈钢器等,可以大胆选用一些新颖的玻璃器皿、漆器、竹器、木器、藤器及用烹饪原料所雕制而成的盛器等。做到盛器土洋结合,色泽搭配协调,盛器大小与菜肴分量相适应。

4. 讲究宴会特色,提高文化内涵

没有特色的宴会就不能吸引顾客来消费,更没有市场竞争力。没有文化内涵的宴会就很难给顾客留下美好的印象,也不能显示出宴会的档次及民族氛围。所以,我们设计宴会时要根据本地区及酒店的特点,以不同的主题宴席设计出个性鲜明、有特色的宴席,如常见的婚宴,我们可以从场地的布置、菜名的确定、服务的方式、宴席氛围的设计、当地的风土人情、饮食习惯和婚宴主题来设计,使宾客始终沉浸在吉祥如意、喜气洋洋的气氛中。提高宴会的文化内涵又是值得我们研究和改革的重点,我们要针对不同主题的宴会,营造出良好的文化氛围,把传统精美的菜肴与现代的企业文化、饮食礼仪、服务理念及文艺表演、音乐、绘画等艺术形式有机地结合起来,充分展示中华民族饮食文化的独特风韵,以达到出奇制胜的效果,从而起到陶冶客人情操、增进食欲等作用。

二、宴会的创新

中国宴会经过千百年的演变,已形成了内容丰富、制作精细、风味独特的特点,深受国内外宾客的青睐。但随着时代的发展,人们对传统宴会的形式及内容有了更新的要求,我们要在继承中求发展,在改革中求创新,设计出顺应时代潮流的宴会。

（一）宴会创新的要求

宴会创新主要是打破传统观念的束缚，发扬锐意进取的精神，根据饮食市场的需求，创造出更多更新的宴会菜肴及各种宴会形式，具体要求如下：

1. 要打破常规

由于人们的生活水平在不断提高，饮食习惯发生变化，对宴会的菜肴及形式也有了更高的要求，一方面我们要继承传统宴会那些有特色、有价值的宴会菜肴及宴会形式的精华，另一方面我们要打破常规，吸收国内外一些宴会的优点，不断地开拓创新，充实和扩大我国宴会的风味特色，如在菜肴上做到中西结合、古今结合、菜点结合、乡土菜与高档菜结合等方法，创造出人们喜欢的菜肴，同时在宴会的格局、装盘及形式等方面也要有所创新。

2. 要富有特点

宴会的创新不是全盘否定传统或是照抄照搬别人的菜肴和模式，而是要高于传统，超越他人，如在宴会菜肴原料的运用、口味的变化、装盘艺术、服务的方式及主题宴会的设计等方面与众不同，要形成自己的风格，扬长避短，无论是宴会的环境布置，还是宴会的菜肴制作及服务的技法，都要求新颖别致，使人一朝品食、久久难忘。

3. 要适应市场

宴会的创新要顺应时代的潮流，适应市场的需求，在设计宴席菜单时，要满足不同层次、不同人群的要求。层次高、价位高的宴会，从形式上讲究典雅、注重就餐的环境、餐厅布置、接待礼节、娱乐雅兴等，在菜品上讲究口味、营养、卫生、新颖，并以分食制为主。对于中、低档的宴会，在形式上不太在乎过于繁文缛节的程式，讲究气氛和谐，没有任何拘束感，比较随便自由。在菜品上注重实惠，味道可口，讲究风格和特点。所以我们要根据不同档次的宴会，顺应餐饮市场要求，创造出更多、更新的宴会。

🔊 **特别提示**：宴会菜品的创新必须与餐饮市场需求接轨，要有利于操作，有利于市场的推广，有利于满足客人的需求。

（二）宴会创新的方法

宴会创新的途径很多，主要从宴会的形式、菜品及服务等几方面为切入点进行大胆改革，勇于实践，才能涌现出一大批富有时代气息的特色宴会，具体方法如下：

1. 宴会形式上的创新

宴会的形式有多种多样，有中国式的传统宴会、日本式的和式宴会、西方式的西餐宴会，还有自助餐宴会、鸡尾酒宴会、茶宴、饺子宴等等，这些宴会均有各自的特点和优点，我们在继承、挖掘传统宴会的同时，应顺应时代潮流，在宴会的菜肴结构、上菜的程序、用餐方式等方面，要善于吸取其他民族宴会的精华为我们所用。要不断地探讨研究一些流行宴会的发展趋势，了解宾客的各种消费心理，创新出形式各异的宴会，满足消费者生理和心理的要求。

2. 宴会菜品上的创新

宴会菜品创新的方法很多，主要从原料的选择、烹调技术的运用、各种菜品的组合、装盘及造型艺术等几方面进行创新，其方法有如下几种：

（1）广泛使用原料。宴会菜肴的创新在很大程度上取决于原料的变化，不同的烹饪原料能制作出不同的菜肴。由于当今交通非常发达，国际贸易十分活跃，烹饪原料特别丰富，只要我们广泛使用人们所喜爱的各种绿色食品、健康食品及乡土食品等，这些食品将会为宴会菜肴的创新提供一定物质保证和机遇，做到西料中做，中料西做，中西合璧，创造更多更新的宴会菜肴。

(2)科学运用烹调技术。我国菜系繁多,烹调技术各有特点,加上中国加入世界贸易组织后,国际交往日益增多,外国料理进入中国餐饮市场十分活跃,一方面我们要继承发扬中国传统的烹调技术,形成有民族特色的烹调技术,另一方面要不断引进、消化外国料理的先进的烹调技术,博采众长,互为借鉴,做到"古为今用,古中有今","洋为中用、洋中有中",使宴会菜品既有传统中餐菜肴之情趣,又有西餐菜点风味的别致,既增加了菜肴口味特色,又丰富了菜肴的质感与造型,给人们一种特别新鲜感的菜肴,如三色龙虾、奶油花菜、酥皮焗山珍、千岛海鲜卷等。科学运用各民族的烹调技术优点,使宴会菜肴在口味、质感上给人以一种全新的感觉。

(3)巧妙组配宴会菜肴。中国菜肴花样繁多,技艺精湛,造型优美,在很大程度上是靠巧妙的组配手法完成的。创新一桌富有特色的宴会,不但在烹饪原料上要有机地组合,利用各种动植物原料,如鸡、鸭、鱼、肉、虾、贝类等制成如牡丹大虾、飞燕桂鱼、葫芦八宝鸭、葵花子鸡、孔雀鲜贝、菊花里脊肉等各种造型别致的菜肴,而且可以用黄瓜、番茄、四季豆、土豆、冬菇、青菜等不同色泽的蔬菜点缀或烹制各种菜肴,使宴会菜肴的色泽鲜艳夺目,还可以利用咖喱酱、番茄酱、卡夫奇妙酱等各种调味品及烹饪等手段,使菜肴在口味、色泽、质地上风味各异,丰富多彩。只要我们对每桌宴会精心设计,有机组配,一定会制作出完善的全新的宴会。

(4)多渠道创新菜肴。宴会菜肴的创新不能拘泥于一般的手法,要多渠道、全方位地创新,如在形象塑造上模仿自然界万事万物为对象,充分发挥自己的想象力,采用适当的夸张或缩形技艺,构制出千姿百态的图案菜肴,如孔雀虾球、葡萄桂鱼等,在制作方法上也可模仿古今中外的优秀菜品,并加以适当改进,形成新的菜肴,如清炖狮子头这一道菜以猪肉为主,如用鱼肉制作,就成为清炖鱼肉狮子头等,还可以采用"以素托荤"之法,就是用一些植物性原料,烹制出像荤菜一样的肴馔,如"素鱼圆、素烧鸭、炒虾仁"等,其选料独特,构思巧妙,常给人以假乱真和耳目一新之感。也可采用移花接木的手法,即将某一菜系中的某一菜点或几个菜系中较成功的技法,转移或集中在某一菜点中的一种方法,如广东的叉烧乳猪、金陵片皮大鸭、松子鱼等就是从江苏菜系中移植而成的,正是这种将品种、原料、制法、调味、装盘的兼容,使广东菜"集技术于南北,贯通于中西,博采众长,共冶一炉",自成一格。另外还可以采取菜点合一、中西合璧、调味品调派组合、装盘与装饰手法更新变换等等手法,能创新出更多更好的宴会菜肴。

3.宴会服务上的创新

宴会服务上的创新主要从宴会厅堂的装饰与布置、台形的设计、服务的方式等几方面要给人一种全新的感觉。

(1)宴会厅堂装饰与布置的创新。宴会厅堂布置装饰要以宴会主题为中心,宴会的主题很多,有商务宴会、婚宴、生日宴、家宴、节日宴等,我们在装饰与布置宴会厅堂时要突出主题宴会的特点,并根据宾主的喜好及忌讳、不同季节、不同人群创造性地装饰与布置宴会厅堂,如商务性的宴会,要突出稳重、热烈友好的气氛,除选用绿色产品的图片、模型等巧妙地布置在厅堂中,也可通过灯光、食品雕刻、冰雕、音乐等手法来烘托宴席气氛。对一些婚宴、生日宴、家宴、节日宴等亲情宴席,要突出团圆、吉祥、喜庆的气氛。根据中国人的传统观念,"红色"是热烈、吉祥的象征,所以餐厅布置以"红色"为主色调,如红地毯、红灯笼、红色字画等,还可根据亲情宴席的不同,装饰布置厅堂要有所不同,如老人寿宴,以象征长寿的工艺品寿星、松鹤等字画及红蜡烛来装饰。如小孩生日,可用一些活泼可爱的卡通画、喜爱的玩具、小孩的照片来布置餐厅,也可放一些为生日小孩录制的录像片,设计一个小舞台为生日小孩提供一个表演才艺的地方,从而使宴会气氛达到轻松、融洽、热烈、活跃的效果。

(2)宴会台形设计创新。各种宴会台形设计在突出主桌外,还要根据用餐人数、主题、主办单位要求及宴会的形式来设计,一般中式宴会以圆桌为主,根据餐台的多少,可组合成梅花形、品字形、三角形、四方形、菱形、长方形等。西餐宴会、冷餐酒会等一般用长方桌为主,可排成"一"字形、"回"字形、"U"字形、"E"字形、"T"字形等等。为了加深宾客的印象,台形设计可打破常规,用圆桌、长方桌等桌子,有机地组合成各种图案如"S字形"、"凤尾形"、"八卦形"等。只要我们不断改革,勇于创新,就能达到出奇制胜的效果。

(3)宴会服务方式的创新。宴会服务方式的创新要以人为本,无论是中式服务还是西式服务,服务人员的仪表仪容要端正整齐,大方得体,懂礼节,讲礼貌,会服务,根据宾客的进餐速度,掌握好服务的节奏,控制好上菜的程序和快慢。服务方式的创新除掌握一些基本的操作程序和方法外,最重要的是要掌握宾主的心理需求。服务人员要提供精细服务,如为了讲究卫生,做到中菜西吃,实行"分食制"、"各客服务"等,如中国人吃西餐,不习惯用刀叉吃菜,可提供筷子,实行西餐中吃,再如在吃带汁的菜肴或是螃蟹、大虾时,防止菜肴中的卤汁溅到宾客的衣服上,可给每一个宾客提供围兜或护袖等,还有为了增加宾客的食趣及保持菜肴温度,有些菜肴可在宴会厅进行客前烹制。服务形式的创新要善于察言观色,根据宾客的服务要求和消费心理,大胆改革,不断创新,使宴会迎合市场,不断发展。

三、宴会的发展趋势

随着我国国民经济快速发展,社会的不断进步,人民物质文化生活水平日益提高,他们对生活的追求有了更高更新的要求,提高生活质量、强调精神享受和文化氛围、注重身体保健逐渐成了人们追求的新境界,为了顺应这种时代潮流,传统宴会形式和内容需要进行必要的变革,呈现出以下几种发展趋势:

(一)营养化趋势

传统的宴会讲究菜肴丰盛,选用烹饪原料以荤菜为主,素菜为次,以珍为盛,以稀为贵等旧习俗,此外暴饮、暴食、酗酒、斗酒等不文明的饮食行为严重影响膳食平衡。随着人们保健意识的增强,宴会的饮食结构向营养化趋势越来越明显,设计宴会菜单时,要求用料广泛,荤素搭配合理,营养配备全面,绿色食品、保健食品、特色食品率先引入宴会菜肴中,并根据国际、国内的科学饮食标准来设计宴会菜单,使宴会设计都要符合平衡膳食的要求。

(二)卫生化趋势

宴会的卫生化趋势主要从原料的选用、烹调的技法、用餐的方法等几方面加以控制。

(1)在烹饪原料选用上,不用国家明文规定的受保护或严令禁用的动、植物原料,如穿山甲、河豚等品种,而选用天然的绿色的无污染的烹饪原料。

(2)在烹调技法上,从原料的腌制、添加剂的运用上要严格按食品卫生法的有关规定执行,不能有超标、超时等违规的操作,对一些烟熏、反复油炸或烧烤的食品要加以控制。

(3)在用餐方法上,由集餐制趋向"分餐制"、"自选式",一人一份我国自古有之,卫生方便,不用互相礼让,容易控制菜量,减少浪费,有助于缩短用餐时间,也有利于宴会服务员实行规范化服务,提高服务档次等。

(三) 节俭化趋势

古代宴会由于统治阶级为讲排场、摆阔气,相互攀比,以暴殄天物、挥霍浪费者居多,如宋代张俊供奉之宋高宗的御宴其菜品多达 250 道,清代千叟宴参加人数最多一次达 5 000 多人次,满汉全席菜肴达 120 道左右,这种以菜肴多少来衡量宴请者情意深浅的奢侈之风将成为历史,当今随着人们物质生活与文化生活的提高,社会节奏的加快,新的思维方式、生活方式逐渐被我国人民所接受,并且已成为人们的日常行为。举办宴会以菜肴够吃为标准,去繁求简,讲究实惠,反对铺张浪费已成为主流,宴会举办的方式和内容正在向节俭化发展。

(四) 精致化趋势

宴会的精致化趋势是指菜肴的数量与质量,在设计宴会菜单时应控制菜肴的数量,讲究菜肴的质量,注重菜的荤素搭配、口味的变换、质地的区别、色泽的差异、技法的多变、餐具的组合、上菜的顺序等都要根据宾客的饮食习惯精心设计,力求精益求精,满足当代人的饮食需求。

(五) 风味特色化趋势

风味特色化的趋势主要指宴会富有地方和民族特色,能反映某一个国家、民族、地区、城市或酒店独特的饮食文化及民族特色,使宴会呈现出百花齐放、各具特点的新局面。并且根据宾客的对象,在兼顾他们饮食嗜好的同时,尽量安排当地的地方名菜名点,显示独特的菜肴风韵,以达到意想不到的效果。

(六) 美境化趋势

美境化的趋势指人们不但对宴会菜肴的造型、质感及装盘菜肴盛器有美的要求,还十分注重宴会厅堂内外的环境美,如宴会厅的装饰、场面的布置、空间布局的安排、餐桌台面的摆放、环境的装点、服务员的服饰等都要紧紧围绕宴会主题,力求创造出最美的艺术境界,这不仅让宾客通过饮食满足生理上的需求,而且通过视觉获得心理的满足,使宴会沉浸在欢快、轻松、祥和的气氛中,给人们一种美的艺术享受。

(七) 食趣化趋势

现代的宴会讲究礼仪,注重宴会情趣,在宴会举办过程中与文化艺术有机地结合起来,如进餐时播放音乐,边吃边看歌舞表演、时装表演、绘画相声、杂技等艺术形式,使情景交融,融食、乐、艺为一体,不仅提高了宴会的档次及服务质量,而且体现中华民族饮食文化风采,能够陶冶情操,净化心灵,这种宴乐形式将成为现代宴会乃至未来宴会不可缺少的重要部分,形成一种新的社会风尚与发展趋势。

(八) 快速化趋势

传统宴会由于菜肴多,操作程序繁,宴会的时间长,影响工作。随着时代的发展,人们的生活和工作的节奏加快,控制和掌握宴会的时间势在必行,这就要加快宴会的进程,宴会在使用原料或某些菜肴时,更多地采用集约化生产方式,大大缩短宴会菜点的烹调时间,做到宴会主题突出,菜肴数量适可,出菜程序紧凑,宴会时间缩短,使整个宴会从菜品加工、烹调到组织实施,形成快速化的趋势,这完全适应现代人快节奏、高效率的需要。

（九）形式多样化趋势

传统宴会摆中国台面，用中国餐具，吃中国菜肴，饮中国酒，尊重中国的风俗习惯。随着市场经济的发展，宴会的形式和内容不断得到发展和完善，其形式因人、因时、因地而宜，显现需求的多样化，新的宴会格局不断涌现，如历史名宴有组织的仿制，中西合璧式宴会不断出现，仿制国外宴会屡见不鲜，各种特色宴会层出不穷，如宴会菜肴向经济实惠、营养保健、丰富多彩方面发展，如太空菜、健美菜、防老菜、药膳菜、疗养菜、少数民族菜等在宴会中频频出现，宴会场地也不拘泥室内而走向室外，如草地宴会、广场宴会、湖边宴会、树林宴会、游泳池边宴会等，营造与大自然相接近的浪漫氛围。

（十）国际化趋势

中国宴会的国际化，主要在宴会的形式上向国际一些先进的饮食文化和水平靠拢，尤其改革开放以来，一些西式宴会、冷餐酒会、鸡尾酒会、招待会、茶会等宴会形式给我国宴会的创新和发展带来了新的活力，有利于迎合和满足各国旅游客人、商务客人等的各种需求。

总之，宴会的发展趋势，随着社会的进步，逐步向更加文明、节俭快捷、典雅的新型宴会方向发展，使宴会更加五彩缤纷，百花齐放，满足人们物质生活和精神生活需要。

第三节　宴会的特点与作用

引导案例

某市政府准备在一家新开的星级饭店举办国庆招待会，招待全市各外资企业的总经理，港、澳、台来访的同胞及全市一些知名人士共300人，饭店领导十分重视这次招待宴会，动员全店员工必须尽职尽力做好这次接待工作。从宴会菜单的设计、原料的组织、餐厅的布置、音响的效果、音乐的确定、菜肴的制作及服务的程序和标准都提出严格的要求。由于饭店从管理层到职工都作了精心策划，招待宴会举办得非常成功，得到市政府领导及与会宴客的一致好评，新闻媒体大力宣传招待会成果及服务、管理水平，赢得了良好口碑，以后该市政府的一些重大活动及宴会都放在这家饭店举办，商务宴、婚宴、生日宴等其他的宴会也以在这家饭店举办来显示档次，从此这家饭店生意红火，社会效益和经济效益不断提高。为什么举办一次成功的招待宴会能产生如此的效果？你是怎样想的呢？

一、宴会的特点

宴会不同于日常的就餐形式，在菜品制作中讲究组合的艺术，在礼仪的表现上注重形式，在宴饮过程中考虑其目的，并具有聚餐式、规格化和社交性三个显著特点。

（一）聚餐式的特点

聚餐式就是指主人用酒水与菜品来款待聚到一起的众多宾客，这是宴会形式上的一个重要特点。我国宴会自古以来都是多人围坐或多桌同室，在愉快的气氛中共同进餐，赴宴者分主宾、随从、主人与陪客之分，其中主宾是宴会的中心人物，常置最显要的位置，随从是主宾带来的客人,伴随主宾。陪客是主人请来的陪伴客人,有半个主人的身份,在劝酒敬菜、交谈、交际、烘托宴会气氛、协助主人待客方面,起着积极的作用。主人是举办宴会的东道主,宴会中的一切活动及安排由主人决定,如根据赴宴者地位高低、主次的区别、长辈与晚辈的差异等因素,安排在不同的席位上。但大家都在同一宴会厅,同一时间品尝同样的菜肴,喝同样的酒水,享受同样的服务,最主要的是大家都是为了一个共同的主题或目的欢聚一堂、聚饮就餐,由于气氛热烈,宾主之间在较短的时间内相互熟悉,增加感情,有相见恨晚的感觉。

(二)规格化的特点

规格化就是指宴会的菜品与服务的过程,这是宴会内容上的一个显著特点,有一定的标准和要求,宴会的规格要求绝对不能等同于日常的便餐、快餐及零点餐等。宴会应根据档次的高低,标准的差异,要求全部菜品组合科学、变化有序、仪式程序井然、服务周到热情,如在菜品组合上有冷菜、热炒、大菜、甜品、汤羹、点心、酒水、水果等均须按一定的比例和质量要求,科学搭配,分类组合,依次推进;在原料选择上宜选一些有特色的山珍海味、鸡鸭鱼肉、蔬菜水果等;在刀工处理上每个菜形状力求不一样,有块、条、丁、片、末、茸等;在烹调方法上采用炒、爆、烧、烤、炖、焖、煨等多种技法;在味型上有酸、甜、苦、辣、咸、香、鲜等多种味道;在菜肴质感上有香、脆、软、嫩、酥、糯等多种口感;在菜肴造型上要形态各异、鲜艳优美、惹人喜爱;在菜肴色泽上要讲究颜色的变换,做到五颜六色;在盛器运用上,有陶瓷、玻璃、漆器、金属等制品制成的盘、碟、碗、盅、锅等;在办宴场景装饰上要结合主题,布置得高雅而引人注目;在服务程序配合上,要选择有经验的服务人员掌握宴会的节奏,有条不紊地进行,每个细节都要考虑得十分周全,做到万无一失,使参宴者始终保持祥和、欢快、轻松的旋律,给人一种美的享受。

(三)社交性的特点

社交性就是指宴会的功用,这是宴会在交际方式上的一大特点。自古以来,人们凡遇重大的欢庆盛典、纪念节日、商务洽谈、社交公关等均举行宴会,因为人们在品尝美味佳肴、畅饮琼浆美酒之时,不仅能强身健体,满足口腹之欲,又能陶冶情操,引发谈兴,起到相互交流、疏通关系、加深了解、增进友谊、解决一些其他场合不容易或不便于解决的问题,从而达到社交的目的,这正是宴会起源与发展几千年以来长盛不衰,普遍受到人们重视,并被广为利用的一个重要原因。当今各国政府举办的国宴,社会团体、单位、公司举办的庆祝宴会、纪念宴会、商务宴会等,民间百姓举办的婚宴、生日宴、答谢宴等都是以宴会这一方式来达到社交的目的的,这对繁荣市场经济、增进相互间的友谊、促进社会和谐发展起到了积极的作用。

二、宴会的作用

中国的宴会经历了几千年的演变,已形成一整套的规范及礼俗,以隆重典雅、精美、热烈而闻名于世,是我国饮食文化中重要的组成部分,也是宾馆、饭店以及餐饮企业主要收入来源之一,还在扩大企业知名度、提高企业内部管理水平等方面起到十分重要的作用,具体表现如下:

(一)是增加饭店收入的重要来源

宴会作为人们招待亲朋好友的一种交流或交际工具之一,它以饮食为基础,以服务为保证,给宾主创造一个良好的就餐、交流、畅叙友谊的环境和氛围,有时宴会的主人为了达到某一目的,他们不惜重金举办宴会来招待宾客。餐饮企业为了迎合客人的心愿和要求,在菜单设计、加工制作、服务方式等方面都要精心策划,认真操作,力求提高客人的满意度,目的是把宴会做好、做优,争取更多的宴会。因为宴会在客人餐饮消费中是人均消费最高的一种,也是餐饮企业在经营项目中利润较高的一项。所以许多宾馆、饭店及餐饮企业不断改造餐厅环境,增加宴会厅堂,提高服务和管理水平,扩大促销范围和力度,使宴会的营业收入占餐饮部总收入的50%以上,有些餐饮企业宴会的经营收入占总收入的80%以上,从而大大提高了餐饮企业的经济效益和社会效益。

(二) 是扩大饭店声誉的重要途径

宾馆、饭店或餐饮企业能否在一个经营区域或范围有一定的声誉,在很大程度上取决于宴会的组织和经营的好坏,特别是举办一些大、中型的高档宴会,涉及的人数多,范围广,要求高,影响大,管理较复杂,如从宴会的菜单设计、货源的组织、餐厅的布局、台面的布置、菜品制作要求、服务的水准等都需要精心策划、精心组织,为客人营造出优雅的就餐环境,制作出美味可口的菜肴,提供优质加惊喜的服务,会给客人留下深刻印象。通过客人的相互介绍及宣传,从而大大提高餐饮企业的形象和声誉。

特别提示:宴会在管理中主要要抓好三方面的工作,一是就餐环境,二是菜肴质量,三是服务质量,对这三方面做到齐抓共管、一抓到底,宴会一定会给客人留下美好的印象,假如其中一方面的工作抓得不到位,肯定会影响企业的声誉及经济效益。

(三) 是衡量饭店管理水平的重要标志

宴会的组织与管理水平的高低,往往能说明一个饭店管理水平及管理层的工作能力的高低,因为要把一场宴会举办得非常成功,得到主人与主宾赞扬,必须对宴会进行过程中的每一个环节进行周密的安排和组织,即使是某一个细小方面出现差错,往往也会导致整个宴席的失败,或者留下无法弥补的遗憾。如服务员操作技能培训不到位,一不小心托盘中的酒水打翻在地,客人受到惊吓,宴会效果必将大打折扣;还有菜单设计没有针对客人的饮食习惯和风土人情来设计操作,菜肴很不适合客人的口味,其结果是不理想的,再如宴会进行的节奏快慢不当、灯光音响不理想、餐饮环境欠佳等,这些都会给客人留下坏的印象,直接影响饭店的声誉,这样饭店就会失去市场,缺乏竞争力,所以宴会管理水平的高低及好坏,直接关系到饭店能否生存与发展的问题,也是衡量管理层管理水平的重要标志。

(四) 是提高饭店员工工作水平的重要场所

宴会消费水平高、要求多,接待的层次多种多样,涉及饭店许多部门,如采购部门要知道一些山珍海味的采购渠道、价格、质量及保管方法等方面的知识,宴会设计师要设计出一张理想的宴会菜单,必须掌握一些原料学、烹饪学、心理学、美学、民俗学、营养学、管理学等方面的知识,厨师平时受成本及菜单的限制,没有机会去创新菜肴,烹调水平不易提高,而宴会由于人均消费水平高,菜肴的花色品种要多,变换要快,促使厨师不断创制新品种,提高他们的烹调技术水平。服务人员通过各种宴会的服务,面对不同层次的客人,他们都有不同饮食习惯、生活习惯及要求,服务人员就必须认真学习服务心理学和服务操作技能等方面的知识,从而训练了服务员队伍,提升了饭店的服务质量。尤其是一些大、中型的宴会,要做到有条不紊地进行,管理人员必须要有较高的组织能力、协调能力和指挥能力,使宴会的运行管理提高到一个新水平。

总之,宴会的作用不但给饭店带来收入和声誉,更重要的是锻炼了饭店的职工队伍,使他们提高了服务技能和操作技能,培养了他们的服务意识和市场意识,提高了管理层的管理水平及宴会的运作能力。

三、宴会的要求

宴会是集饮食、社交、娱乐于一体的一种高级形式,是菜品科学组合的典范,是烹调工艺的集中反映,是文明礼仪的生动体现。如要保证宴会的成功,必须掌握如下几方面的要求:

(一) 突出主题

宴会的主题可分为两个方面,一方面是举办宴会主题,有婚宴、寿宴、纪念宴、欢迎宴、感谢宴、商务宴等,另一方面是指菜肴的组合要突出主题,是四川菜还是广东菜,是鱼翅席还是海参席,是中式宴会还是中西合璧宴会等,这两个方面既相互关联又各有所求。所以我们要根据宴会的主题不同,在菜单设计、宴会厅的布置、服务的程序等方面都要有所区别,如宴会的主题是婚宴,在菜单设计中菜名要突出喜庆、吉祥、祝愿的含义,如"白灼基围虾"这道菜可改为"一见钟情","红枣莲子"这道甜菜可以改为"早生贵子"等菜名;在餐厅布置上如果是中式宴会,要根据中国传统习俗,以红色为基调,餐厅里增加一些彩色气球,地上铺一些红色地毯,餐桌上铺上红色台布,放上红色口布等;在服务程序上要根据婚宴的进程及服务对象的要求,有条不紊地进行;在菜肴组合上要突出主题,分清主次,发挥所长,显示风格,要充分选用本地区,名特、优的原料,施展名店、名师、名菜的优势,充分发挥本店独创的烹调技法,力求菜肴新颖别致,夺人眼球,还要突出当地的饮食习俗和风土人情,同时还要强调菜肴与菜肴之间、菜肴与餐厅的布置等方面既要协调和谐,又要突出重点,显示风格的统一。

(二) 有效组织

宴会举办得成功与否,在很大程度上取决于宴会菜单的制订、原料的采购、菜品的制作、厅堂的布置、服务的质量等各个环节,都必须考虑得全面而细致,尤其是菜单设计更要周密而科学,如在决定宴会菜肴时,就必须考虑到市场中原料供求状况、价格高低、厨师的技术力量及服务人员服务水平等方面的因素。

在菜肴的质与量的配合上,必须遵循"按质论价、优质优价"的原则,宴会标准及价格较高,菜肴选用的原料价格要贵一些,取料、制作时要精细一点;宴会标准及价格较低,选用原料的价格相对要低一些,取料、制作时略粗糙一点。但不论宴会是什么样的档次,都必须保证客人吃饱吃好。还要做好宴会的成本核算,保证一定的毛利率。另外还要根据客人的年龄、性别、民族、职业、饮食习惯及季节性来制订菜单,做到宴会上每一个菜肴在色、香、味、形、质、器等几方面均不相同,使整桌宴会的菜肴色泽和谐,香味诱人,滋味纯正,造型新颖,器皿多变,使宴会显得丰富多彩,又有节奏感,同时还要注意菜肴营养的搭配,在满足人体所需热能的基础上,要保证人体各种营养素的平衡,严禁有害有毒及国家明令禁止食用的原料用于宴会菜单上,保证食品安全、卫生、营养,有利于人体的健康。只要我们在菜单的设计、原料的选择、菜肴的制作及前后台紧密的配合方面精心策划,科学组合,有效组织,宴会一定会达到理想的效果。

（三）形式典雅

宴会是根据举办者的要求而设计的一种高雅的饮食形式,在满足参宴者食欲的同时要给人以精神上的享受,为此我们必须抓好两个方面的工作:

一是抓美食。宴会菜肴质量的好坏直接关系到客人的食欲和情绪,所以我们每制作一盘菜肴都要根据客人的喜好精心设计,并且按主人设宴的目的选用因时因景的吉祥菜名,穿插成语典故,寄托诗情画意,如婚宴的菜名选用"百年好合"、"龙凤呈祥"、"心心相印"等菜名;如是商务宴的菜名可选用"金玉满堂"、"鸿运当头"、"年年发财"等;还可安排适量的艺术菜,如"孔雀海参"、"蝴蝶鱼片"、"满园春色"、"松鼠桂鱼"、"牡丹大虾"等,这样可以展示烹调技艺,提高客人的食趣。

二是抓美境。当今人们参加宴会除享受美食外,还要吃环境、吃文化、吃礼仪,因为就餐环境的好坏,直接关系到客人的食欲与情绪,为了使宴会的环境更加高雅,并有浓郁的民族风格和文化色彩,往往在餐厅内适当点缀一些古玩、名人字画、花草、灯具等工艺品,或配置一些古色古香的家具、酒具、餐具和茶具等;有些西式宴会,宴会厅内布置往往按西方的民族风格及生活特点来装饰餐厅,同样给客人耳目一新的感觉。为了增加客人的雅兴,在举办宴会期间,可适当穿插一些文艺节目、音乐、杂技表演等,可烘托宴会气氛,达到以乐侑食的目的,此外,在宴会服务中我们还要注重礼貌用语,礼节服务,正确处理好美食与美器、美食与美境的相互关系,使宴会显得更加高雅,人们的情感更加愉悦,从而给客人留下美好的记忆和印象。

（四）注重礼仪

我国传统宴会十分注重礼仪,尽管现代宴会已废除了旧时代的等级制度和繁文缛节,但仍保留着很多健康有益的礼节与仪式。例如,政府举办各种盛大的招待宴会及国际首脑来华访问的欢迎宴会等,民间举办的婚宴或寿宴等,均预先发送请柬,客人根据请柬所规定的时间、地点赴宴,主人一般在餐厅门前恭候,问安致意,敬烟上茶,意表欢迎,如是重要客人,还须专人陪伴,参宴者一般都衣冠整洁,注重仪容修饰,表示对客人的尊重,入席时彼此让座,表情谦恭,谈吐文雅,敬酒杯盏高举。宴会期间相互嘘寒问暖,尊老爱幼,处处女士优先,气氛显得非常融洽。在接待外国来客和少数民族客人时,要十分尊重他们的饮食习惯和生活习惯,根据他们的宗教信仰、身体素质、爱好与忌讳等状况,从菜单的设计、餐厅的布置、餐具的运用,到服务的方式等,都以客人为中心,全心全意为客人服务,这不仅使客人感到有宾至如归的欢快感受,而且充分体现中华民族待客礼节的传统美德。这些世代传承的文明礼仪对推动我国宴会的发展有着积极的意义,我们必须要发扬光大。

（五）敢于创新

随着我国人民生活水平的不断提高,国际交往日益频繁,人们对宴会的要求和对美好生活的追求有了更高的标准,所以宴会要进行大胆改革,不断创新,改变过去菜品陈旧重复、多而浪费,思想性、技艺性、科学性很难协调发展的现象,发扬创新精神,使菜品数量做到少而精,恰到好处,做到思想性、技艺性、科学性的有机结合,打破传统帮派壁垒,做到"古为今用,洋为中用",广集各菜系之长,不断选用新原料、新调料、新工艺、新设备,做到古菜翻新、新菜复古、中菜西做、西菜中做、菜点结合、土洋结合,使宴会的菜品更具有广泛的民族性、时尚性和科学性。同时在宴会厅的布置、台面的设计、服务的程序、宴乐文化表演等几方面也要不断创新,使宴会更有人性化、个性化、符合时代发展的特点。

第四节 宴会的分类与内容

引导案例

一家饭店高层领导为了提高饭店的管理水平,请有关专家给餐饮部全体员工培训,专家为了有针对性的讲课,首先进行一次理论测试,其中有一道问答题,请问你饭店举办过哪些宴会? 并分述各类宴会有何区别。待考卷交上来一看,有的写了几张纸,也没有说明问题,有的回答文不对题等等。专家为什么要出这道题目呢? 如果你参加测试,能解答出来吗?

一、宴会的分类

宴会的类型很多,根据不同的角度及分类标准,可以分成不同的种类,这对我们较系统地了解各类宴会的特点、内容和要求,加深对各类宴会知识的理解,掌握各类宴会操作的规律,提升对宴会的管理水平和服务质量有着十分重要的意义。主要分为如下几种类型:

(一) 按宴会的菜式组成划分

按宴会的菜式划分,可分中式宴会、西式宴会、中西合璧宴会三种。

1. 中式宴会

是中国传统宴会的一种,宴会的菜品以传统的中国菜肴及地方风味为主,所用的酒水餐具以中国生产的为主,在餐厅的环境布置、台面设计、餐具筷子的摆放等方面,富有中国浓郁的民族特色,在服务的礼节礼仪及程序等方面按中国传统的方式进行。中式宴会是我国古今最为常见的一种宴会类型。

2. 西式宴会

是以欧美为主较流行的宴会的一种。宴会的菜品以欧美菜式为主,所用的酒水、餐具以欧美生产的为主,宴会厅堂的环境布局与风格、台面设计、餐具用品,所使用刀、叉等餐具均突出西洋格调,餐桌一般多为长方形桌。在服务礼节礼仪及程序等方面按西方人的生活习惯及服务方式进行。目前西式宴会在我国一些涉外酒店、驻华使馆及高档餐厅等较为流行,西式宴会根据菜式与服务方式不同,又可分为法式、意大利式、英式、美式、俄式宴会等,目前日式宴会、韩式宴会也在我国逐渐兴起,均可被纳入西式宴会或外国宴会的范畴。

3. 中西合璧宴会

是中式宴会与西式宴会两种形式相结合的一种宴会。宴会的菜品既有中国菜肴又有西餐的菜肴,所用酒水以中式酒水为主,也用一些欧美较流行的酒水,如拿破仑 XO、人头马、威士忌等酒水,所用的餐具及用具,既有中式的,也有西式的,如筷子、刀、叉均可提供,在服务礼节礼仪及程序上根据中、西菜品的不同其方法也不一样。因为中西合璧宴会在菜品的结构、服务等方面与中式宴会、西式宴会有所不同,给人一种新奇、多变的感觉,现各地常常采用中西合璧宴会形式来招待客人,深受宾客的欢迎。

(二) 按宴会的规模大小划分

按宴会规模大小划分,可分小型宴会、中型宴会、大型宴会。

1. 小型宴会

所谓小型宴会是与大型宴会相比较而言,规模在 1 桌至 5 桌不等,参加人数相对少,往往在包间进行,在菜单设计、员工工作的安排及服务上不是很复杂,一般按照主宾的要求进行认真设计,严格操作,都能收到很好的效果。

2. 中型宴会

中型宴会通常在大型宴会与小型宴会两者之间,规模在 6 桌至 15 桌不等,参加人数较多,在菜单设计、组织安排上要针对客人的要求,精心策划,按程序操作,一定会达到设计的要求。

3. 大型宴会

大型宴会通常都有特定的主题,如重大的庆典活动、国际友人的来华访问、记者招待会等,这种宴会规模在 16 桌以上,参加人数众多,工作量大,要求高,组织者必须具有较高的组织能力,从菜单设计、原料的采购、服务程序等方面要全面考虑,做到一丝不苟、忙而不乱、有条不紊,使整个宴会在菜品质量、服务水平、组织工作等方面达到理想的效果。

(三) 按宴会的价格等级划分

按宴会价格等级划分,可分高档宴会、中档宴会、普通宴会等。

1. 高档宴会

一般价格较高,是当地普通宴会价格的几倍或十几倍,使用的烹饪原料多为山珍海味或高档、稀有的原料,菜肴制作比较精细,餐厅的环境和服务较讲究。

2. 中档宴会

一般价格比高档宴会低,比普通宴会高,在高档宴会与普通宴会之间,使用的烹饪原料多以一般的山珍海味、鸡、鸭、鱼、虾、肉、蔬菜等,菜肴制作较讲究,餐厅的环境和服务较好。

3. 普通宴会

一般价格较低,使用的烹饪原料以常见的鸡、鸭、鱼、肉、蛋、蔬菜等。菜肴制作注重实惠,讲究口味,餐厅的环境及服务相对要差于中、高档宴会。

(四) 按宴会的形式与性质划分

按宴会的形式与性质划分,可分为国宴、公务宴会、商务宴会、家宴、冷餐酒会、鸡尾酒会等。

1. 国宴

又称正式宴会,主要指国家元首或政府首脑为外国元首、政府首脑到访或为国家重大庆典而举行的正式宴会。这种接待规格最高,礼仪最隆重,气氛热烈、庄重、友好,宴会场所悬挂国旗,安排乐队演奏双方国歌及小型文艺节目等,双方元首或政府首脑席间致辞、祝酒等,在服务礼仪上必须显示热烈、庄严的气氛,在菜单设计、环境布置上一般都突出本国的民族特色。

2. 便宴

是一种非正式的宴会,其形式比较简便,可以不排席位,不作正式讲话,宴会的规格及菜单设计可随客人的要求而定。

3. 家宴

是在家中设宴招待一些亲朋好友,显示热情友好。家宴的特点是其形式灵活,一般以家庭菜肴为主来款待客人,气氛轻松愉快,具有浓厚的家庭气息。

4. 冷餐酒会

又称自助餐宴会,可分中式菜肴自助餐宴会、西式菜肴自助餐宴会、中西合璧菜肴自助餐宴会,这种宴会是西方引进的宴会,其形式特点是不设座位,菜肴以冷菜为主,热菜(需保温)、点心、水果为辅,讲究菜台设计,所有菜点在开宴前全部陈设在菜台上,宾客站着进食,客人根据喜食爱好,可多次取食,冷餐酒会规模大小、档次的高低,可根据主、客双方要求来决定,这种宴会适用于商务洽谈、贸易交流等,由于宴会不受身份等级的影响,交流自由,轻松愉快,现今越来越多地被宾主所欢迎,并有流行的趋势。

5. 鸡尾酒宴会

这种宴会以酒水为主,略备小吃,不设座位,客人站着进食,可随意走动,相互交流。鸡尾酒宴会饮用的酒水,是采用多种酒水按一定比例调制而成的一种混合饮料,也可配一些低度酒、啤酒、果汁单独饮用,少用或不用烈性酒。

(五) 按宴会的举办目的划分

按宴会举办目的划分,可分为商务宴会、婚宴、寿宴、迎送宴会、纪念宴会等。

1. 商务宴会

商务宴会主要是各类企事业单位之间,为了增进相互了解,加强沟通与合作,交流商业信息,从而达成共识和协议而举行的宴会,这种宴会特点是价格比较高,在菜单设计、餐厅环境布置、上菜程序等方面均根据宾主共同偏好和特点进行精心设计,由于宾主之间往往边吃边谈,饮宴的时间相对较长,所以要控制好上菜的速度和节奏。

2. 婚宴

婚宴是人们在举行婚礼时为宴请前来祝贺的亲朋好友而举办的宴会。设计婚宴时应在环境布置、台面设计、菜品制作等方面突出喜庆吉祥的气氛,还要考虑各民族不同的生活和风俗习惯。

3. 寿宴

寿宴也称生日宴,是人们为纪念出生日和祝愿健康长寿举办的宴会。寿宴在餐厅环境布置、菜品命名及选择方面应以生日者的需要为主,要突出健康长寿之意。要按当地的风俗习惯来设计宴会的程序及各种仪式,满足生日者和参宴者的精神需求和生理需求。

4. 迎送宴会

迎送宴指主人为了欢迎或欢送亲朋好友而举办的宴会,宴会菜肴设计一般根据宾主饮食爱好而设定,宴会环境布置要突出热情喜庆的气氛,体现主人对宾客的尊敬与重视,围绕宾主之间友谊、祝愿和思念等主题来设计。

5. 纪念宴会

纪念宴会主要指人们为纪念重大事件或自己密切相关的人、事而举办的宴会,这类宴会在餐厅环境布置上要突出纪念对象的标志,如照片、实物、音乐等,以烘托思念、缅怀的气氛,在菜单设计及餐具运用上要表现出怀旧及纪念的主题。

(六) 按宴会的主要用料划分

按宴会主要用料划分,可分为全羊宴、全鸭宴、全鸡宴、全鱼宴、全素宴、山珍宴、海味宴、水产宴、全畜宴等。这类宴会所有菜品均只能以一种原料,或者以具有某种共同特性原料为主料制成,每只菜品所变的仅是配料、调料、烹调方法、造型等。其制作难度较大,要做到"主料不变中有变,变中主料不能变"。

(七) 按宴会的头菜原料划分

按宴会头菜原料划分,可分为海参宴、鱼翅宴、燕窝宴、龙虾宴、猴头宴。这类宴会主要指宴会大菜中第一个菜或整桌宴会中的主菜(又称台柱),头菜的档次高低直接关系到整桌的档次,所以,用头菜来分类,可以从菜肴原料的选择、烹制要求、菜肴装盘与点缀上加以调整,也有利于其他菜品与头菜配套,所以人们习惯用宴会头菜来衡量整桌宴会的价格、档次及质量的水平。

(八) 按宴会的历史渊源划分

按宴会的渊源划分,可分为仿唐宴、孔府宴、红楼宴、随园宴、满汉宴等,这类宴会又称仿古宴会,就是将古代较具特色的一些宴会注入现代文化而产生的宴会。这类宴会继承了我国历代宴会的形式、宴会的礼仪、宴会菜品制作的优点及精华,进行改进、提高和创新,这样不仅继承和弘扬中华的饮食文化,丰富我国宴会的花色品种,而且进一步满足餐饮市场需求,创造良好的社会效益和经济效益,深受海内外人士的欢迎与青睐。

(九) 按宴会的地方风味划分

按宴会的地方风味划分,可分为川菜宴、粤菜宴、苏菜宴、鲁菜宴、徽菜宴、闽菜宴、浙菜宴、湘菜宴等,这类宴会其菜品具有明显的地域性和民族性,强调正宗、地道,在宴会台面设计、餐具的运用、就餐环境、宴会的服务形式等方面,突出地方特色和民族风格,充分体现中国饮食文化的博大精深、品种繁多、风味各异等鲜明的民族特色。

(十) 按宴会的特点来划分

按宴会的特点来划分,可根据宴会某一特点来确定宴会的类别,例如,按特殊烹调方法来分,可分为烧烤宴会、火锅宴会等;以风味小吃宴会来分,可分为西安饺子宴、四川风味小吃宴、南京秦淮小吃宴等。

综上所述,宴会的分类既复杂,但又有序可循,只要我们正确掌握不同的角度来加以分类,这对我们把握各种宴会特点、性质及操作要求是有益的,也是我们必须要掌握的一门知识。

二、宴会的命名

宴会的命名,古今中外名目繁多,内容丰富,食意深刻,风格各异,可从不同主题与角度来归纳宴会的命名。

(一) 以喜庆、寿辰、纪念、迎送为主题命名

以喜庆、寿辰、纪念、迎送为主题的宴会命名最为常见,从民间百姓到国家、政府机关、企事业单位及各种公司等都会举办这类宴会。

(1) 以喜庆为主题的命名,有民间举办的婚宴"百年好合宴"、"龙凤呈祥宴"、"珠联璧合宴"、"金玉良缘宴"、"永结同心宴"等,还有乔迁之喜宴等,再如国家、政府在重大节日或事件时举办的宴会命名有"国庆招待宴"、"庆祝香港回归十周年宴"、"庆祝西藏铁路通车竣工宴"等。

(2) 以生日寿辰为主题的命名,有"满月喜庆宴"、"百天庆贺宴"、"周岁快乐宴"、"十岁风华宴"、"二十成才宴"、"花甲延年宴"、"百岁高寿宴"等。

（3）以纪念为主题的命名，有"纪念×××大学建校100周年宴"、"纪念×××诞辰120周年宴"等。

（4）以迎送为主题的命名，有"欢迎×××国家总统访华宴"、"欢送外国专家回国宴"、"欢迎××先生接风洗尘宴"、"欢送××先生话别宴"等。

（二）以菜系、地方风味为主题命名

以菜系、地方风味为主题的宴会命名最为多见的有"川菜风味宴"、"粤菜风味宴"、"鲁菜风味宴"、"苏菜风味宴"、"上海风味宴"等。

（三）以某一类原料为主题命名

以某一原料或某一类原料为主题命名的宴会有"全羊宴"、"全鸭宴"、"刀鱼宴"、"海参宴"、"菌菇美食宴"、"水产美食宴"、"素食美食宴"等。

（四）以节日为主题命名

以节日为主题的命名宴会，就是以国内外各种节日及法定的假期设计出主题新颖、风格各异、人们喜爱的宴会，如春节、正月十五是我国传统节日，其宴会命名有"全家团聚宴"、"恭喜发财宴"、"元宵花灯宴"等，再如中秋节可设计"中秋赏月宴"、"丹桂飘香宴"等，圣诞节可设计"圣诞平安宴"、"圣诞快乐宴"等，五一节、国庆节可设计"旅游休假宴"、"欢度国庆宴"等等。

（五）以名人、名著、仿古为主题命名

我国古代名宴众多，这也是我国传统饮食文化的重要组成部分，为了挖掘整理、吸收、改进和创新这些名宴，发扬我国的饮食文化，很多地区、名店利用自身的餐饮经营特点，组织技术力量，不断挖掘研究古代名宴，推出以名人、名著等命名的宴会，如"东坡宴"、"红楼宴"、"孔府宴"、"乾隆御膳宴"、"随园宴"、"满汉全席"等宴会。

（六）以某一技法和食品功能特色为主题命名

以某一烹调技法或某一类食品的营养功能为特色的宴会目前较为流行，因为随着人们生活水平的不断提高，人们举办宴会招待亲朋好友，不但注重形式还要讲究宴会的特色、环境、气氛，注重营养养生等要求。如以某一些烹调技法命名的宴会有"铁板系列宴"、"砂锅系列宴"、"烧烤系列宴"、"火锅系列宴"等。还有以食品功能为主题宴会有"延年益寿宴"、"滋阴养颜宴"、"美容健身宴"等。这些宴会深得人们的青睐。

（七）以风景名胜为主题命名

我国风景名胜旅游地很多，许多地区为了发展旅游事业，根据本地区的风景古迹，设计了许多名菜名宴，如"长安八景宴"、"西湖十景宴"、"太湖风景宴"等。

（八）以创新为主题命名

宴会的创新是餐饮企业永恒的主题，也是吸引宾客、促进消费、增加收入的主要措施，如"中西合璧宴"、"游船水产宴"、"山珍野味宴"等，这些宴会给客人有种新、奇、特的感觉，深受客人的欢迎。

我们在探讨宴会命名时，不仅要突出主题，力求名副其实，突出特色，而且还要体现文化内涵，做到雅致得体，不可牵强附会，滥用辞藻。

三、宴会的内容

我国宴会的种类很多，由于宴会的形式、档次、类型、地域等方面的不同，其宴会内容就有很大的差别,这里主要介绍中、西式宴会及中西合璧、自助式宴会的菜品结构及内容。

(一)中式宴会菜品结构及内容

中式宴会经过千百年来的不断发展、改革、创新,各地区形成一定的格局及模式,尽管各地气候条件、经济发展、生活习惯不同,但在宴会的菜品结构及内容上存在一些共同的特点。

1. 中式宴会菜品结构

中式宴会一般由冷菜、热菜(包括炒菜、大菜)、甜菜(包括甜汤)、点心(包括主食)、水果等组成。

2. 中式宴会菜品内容

(1)冷菜。宴会上冷菜,根据各地饮食习惯、价格高低其内容及形式多种多样,有什锦拼盘,46个双拼盘或三拼盘,也有采用一个大的花色拼盘(又称艺术拼盘),再配上410个不等小冷盘(又称围碟),要求几个冷菜色泽、口味、烹调方法等均不一样。

(2)热菜。宴会上热菜包括炒菜、大菜、汤等。炒菜:炒菜要根据各地区、各类餐厅的不同,其数量有所不一样,一般14个不等,烹调方法采用炒、爆、炸、熘等多种烹调方法,以达到滑嫩、干爽等多种口味,便于佐酒。大菜:一般以整形、整只、整块、整条的原料烹制而成,装盛在大盘或大汤碗内上席的菜肴称为大菜,也可经分割装入各客盛器上上桌,烹调方法以烧、烤、蒸、炸、烩、炖、焖、熘、汆等为多,每桌宴会数量控制在69个为宜,其内容有荤菜、蔬菜、汤等。

(3)甜菜。甜菜(包括甜汤)口味以甜为主,一般采用蒸、拔丝、蜜汁、冷冻、炒、熘等烹调方法制成,其数量一般为12道。

(4)点心。在宴会中的点心(包括主食)常用糕、团、面、饺、包子等品种,其成品精细及数量取决于宴会规格的高低。高级宴会还需制成各种花色点心,一般宴会点心品种数量14道不等。宴会中的主食常用各种面食、什锦炒饭为主,根据宾客的要求供给。

(5)水果。宴会中常用水果有苹果、梨子、西瓜、橘子、香蕉等,一般根据季节的变化制成水果拼盘或水果色拉,待宴会即将结束前上席,也可开宴前上席。

总之,中式宴会的菜品结构及内容虽然有一定的格式,但还要根据各地区的实际情况灵活地运用,无论是菜品的烹调方法,还是数量及品种,要根据宾客的饮食习惯作适当的调整,并突出地方特色,只有这样,才能使宴会菜肴更加丰富多彩,形成我国不同风味与特色的宴会。

🔊 **特别提示**:中式宴会冷菜、热菜、甜菜、点心等菜品比例视各地饮食习惯及风土人情而定,随着宴会改革的不断深入,宴会菜品数量逐步减少,以够吃、不浪费为标准。

(二)西式宴会菜品结构及内容

西式宴会与中式宴会在菜肴结构及内容上有根本的区别,经过长期的发展,西式宴会其形式主要有正式宴会、冷餐酒会、自助餐会、鸡尾酒会等,本节主要介绍西式正式宴会的菜品结构及内容,便于大家对中、西宴会内容进行比较及了解。

1. 西式正式宴会菜品结构

西式正式宴会一般由头盆(包括色拉)、汤、主菜、甜品、水果、饮料等组成。

2. 西式正式宴会菜品内容

(1)头盆(Appetizers)。又称"头盘"、"冷盘"、"前菜"等,即是开餐的第一道菜,主要起到开胃的作用,也称开胃菜。头盆的菜品一般多用清淡的海鲜、熟肉、蔬菜、水果、鸡肉卷、鹅肝派等制成。为了增加食欲,装盘也十分讲究,头盆装盘选用盆子不宜太大,注重色彩的搭配,装饰要美观,有时可用鸡尾酒杯盛装,显得更加好看,一般安排一道,传统的西式宴会头盆多为冷菜,配有面包、黄油和色拉(Salads)。色拉一般分素色拉、荤色拉和荤素混合色拉等。

(2)汤(Soups)。西式宴会的汤十分讲究,一般分清汤和浓汤,要求原汤、原味、原色,如鲜蚝汤、牛尾清汤、鸡清汤、奶油汤、厨师红汤等。

(3)主菜(Main course)。主菜又名主盆,根据宴会的档次,高档西式宴会主菜又分小盆与大盆,小盆一般以鱼类为主,大盆一般以肉类为主,多用牛、羊、猪肉、禽类,也有用海鲜及野味类菜品。普通西式宴会主菜只有一个大盆。主菜中除荤菜外,还需配上新鲜蔬菜,按红、白、青等颜色组配而成,其作用是美化主菜、刺激食欲、平衡营养。主菜口味多种多样,富有特色,其数量是最多的一道菜品,其质量及价格是最高的,所以通常称主菜。

(4)甜品(Desserts)。甜品在西式宴会上是一道不可缺少的菜品,有冷、热之分,常用的有冰淇淋、布丁、各种水果派、酥福列、奶酪、各种蛋糕及各种水果做甜菜等。

(5)饮料(Beverage)。餐后饮料一般有红茶、绿茶、咖啡等,主要起到醒酒、提神、帮助消化等作用。

上述是西式宴会常见的菜品结构及内容,但还要根据饮食对象和市场的需求情况,随时作必要的调整,形成自己的经营特色,来满足不同群体的饮食需求。

(三)中西合璧自助式宴会菜品结构及内容

自助式宴会不同于我国传统宴会,是从国外引进的一种宴会,其特色是菜肴的花色品种多、选择菜品的范围广,餐厅布置讲究,有冰雕、黄油雕、各种水果、鲜花等,给人一种色彩缤纷、富丽堂皇的感觉,就餐时可根据自己的饮食爱好,自由取食,可站着吃,也可坐着吃,参加自助宴会的宾客一般人数较多,边用餐边自由交谈,深受人们欢迎。根据自助式宴会的菜品构成可分为中式自助式宴会、西式自助式宴会和中西合璧自助式宴会等,现重点介绍中西合璧自助式宴会。

1. 中西合璧自助式宴会菜品结构

中西合璧自助式宴会,一般把中餐菜品与西餐菜品同时展示在餐桌上,中餐有冷菜类、热菜类、点心(主食)类、汤类,西餐有沙拉类、烧烤类、热菜类、面包类等,另加甜品、水果、饮料类及各种雕品等。

🔊 **特别提示:**中西合璧自助式宴会,西餐与中餐菜品的结构比例,没有严格的规定,应视客人的对象与饮食爱好、厨房中的设备设施与技术力量作适当调整。

2. 中西合璧自助式宴会菜品内容

中餐菜品:

(1)冷菜:油爆虾、五香熏鱼、盐水鸭、葱油海蜇、茶叶蛋、蒜泥黄瓜、咖喱笋、酱牛肉、卤冬菇等。

(2)热菜类:脆皮鱼条、黑椒牛柳、椒盐排骨、西芹烧鸭片、宫保鸡丁、茄汁大虾、锅贴干贝、红烧羊肉、三鲜海参、蘑菇时蔬、麻辣豆腐、开洋萝卜条、炸土豆条等。

(3)点心(主食类):什锦炒饭、三鲜炒面、炸春卷、素菜包子、菜肉水饺等。

(4)汤类:酸辣汤、鱼圆汤、菌菇鸡块汤、火腿冬瓜汤等。

西餐菜品：

（1）沙拉类：水果沙拉、虾仁沙拉、鸡肉沙拉、素菜沙拉等。

（2）烧烤类：烧鸭、西式烤鱼、焗牛排、烤火鸡、香烤海鲜串等。

（3）热菜类：匈牙利烩牛肉、法国田螺洋菇盅、海鲜酥盒、茴香羊肉、松子饭等。

（4）面包类：法式餐包、烤面包等。

其他类：

（1）中、西甜品类：冰糖银耳、巧克力慕司、各种法式蛋糕、焦糖布丁、黑森林蛋糕等。

（2）水果：橘子、香蕉、西瓜、哈密瓜、猕猴桃等。

（3）饮料类：咖啡、橘汁、红茶、绿茶、啤酒、可口可乐等。

（4）雕品：黄油雕、冰雕、瓜果雕等。

总之，中西合璧自助式宴会菜品的多少、原料的档次高低，应视参加宴会的人数、价格标准等因素灵活掌握，一般菜肴数量控制在 3070 种不等，菜品装盘及餐桌布置必须整洁美观。

本章小结

1. 本章较全面地阐述了我国宴会的起源与演变的过程，并概括了我国宴会起源于夏代，形成于周代，兴于唐宋，盛于明清，创新于现代。

2. 针对当前宴会现状，提出宴会的改革和创新，阐明宴会改革的原则和思路，在改革中求创新，明确创新的要求和方法，把握宴会发展的必然趋势。

3. 本章分析了宴会的特点和作用，强调在宴会设计中的要求。

4. 本章科学地对各种类型宴会进行分类与命名，对常见的中式宴会、西式宴会及中西合璧自助式宴会的菜品结构及内容作了较详细的表述。

5. 通过本章的学习，加深了对我国宴会基础知识的了解，有助于管理者在各种宴会的设计与操作中掌握一定的规律和方法。

检 测

一、复习思考题

1. 你是怎样理解宴会设计与运作管理的？

2. 请阐述宴会的起源。

3. 宴会应怎样改革和创新？

4. 宴会的特点和作用有哪些？在宴会设计中应掌握哪些要求？

二、实训题

1. 试述我国宴会从形式、规格、宴乐文化三个方面的演变过程。

2. 针对各种类型的宴会，写出6种宴会的分类方法，并结合宴会内容命名。

3. 简述中式宴会与西式宴会在菜品结构及内容上有何区别。

第二章　宴会菜单设计的原则与要求

　　宴会菜单设计是一项知识性、艺术性、技术性很强的工作,随着餐饮业的不断发展,新原料、新工艺、新技术在宴会中广泛应用,从而使宴会菜单的种类与形式日趋丰富,设计者不仅要考虑到每桌宴会菜点的整体效果,而且对宴会每个菜点都要精心设计,要根据不同客人的要求、宴会的类型、规格、标准、饮食对象、厨房与餐厅的设备、设施条件、技术力量、原料的供应情况及成本费用等因素,进行精心设计,不断研究,不断开拓创新,才能设计出宾客满意的菜单。

　　本章主要对宴会菜单设计必须掌握的原则、要求、程序、方法等方面进行较全面的阐述,要求宴会设计者不仅要掌握食品原料学、烹饪学、营养学、美学、管理学等,而且还应了解顾客消费心理需求,掌握各地区、各民族的饮食习惯、宗教信仰、风土人情等方面的知识。一份理想的宴会菜单,既能使参加宴会的宾客得到最佳的物质和精神享受,又能给饭店带来更多的社会效益和经济效益。

　　通过本章的学习,能较好地掌握宴会菜单设计的原则、要求、程序及方法等,使宴会的菜肴在色、香、味、形、器及营养等方面更趋向针对性、科学性及理想性,使宴会菜单设计与时俱进,不断满足不同层次宾客的饮食需求。

第一节　宴会菜单设计的原则

引导案例

　　某一四星级酒店,接待一批非洲国家的军事代表团,当天晚上有某军区首长举行宴会招待这批客人,中外双方宾客共150人,设宴会15桌,该酒店对这批客人的接待十分重视,从宴会菜单的制订到员工内部的分工均作了明确的要求,菜单中的菜肴品种丰富多彩,烹调方法多种多样,有炸、烧、烤、炒等十几种烹调方法,待晚上宴会正式开始时,大家各负其责,有条不紊地进行。但由于军人吃饭较快,上菜的速度远远跟不上宾客的进餐速度,特别有一道烤鸡的菜肴,由于电烤箱性能出故障,烤箱内上层有温度,下层没有温度,造成"烤鸡"上下的成熟度不一致,一面已成熟,一面还未成熟,尽管厨师采取相应的措施,但拖延了出菜时间,造成客人等菜吃的现象,主人感到很没有面子,对饭店意见很大,认为是一次不理想的宴会。

　　造成这种结果的原因主要有三点,一是设计菜单时没有很好地考虑到厨房的设备条件,二是不知道军人吃饭的速度较快,准备工作没有做到位,而造成出菜速度较慢,三是管理层检查督导力度不够,所采取的措施不力所致。根据这一案例,本节主要从宴会菜单设计中必须坚持的原则,进行共同探讨。

一、以宾客需求为核心

不论设计何种类型的宴会,在设计宴会菜单时,必须了解出席宴会宾客的饮食习惯,掌握宾客的消费心理,制订出宾客所需的菜品,以满足宾客的饮食需求。

特别在招待外国客人或其他民族和地区的宾客时更应准确把握客人的饮食特点。首先要了解客人的国籍、年龄、性别、职业、生活习惯、饮食喜好、宗教信仰、健康状况及禁忌等。例如印度教徒不吃牛肉,伊斯兰教徒不吃猪肉,佛教僧侣不吃荤菜;非洲人喜食牛肉、羊肉、鸡肉,口味微辣,喜爱菜肴上带浓汁,便于蘸食吃,忌食猪肉及各种动物内脏,不吃奇形怪状的食物;欧美人喜食鱼虾等水产品、家禽、猪肉、牛肉、各种新鲜蔬菜,喜食咸中带甜的食物,口味清淡等,不爱吃肥肉,忌讳各种动物的内脏等;亚洲人因宗教信仰、地理环境的不同,饮食习惯也有很大的差异,如日本人爱吃牛肉、海鲜、猪肉、蔬菜等,但他们不喜欢吃肥肉、猪内脏和羊肉;泰国人喜食鱼和蔬菜,特别喜食辣椒,不爱吃红烧的菜肴,也不放糖,忌食牛肉等;还有糖尿病的客人忌食甜食或淀粉含量高的菜肴;有痛风的客人少吃或不吃海鲜、豆制品等菜肴;患有甲亢的客人少吃或不吃海产品,特别不吃海带及含碘多的食物;患有高血压的客人菜肴要清淡,不油腻,喜食低糖、低盐、低脂肪的食物;老年人由于消化器官退化,牙齿不好,宜提供一些易消化、富有营养的清淡食物,不喜欢食过于油腻、胆固醇高、油炸的食物;青年人在饮食方面喜食新、奇、美的菜肴,口感宜酥、脆、香的食品。

另外,除了解客人饮食习惯的同时,还要分析举办宴会者和参加宴会者的消费心理:有的喜欢宴会菜肴又多又要好,满足讲排场、要面子的需求;有的客人注重宴席气氛、规格,强调原料高档稀少、菜肴造型精美、盛装器皿精致等,满足其社会地位方面的需求;有的则注重内容的经济实惠,在菜肴设计方面要求菜肴分量、口感满足客人讲究物有所值的需求。

总之,宴会菜单的设计必须以宾客的需求为核心,要不断收集客人的饮食"情报",建立客户饮食档案,分析宾客的消费心理。通过整理、分析,总结出不同客人的饮食需求,才能设计出宾主双方都满意的菜肴。

🔊 **特别提示**:以客人为中心,主要根据客人的饮食习惯、宗教信仰、身体状况等,有针对性地做好菜品制作及服务工作,但对部分客人提出的非正当要求,如要食用国家明文规定所保护的野生动植物原料及禁用原料,应婉言拒绝。

二、以客观条件为依据

在设计宴会菜单时,必须以宴会部的技术力量、设备设施条件及市场食品供应状况等方面的因素,尽力而为,以策划出与宴会部接待能力相适应的宴会菜肴,确保宴会菜单科学合理,操作时忙而不乱,宾客满意,达到饭店所规定的利润。具体要依据如下几方面的客观条件加以分析:

(一)要依据员工的技术力量来设计

在设计宴会菜单时,必须要考虑到员工的技术水平和所能承受的工作量,如现有的厨师只会烹制江苏菜系，如果菜单中设置很多广东菜、四川菜，尽管宴会菜肴结构很合理，但某些菜无人会做，其结果可想而知。再如宴会厨房厨师人数较少，宴会的标准较多，有些菜肴制作的难度较大，工艺复杂，费工费时，尽管厨师加班加点，也无法完成菜肴烹制任务，难以满足宾客的饮食需求，很可能造成整桌宴会接待工作失败。所以在菜单制订过程中首先要了解厨师的技术水平及接待能力，要尽量施展本店的技术水平，推出饭店名师、名菜、名点及具有独特的菜肴，力求菜肴新颖别致，令人耳目一新。其次要考虑服务人员的服务水平及人员数量，他们能否完成某些特殊菜肴的分割及分菜，这些都是宴会菜肴设计者必须考虑的问题，只有深入了解宴会部员工的技术水平及接待能力，掌握宴会设计的技巧，菜单设计才更为科学合理。

（二）要根据设备设施条件来设计

宴会部的设备设施的好坏、数量的多少及布局是否合理，这些都直接关系到菜肴制作的速度和质量，关系到菜单设计的实施效果。例如，厨房中的蒸箱只有一个，在菜单中安排很多蒸制的菜肴，如"蒸鸡"、"蒸鸭"、"清蒸鱼"，还要蒸包子、米饭等，这些菜点没有一定的蒸制时间很难达到制作效果，假如在同一时段出菜，就无法完成制作任务，所以在设计宴会菜单时，应依据厨房各种设备设施的条件，合理安排各类菜式，做到烹制方法各异，数量比例与设备条件相适应，充分利用各种设施。避免有的设备使用过度，有的设备设施又被闲置。否则，在营业高峰时难免影响出菜的速度和质量。

另外，还要考虑厨房与餐厅的布局是否科学合理，有些厨房与餐厅距离相差很远（一般不超过 50 米），对一些需要较高温度的菜肴就会受到影响，如一些炸、炖、焖、拔丝等烹调方法的菜肴，必须采用相应的保温措施，利用保温盅、保仔锅、砂锅、火锅等方法来盛装菜肴，才能保证菜肴质量，所以在宴会菜单的设计中必须考虑各种设备设施等因素和生产能力精心筹划，菜单设计才能达到最佳效果。

（三）要依据食品原料的供应情况来设计

食品原料是菜单设计之本，如不熟悉当地食品原料的供应情况，即使设计出再好的菜单也无异于空中楼阁，无法实施。所以，我们必须了解市场食品原料的供应情况，如食品原料价格、质量、货源的多少等，要根据季节、市场的变化，尽量选用时新、时令的食品原料充实到菜单中去，尽管当今交通运输较发达，保鲜方法科学先进，有些原料打破了季节性和地域性，反季节、跨地域的食品原料常年均有供应，但俗话说"物以鲜为贵"，正当上市的原料，不仅质量好，而且给人一种时尚、新鲜之感，尤其是蔬菜、水果、水产品等。只有了解市场的食品原料的供应情况，保证菜肴质量及饭店规定利润的前提下，广泛运用价廉物美的时令原料，制作出美味可口的菜肴，满足宾客求新、求变的饮食消费需求，才是宴会菜单设计者的根本所在。如果不了解食品原料供应情况，盲目设计，其结果很难达到设计的效果。

另外，还要重视饭店食品库存情况，特别是那些易损易坏的原料，如各种新鲜蔬菜、水果、乳制品、水产品及干货原料，都要合理使用，不应超出保鲜期而失去使用价值，从而增加营业成本，减少利润率。同时还要掌握各种原料的价格、拆卸率及涨发率等情况，确保原料质量优良，成本核算正确，菜单所涉货源保证供应。

三、以价格高低为标准

宴会的价格高低往往决定宴会的档次及菜肴的精细程度，我们在设计宴会菜单时，应根据宴会的价格高低，确定菜肴的标准，要按照"质价相等、优质优价"的原则来设计菜单。

一般来讲宴会的价格高,菜肴选用的原料比较高档,制作比较精细,服务的要求比较高,宴会的价格低,菜肴选用的原料比较普通,制作相对简单,服务的要求一般。但一位成功的宴会设计者,不能因价格高低而影响宴会的效果和品质。设计者应在保证企业的合理利润的基础上,将菜点适当搭配,使菜肴数量恰到好处,菜肴质量符合标准,宾主双方高兴满意,这正是宴会设计的巧妙之处。具体要求如下:

(一) 宴会价格标准较低的菜单设计

宴会价格标准较低的菜单设计,应以大众化菜肴为主,而且又是人们喜欢食用的菜肴,这类菜肴选料要价廉物美,制作相对简单,食用感觉实惠,既要控制成本,又要考虑菜肴质量,在每个菜的主、配料的比例上适当调整,既要保证每桌宴会菜肴的个数不能少,又要坚持"粗菜细做、细菜精做"的原则,充分运用现代的烹调设备、制作工艺、各种调味品及盛器,制作出经济实惠、美味可口、数量恰当的菜肴,满足宾客的饮食与消费需求。

(二) 宴会价格标准较高的菜单设计

宴会价格标准较高的菜单与价格标准较低的菜单是相对而言的,价格标准较高的菜单设计一般在用料上比较讲究,主要以鱼翅、海参、鲍鱼、大龙虾及一些价格较高的水产、山珍海味为主要原料,在制作方法、工艺上比较精细,技术难度较大,在装盘设计上往往选用一些高档盛器装盛,注重用水果及食雕来装饰点缀菜肴,讲究菜肴口味和质量,要求以精、巧、雅、优等菜品制作为主,这类菜单主要用于满足一些中、高档消费人群的饮食需求。

四、以经营特色为重点

宴会菜单的设计必须要突出本企业的经营特色,才能具有较强的竞争力,应根据宴会部的地点、规模、装潢档次、设备设施、经营环境、技术力量、服务水平等因素来确定自己的经营特色,具体应依据如下几方面来设计菜单:

(一) 依据经营宴会的类别设计

宴会部首先应根据自己的优势,确立目标市场,明确经营宴会的种类,设计出与经营类别相适应的宴会菜单,如宴会有中式宴会、西式宴会、中西合璧宴会等;宴会主题有婚宴、生日宴、商务宴、庆典宴等。因饭店的规模及餐厅功能不一样,宴会市场的定位也就不同,如有的大饭店宴会厅面积很大,餐位很多,适合接待大型的婚宴、庆典宴等;有的饭店宴会厅小,包间多,装潢档次高,适合接待商务宴、小型庆典宴会等。所以在设计菜单时应根据宴会的规模、主题及经营特色有针对性地设计出富有特色的菜单,形成独特的风格及个性,给赴宴者留下深刻的印象。

(二) 依据菜肴的风味特色设计

1. 以某一菜系为主的经营特色

一个饭店在一个地区或商业圈内,以某一菜系或地方风味作为自己的经营特色,就应在设计菜单中要突出这一菜系或地方风味的特色和风味,一些地方的名菜、名点及风味菜肴均要在菜单中显现,而且烹制出的菜肴,风味浓,有特点,使客人感到别具一格,有消费欲望,成为本地区最有影响力之一的宴会菜肴。

2. 以多种菜系为主的经营特色

有的饭店为了吸引和满足顾客的需求,往往经营多种菜系或地方风味,把宴会厅分成"川菜厅"、"粤菜厅"、"苏菜厅"、"鲁菜厅"等,所以在设计菜单时应根据各菜系的特点,把一些有影响的名菜、名点均要列入菜单中,做到人无我有、人有我优,使顾客能感受到各菜系的风味差异,可根据客人的喜好,轮换或挑选各菜系进行宴请,满足一些客人求新、求变的饮食需求。

（三）依据宴会的发展趋势设计

宴会菜单设计不但要有自己的特点,还要与时俱进,不断开拓创新,适应人们饮食新潮流,要根据人们的饮食需求及愿望,推陈出新,设计出各种各样的宴会菜单。

（1）农家乐宴会菜单:以农村常见的蔬菜、瓜果、水产、野味、家禽、家畜等品种为原料,经过精心设计、合理组配、认真烹调,给客人一种返璞归真的感觉。

（2）保健宴会菜单:根据人们一些常见的疾病,如高血压、糖尿病、胃病及阴虚阳衰等疾病,利用各种食品的特性及功用加上适量的中草药材,进行有机的组配,形成各种"药膳"菜肴,设计者根据客人的需求,进行科学的组合,形成几种价格标准、功用等不同的宴会菜单,供客人选择。

（3）女士宴会菜单:女士一般很注重自己的形体、美容养颜等,我们可根据女士的爱好及心愿,根据各种食品原料功用,设计出一些清热消肿、清心安神、减肥养颜等一些美容健体的菜肴,将这些菜肴有机搭配,形成富有特色的宴会菜单。

总之,宴会菜单的设计必须顺应人们的饮食需求及餐饮的发展趋势,不断创新,如推出各种健康食品、绿色食品等菜肴,设计出有层次、成系列、有影响的宴会菜单,总能给客人以全新的感觉。

五、以科学组合为目标

宴会菜单设计是否科学合理,应根据参宴对象的饮食需求,进行精心设计,做到菜肴的色、香、味、形俱佳,营养搭配合理,成本核算正确,整体评价较高。

（一）菜肴的搭配要尽善尽美

宴会菜肴设计必须根据宾客的饮食习惯、消费心理及宴会的主题等因素精心设计,特别要注意菜肴的色、香、味、形、器的搭配,做到荤素、咸甜、浓淡、质地、色泽、干稀等和谐协调,相辅相成,浑然一体。菜肴的数量恰到好处,冷菜、热菜、点心、汤菜、水果等菜肴比例科学,整个宴会菜单的菜肴结构符合宴会主题和满足宾客的需求。

（二）营养的搭配要有利于健康

在宴会菜单设计中必须考虑人体营养平衡,随着人民生活水平的不断提高,人们的饮食需求已逐渐从吃得饱转向吃得好、吃得健康、吃得科学等方向发展,因此,在菜单设计中并不是安排很多山珍海味、大鱼大肉,就意味着菜肴的高档、有水平,而是要针对宾客的年龄、身体状况、职业性质等因素,每天需要摄取营养素的数量,安排适量的含有脂肪、蛋白质、糖类、维生素、矿物质、纤维素等营养成分的菜肴,做到荤素搭配、粗细搭配,各种营养搭配合理,才能有利于人体的健康长寿。

（三）成本核算要确保利润

在设计宴会菜时,对菜单中每一个菜的主料、配料、调料的数量、成本、售价、毛利和利润率都要了如指掌。为了促进销售,提高竞争力,在设计宴会菜肴与价格时,采用高成本高售价或低成本高售价的策略,有的实行高成本低售价或低成本低售价的策略,还有的实行以客人需求定价和随行就市的定价策略。无论采取何种销售方式,最根本的一条原则,总体毛利率必须达到预定的目标,要不断分析每一个菜肴的盈利情况,并根据原料的售价变化和餐饮市场竞争态势及时调整菜肴的销售价格,确保饭店的利润率。

(四) 菜单设计要突出风格

一份理想的宴会菜单,不仅外表印刷精美,而且其形式、色彩、字体、版面等方面既要艺术性,又要构思巧妙,内涵深刻,给宾客留下深刻的印象。更重要的菜单设计的菜肴要同宴会厅的装潢风格及设备设施风格相协调。如在一个欧式宴会厅内设计一张"乡土菜肴"的宴会菜单,就显得不伦不类。在菜单设计中,要根据每个餐厅的风格特点,随着季节、客人的需求变化,不断推出新原料、新品种、新菜肴,做到传统菜做到位、创新菜做出名、看家菜做规范、时令菜做及时,地方菜做特色、引进菜做成样,使客人感到宴会菜肴有变化、有创意、有风格。

第二节 宴会菜单设计的要求

引导案例

某一五星级酒店为一名知名画家过80岁生日,总经理十分重视这一活动,因为这位知名画家是这家饭店的老顾客、老朋友,饭店有些壁画大多出于他之手,同时这位画家经常带一些老朋友来饭店饮食消费,为饭店带来了很多经济效益。为此,总经理要求宴会部经理在餐厅布置、台面设计上要围绕主题,有创意,要求厨师长要设计出一张理想的"寿宴菜单",整个活动只能成功,不能失败。大家根据总经理的要求,各自按自己的工作职责分头准备,尤其厨师长压力较大,一旦菜单设计失误,造成宾客不满意,就很难向客人及领导交代,但厨师长发动群众,召集厨房一些技术骨干,献计献策,并通过宴会部秘书从计算机上查出这位知名画家的个人信息资料,了解到画家及他的一些老朋友的饮食习惯及爱好等,厨师长从菜肴的命名、原料的选择、菜品的数量及菜肴的色、香、味、形、器等方面,认真设计,做到菜肴命名紧紧围绕主题,原料选择突出季节性,菜品数量不多不少,恰到好处,菜肴的色、香、味、形、器等搭配科学合理,无可挑剔,菜点装盘富有创意,加上宴会厅及台面布置别具一格、服务员的紧密配合,使这一知名画家及朋友高兴无比,对这一"寿宴"十分满意,当场泼墨挥毫作画题字来感谢饭店的精心安排,赢得了很好的声誉。

为什么这位知名画家能对这一"寿宴"如此满意呢?厨师长设计菜单时抓住了哪些关键?这就是我们本节要讨论的问题。

一、选用原料要有广泛性

宴会菜单的设计十分注重食品原料的选用,因为不同的原料有不同的味道,它不仅是形成菜肴多样的基础,而且是提供人类多种营养素的主要来源。一份较理想的菜单原则上每一个菜所用的主料均不相同,如有山珍海味、水产、粮食蔬菜、瓜果等原料制成,才能使人感到原料的丰富多彩,同时我们还要研究不同地区、不同季节各种原料的品质,因为地区、气候、季节、生长环境的不同,其品质差别很大,俗语道:"菜花甲鱼菊花蟹,刀鱼过后鲥鱼来,春笋蚕豆荷花藕,八月桂花鹅鸭肥,冬有萝卜鲫鱼肥。"这些被称为四季之序,过了一定的季节就失去一定的滋味。如长江刀鱼每年过了清明节,骨头就变硬,肉质就没有那么鲜美;油菜花盛开时,甲鱼最肥美;菊花盛开时,螃蟹最肥壮;荷花盛开时藕最鲜嫩;冬季萝卜脆嫩、鲫鱼及淡水鱼类最鲜美等,这充分说明不同季节就有不同时令原料,因为原料都有生长期、成熟期和衰老期,只有成熟期上市的原料才是多汁鲜美,质地细嫩,营养丰富,带有自然的新鲜。尽管现代交通比较发达,各种原料养殖、种植科技含量较高,有些原料打破了成熟期上市概念,一年四季均有供应,但其品质与时令上市的原料相比有很大的差别。另外因不同地区所生长的同一原料品质都有很大的差别,只要我们熟悉烹饪原料学,选用时令原料来设计菜肴,其菜肴的品质就会大有提高。

在选用烹饪原料上我们要不断关注市场上的变化情况,尽量选一些新原料、新品种、新的时令原料,注重引进国内外各地的原料充实到菜单中,如我国东北的山珍、沿海地区的海味、台湾的水果等;美国的深海鱼类、澳大利亚的袋鼠肉、泰国的鳄鱼肉及西方国家的各种蔬菜等,在设计菜单时,只要我们广泛选用各种原料,就会给客人一种"物鲜为珍,物稀为奇"的新鲜感。

二、选择菜肴要突出季节性

在菜单设计中,选择哪些菜肴组合在一起比较理想,这就很有讲究,其中最主要的就要根据一年四季气候变化的特点,菜单设计在原料口味、色泽及菜肴的烹调方法等几方面,均要突出季节性。

(一) 讲究原料的选用

在设计菜单时,应根据不同季节选用不同的原料,一要注意选用时令及当地的土特产原料,二要结合季节性特点,选用原料性质不同的原料,如冬天天气寒冷,可多安排一些暖性食品,如羊肉、狗肉、牛肉等。夏天天气炎热,多安排一些凉性食品,如黑鱼、河蚌、鸭子、黄瓜、冬瓜、茄子等原料。

(二) 讲究色彩的选用

菜肴的色彩来自两个方面,一是原料的自然色彩,二是通过加热、调味,改变原料的色彩,在设计菜单时,应根据季节的变化,选用菜肴不同的色彩,一般冬季菜肴的色彩以暖色为主,如红、橙、黄等,给客人一种温暖的感觉。而夏天菜肴以冷色为主,如青、蓝、紫等,给客人一种清爽凉快的感觉。

(三) 讲究口味的选用

味是菜肴的灵魂,不同季节应选用不同的口味,古人对口味的变化十分讲究,如《周礼·天官》中云:"凡和春多酸,夏多苦,秋多辛,冬多咸,调以滑甘。"这种调味规律虽然不十分确切,但也有一定的参考价值。所以在设计菜肴时春天可偏向酸性口味,以促进人体酸碱度平衡;夏天可适当安排一些苦味食品,可使人降温消暑;秋天则偏向辛辣味,可使人增强防潮御寒的能力;冬天以浓重口味为主,可使人增食抗寒。

(四) 讲究烹调方法的选用

不同的季节应选用不同的烹调方法,如冬天宜选用火锅、砂锅及煲类菜肴,给人以暖和之感,而夏季宜多用清蒸、凉拌、冻制等菜肴,给人一种清爽淡雅之感。

总之,在设计菜单时,不同季节应选用不同的菜肴,这样不但能满足人体的生理和心理需求,而且能促进消费,增加企业的经济效益。

三、菜肴构成要突出地方性

在设计中式宴会菜单时,要突出本饭店或本地区的地方菜或经过创新的特色菜,因为这些菜肴最能显示当地的饮食习俗和风土人情,拓展本企业经营特色和风格,也是宾客备受欢迎的菜肴,具体做法如下:

(一) 突出地方的名菜、名点

在设计宴会菜单时,如果利用当地的名特原料制成名菜、名点安排在菜单上,客人是非常欢迎的,如四川的"干煸牛肉丝"、山东的"奶油桂鱼"、江苏的"清炖狮子头"、广州的"脆皮鸡"、北京的"烤鸭"等,这些菜既是地方名菜又是全国名菜,一定会给客人带来好印象。

(二) 突出地方的名厨、名宴

在设计宴会菜单中利用当地名厨的声誉制成的名宴,提供给客人品尝,客人自然会感到一种自豪及心理的满足,我国地方的名厨、名宴很多,有些名厨身怀绝技,多次为国内外元首或领导人烹制菜肴,完成重大的接待任务,有很高的声誉,如在宴会菜单中安排12道名厨做的菜肴,一定会深受客人的欢迎,另外各地均有一些名宴,这是集当地各位烹饪工作者智慧的产物,如西安的饺子宴、宁夏的驼掌宴、北京全聚德的全鸭宴、江苏的鳝鱼宴等,这种用一种主料为主做成一席菜肴,很有特色,还有各地都有一些风味宴席,深得宾客欢迎。

只要我们充分利用本地、本企业的优势及技术,不断创新,力求创造出更多更好的新颖别致、独有风味的地方菜肴,显现在宴会菜单中,一定会收到很好的效果。我们不能一味模仿他人或其他地方的菜肴,照搬照抄别人的产品,如没有自己的地方特色和特点的宴会菜单,这样的宴会菜单设计就很不理想。

四、烹调方法要有多变性

在设计宴会菜单时,注意每个菜肴的烹调方法应有所不同,因为采用不同的烹调方法,可以形成不同风味的菜肴。所以根据宾客对象及需求,利用不同的烹饪原料,采用多种烹调方法,如炒、爆、蒸、烧、烤、炸、炖、焖等,使菜单中的每一个菜肴烹调方法不重复,宾客食后感到整桌宴会菜肴变化多端,不呆板,不单调,不平淡,有刺激感,使客人尽量享受美食的乐趣。

防止在设计宴会菜单中,只采用一两种烹调方法所制成的菜肴,即品质单一,口感枯燥无味,甚至使人厌食,造成客人离我们而去,影响企业的经营。

五、菜肴口味要有差异性

一桌宴会有菜肴数十种,每个菜肴的口味最好有一定的差异性,一是参加宴会的人员较多,各人的口味各不相同,如我国江浙人口味偏甜,山西人喜食酸,川、湘嗜辣,西北人口味偏咸等;再如日本人喜欢清淡、少油,略带酸甜;欧洲人、美国人喜欢微略带酸甜味;阿拉伯人和非洲地区的人以咸味、辣味为主,不爱糖醋味;俄罗斯人喜食味浓的食物,不喜欢清淡等,为此要满足众多人的口味,就要有变化。二是如果一桌宴会中,菜肴口味基本相似或变化不大,吃起来没有刺激感,必然乏味,长期下去,无法满足新老顾客的需求,自然就会失去很多客户来餐厅消费。所以我们要根据本企业消费群的饮食习惯,不断地研究探讨各种菜肴的味型,要引进、利用国内外新型的调味品,经过科学的调配,设计出多种味型的菜肴,如酸甜味、咸辣味、苦香味等各种复合味,使每天宴会菜肴口味有差异、有起伏、有变化,使食客感到"五滋六味、回味无穷",满意度越来越高。

六、菜肴色彩要有丰富性

在菜单设计过程中,对每一个菜肴的颜色及整桌宴会的色彩搭配要精心策划,不可随心所欲,因为菜肴色彩搭配是否协调和谐、丰富多彩,直接影响宾客的视觉及食欲,我们要尽量利用原料自然颜色及烹调后的色彩,外加盛器颜色及必要的点缀装饰,使菜肴的颜色更加绚丽多彩,让人赏心悦目,具体要求如下:

(一) 注重运用菜肴的自然色彩

各种食品原料均有各自的色彩及属性,如青菜加热后变翠绿色,虾蟹加热后变鲜红色,鱼肉去皮骨加热后变白色,冬菇自然是黑色,莲子、银杏淡黄色等,我们应充分运用各种食品原料自然色彩的属性,通过加热、调味等多种手法,使菜肴形成赤、橙、黄、绿、青、蓝、紫等多种色彩,使其最大限度地衬托出菜肴的自然美。但绝不能为了增加菜肴的色彩,就有意利用一些食用色素及添加剂,超出国家有关规定的使用标准,使用到菜肴中,造成菜肴色彩不正常,严重的造成食物中毒,这会给人一种望而生畏的感觉,从而失去了菜肴的食用价值及设计的目的。

(二) 注重宴会菜肴整体的色彩效果

宴会菜肴色彩的设计,不但要考虑每个菜肴的颜色,更要注重整桌宴会菜肴色彩的变化,做到主料与配料、菜肴与盛器、菜肴与点缀、菜肴与菜肴之间的色彩搭配协调和谐,层次分明,五彩六色,鲜艳悦目,从而不但增加客人食欲,而且给人一种美的享受。不能排几个菜颜色基本相似或一样,颜色不明快,不协调,无光泽,使客人见后无食欲之感。

(三) 注重菜肴的食用价值

我们为了讲究菜肴的色彩,衬托主料,往往用一些可食的原料在盛器中间或周边做一些点缀,如果点缀恰当,确实起到画龙点睛的效果,但有的为了追求菜肴色彩的漂亮,不注意卫生,不讲究食用价值,用一些不能食用的生原料、工艺品、树叶、青草来点缀菜肴,有的用很大的雕品来点缀数量很少的菜肴,造成菜肴生熟不分、主次不分、华而不实,直接影响菜肴的食用价值,甚至造成食物中毒,这种做法是不可取的。我们应该在讲究菜肴色彩变换的同时,更要注意食用价值,才能使宴会增色生辉。

七、菜肴形态要有多样性

菜肴形态的多变,不仅给客人以多姿多彩的感觉,而且能给客人一种艺术的享受,我们应根据各民族的饮食习惯、风土人情、喜好或忌讳,按宴会的不同类型、不同档次,想法设计出形态多种多样的宴会菜肴,具体应抓住如下几方面的变化:

(一) 抓住原料形状的变化

烹饪原料数万种,其形千姿百态,我们在设计宴会菜单时,应抓住原料的各种形态及特征,制成人们喜爱的形状,有些原料形大不易烹调,就要通过刀工处理切成条、丝、块、丁、段、片等形状,有的根据原料的品质及特性,经过艺术刀工的处理,制成象形的形态,如菊花形、葡萄形、玉米形、荔枝形、松鼠形、飞燕形、青蛙形、蝴蝶形等各种形态,做到宴会中每一个菜的形态不一样。

（二）抓住菜肴的造型变化

菜肴的造型往往采用多种原料，组合成各种各样的形态，无论冷菜还是热菜和点心，只要我们精心设计，精心烹调，把各种菜肴进行有机的组合，就会形成造型各异的菜肴，如动物性的造型有"百鸟归巢"、"孔雀开屏"、"凤凰展翅"、"金牛戏水"、"龙凤呈祥"等；植物性的造型有"百花齐放"、"春色满园"、"田园风光"等；实物造型有"花瓶形"、"葫芦形"、"琵琶形"等，还有几何形的如"四方形"、"长方形"、"菱形"、"三角形"等。这些形状根据宴会的主题有机地组合在一起，做到动静结合，给人一种栩栩如生的感觉，起到美化菜肴、烘托气氛、显示技艺、增进食欲的作用。有的菜肴造型还会给客人留下终身的回忆，食宴者不仅品尝到美味佳肴，而且在饮食的同时得到一种艺术的享受。

（三）抓住器皿装盛的变化

餐饮器皿的品质及形状有千差万别，选用什么样的器皿装盛什么样的菜肴都是十分讲究的，我们可以利用盛器的不同品质、不同的造型，装盛相应的菜肴，这对菜肴形态变化及档次的提升有着积极作用，如从盛器品质来看，有陶瓷制品、玻璃制品、金属制品、塑料制品、石料制品、木料制品及食物制品等；从盛器造型来讲，有盘、碗、碟、盅、杯、钵、锅、桶及各种象形的器皿。所以，只要根据菜肴的性质、形状及特点，合理选用不同品质、不同形状的器皿有机地配合在一起，必将对菜肴起到锦上添花的作用。

总之，菜肴形态的变化方法是多种多样的，只要我们掌握其规律，不断提高自己的艺术修养，在设计宴会菜单时就能得心应手。

八、菜肴质感要有多种性

一份好的宴会菜单，不但要考虑到每个菜肴的色、香、味、形、器要有差异性，而且还要兼顾到每个菜肴的质感要有所不同，因此在设计菜单时，要根据客人的饮食习惯、性别、年龄及不同季节，采用不同的烹调方法，使每个菜形成不同的质感，主要抓好以下几个环节：

（一）按照设计要求确定每个菜肴的质感

每个菜肴要形成不同的质感，主要靠两种手法，一是选用适合的原料，二是选用适当的烹调方法，如"脆皮鱼条"这一道菜，从选料到烹调有严格要求，首先要用鲜嫩鱼肉切成鱼条，经过腌渍入味，然后再挂上脆皮糊，入适当油温炸制，才能达到外脆里嫩的质感效果。如果要考虑一桌宴会菜肴有软、硬、嫩、酥、脆、肥、糯、爽、滑等多种质感，就必须选用多种原料及烹调方法才能达到设计的要求。

（二）按照饮食对象来设计菜肴的质感

不同的饮食对象，对菜肴的质感要求不一样，一是各人的饮食爱好不同，有的喜欢吃香脆的、有的喜欢吃软嫩的等。二是年龄的差异对菜肴的质感要求也不一样，如少年儿童喜食酥脆的菜肴；中青年人体质好，活动量大，喜食硬、酥、肥、糯的菜肴；老年人喜食酥烂、松软、滑嫩的菜肴。但这是相对而言的，由于各人饮食习惯不一样，对菜肴的质地偏爱也不尽相同，所以在设计菜肴时，既要考虑每个菜的质地有差异，又要尽量了解每个客人的饮食爱好，有针对性地设计好每个菜肴的质感。

九、菜肴营养要有平衡性

在设计宴会菜单时要注意菜肴营养搭配的合理性,应从客人实际的营养要求出发,因人而定。由于每个人职业、年龄、性别、身体状况及个子高矮的不同,对营养的需求都有一定的差别,在设计宴会菜单时,应把握总体的营养结构和比例,注意人体营养的平衡,主要掌握如下几点:

(一)掌握各种菜肴的营养结构

作为一位宴会菜单的设计者,应掌握每个菜肴的营养成分,常见的一些菜肴中均包含的营养素有脂肪、蛋白质、淀粉、维生素、矿物质、纤维素、水、微量元素等。但由于各种原料的性质不同,所含的营养素不相同,一般动物性原料含的脂肪、蛋白质等较多,植物性原料所含的维生素、淀粉、矿物质等较多。这就要求我们必须掌握各种原料的营养成分,合理组配菜单,满足客人的生理需求,控制营养素的总量,防止过多或过少地摄入而影响客人的身体健康。

(二)掌握宴会菜肴的荤素比例

传统的宴会,无论西式宴会还是中式宴会或是中西合璧宴会,大部分菜肴均以动物性原料为主,如用山珍海味、鸡鸭鱼肉等原料制成荤菜,很少使用植物性原料,形成荤素的比例严重失调,忽略了菜肴的营养搭配,长期下去,就会失去人体的营养平衡。为此,我们设计菜单时必须注意荤素菜的比例,做到荤素搭配,菜点搭配,菜与主食、水果的搭配,使其逐步趋向合理、科学,有利于人体营养的平衡及健康。

(三)掌握宴会菜点酸碱度的平衡

食品原料有酸性食品与碱性食品之分,酸性食品主要以动物性原料为主,如鸡、鸭、鱼、肉、蛋等,碱性食品以植物原料为主,如蔬菜、水果、牛奶等。如果动物性原料在宴会中安排太多,人体摄取酸性量超标,长期下去就会有酸痛的感觉;植物原料安排太多,人体摄取碱性量超标就会使人胃有空荡之感,感到乏力。所以人体的酸碱度要平衡,不宜忽高忽低,否则影响人体健康。我们在设计宴会菜单时要注意各种原料的合理搭配,保证人体酸碱度平衡。

十、菜肴数量要有合理性

在宴会菜单设计中,不但要把握每桌宴会菜肴的总数与每道菜肴的分量,还要考虑宴会菜肴中的冷菜、热菜、点心、甜菜等各类菜肴之间搭配的比例,这是宴会菜单设计的重点,也是衡量宴会设计者水平高低的一部分。为此,在菜单设计中,应抓住以下几点:

(一)控制宴会菜肴的总量

宴会菜肴数量的多少与宴会的类型、档次及宾客情况有密切的关系,一般情况,以每个人享用 500 克左右净料为原则,每批宴会菜点数量应与参加宴会的总人数相吻合。同时还要考虑如下几方面的因素:

(1)宴会的类型不同,菜品数量也应不同。如冷餐酒会、西式宴会、中式宴会等菜品数量各不相同,冷餐酒会根据人数多少,一般控制在 30~70 个菜品左右;西式宴会控制在每人 5~7 个菜品左右;中式宴会控制在 10~20 个菜品左右。尽管宴会的类型不同,其菜品的数量也不一样,但每个人享用的净料仍要控制在 500 克左右,太多会造成浪费,太少会吃不饱。

（2）宴会的档次不同，菜品数量也不同。一般来讲，宴会的档次越高，菜品的精细程度越高，菜品的道数相对多一些，每道菜的数量略有减少，其品种及表现形式相对丰富一些。反之，宴会档次越低，菜品道数相对少一些，每道菜品的数量略有增加，其品种及表现形式相对简单一些。

（3）出席宴会者的情况不同，菜品数量也有所不同，因为参加宴会者的年龄、性别、职业等不同，菜品的数量要求就有所差别，如参加宴会的老年人多，菜品总量应少一些，如青年人多，菜品总量应多一些；如参加宴会的女士、儿童人数多，菜品总量应少一些；如男士人多，菜品总量相对要多一些；再如参加宴会重脑力劳动者多，菜品总量应少一些，重体力劳动者多，菜品总量相对多一些。总而言之，每桌宴会菜品的多少，每道菜的数量的多少要视宴会的类型、档次及客人的情况灵活掌握，不能一概而论，应严格控制菜肴的总量，保证客人吃饱吃好。

（二）控制各类菜品的比例

每桌宴会菜品之间搭配的比例多少，应根据宴会的类型、档次要有所区别。

1. 宴会的类型不同，菜品之间搭配的比例不一样

如中式宴会与西式宴会相比，中式宴会冷菜略比西式宴会要多一点；中式宴会与冷餐宴会相比，冷餐宴会以冷菜为主，约占整体菜品的70%左右，而中式宴会的冷菜约占50%左右。

2. 宴会的档次不同，菜品之间搭配的比例要有所不同

我们在设计菜单时无论是中式宴还是西式宴，或是中西合璧宴会，都要注意菜肴种类与形式的搭配比例，要求高档宴会与中低档宴会在菜品比例上要有所不同，要求整桌宴会菜品之间的原料品质与成本的比例要恰到好处，避免有些菜品质量档次太高，有些菜品质量档次太低，防止"头重脚轻"或"头轻脚重"现象，应根据宴会的档次不同，其宴会菜品的比例及所占成本的比重有所差异。现以中式宴会为例，按宴会档次的不同，在菜品种类及成本比例上作适当的调整（表2-1），仅供大家参考。

表 2-1　中式宴会菜品中比例分布表

等级	冷菜	热菜	点心	主食	水果
一般宴会	10%	80%	5%	2%	3%
中档宴会	15%	70%	5%	5%	5%
高档宴会	20%	60%	10%	5%	5%

在宴会菜单设计中，只要我们认真把握菜肴的总量及菜品之间比例的关系，客人对宴会的满意度就会越来越高，饭店的声誉也会越来越好。

🔊 **特别提示**：菜品的比例关系，在掌握好冷菜、热菜、点心、主食及水果的基础上，还要根据各地的饮食习惯、宴会的价格高低，适当调整各类菜品的比重及主辅料的搭配，满足客人的饮食需求。

总之，宴会菜单设计工作是一项知识性、技术性要求较高的工作，不但要考虑上述各种要求及因素，还要根据本地、本企业的经营特色及企业文化，经过周密考虑，设计出具有自身特色的宴会菜单，吸引广大消费者，增强企业在市场中的竞争力。

第三节 宴会菜单设计的程序

引导案例

某一城市为了接待一批英国政府访华团,由当地政府在该市一家最好的星级饭店举办欢迎宴会,共 10 桌,总厨师长根据领导要求,认真考虑,精心设计出一份自我感觉较理想的宴会菜单。可在实施过程中出现了很多问题,一是菜单确定后采购部去采购原料,由于只写明所需原料的质量和数量,而没有写明各原料的规格,而造成采购员采购回来的原料不合乎菜肴制作的要求,申购单中写明购桂鱼 7.5 千克共 10 条,采购员购回来的桂鱼一条不少,数量正好,但就是大小不一致,有的 1.5 千克一条,有的 0.5 千克一条,根据菜单做成的"清蒸桂鱼"每桌桂鱼大小不一致,造成很不好的影响。二是厨师长在设计菜单时只注意菜肴品种和质量,而没有加强成本核算,待第二天财务报表出来时,这 10 桌宴会毛利率只有30%,远远低于饭店所规定的毛利率 50%的要求,这么多员工忙了一天,还造成企业亏损,真是劳而无功。

上述案例中为什么会产生这些问题,值得我们深思,这也是本节中所要解决的问题。

一、明确菜单类别

宴会菜单的类别很多,有中式宴会、西式宴会、中西合璧宴会等不同类别及主题的宴会菜单,其设计要求和内容均不一样,客人的要求也有很大的区别,如婚宴、家宴、生日宴要求气氛热烈,菜名讲究吉利、祝福、祝贺、祝愿等方面的内容,菜肴希望量多味好、适口、实惠;而商务宴要求重排场、讲气派,菜名讲究吉祥如意、恭喜发财、心想事成等方面的内容,菜肴要求以精、巧、雅、优为原则,菜品制作要突出主题、讲究营养等。

宴会菜单设计还要突出菜肴的风味,如中式宴会有四川风味、江苏风味、山东风味、广东风味等;西式宴会又分法国风味、意大利风味、俄罗斯风味等,由于菜系与风味的不同,菜肴的口味、烹调方法及表现形式等方面都有很大的区别。所以,我们在宴会菜单设计之前,首先要明确菜单的类别及风味特点,然后根据不同类别菜单的要求和特点,依据客人对象及要求,设计出相应的菜单。

特别提示:在宴会菜单设计中,在突出菜单类别及风味特点的同时,也可在征得客人同意的基础上,作一些改革和创新,打破菜系与风味的壁垒,做到中西结合、菜点结合、菜系之间结合,形成独特风味。

二、了解菜单规格

宴会菜单规格的高低取决于两方面,一是宴会价格标准的高低,价格越高,规格相对较高,价格越低,规格相对较低;二是宴会的类别和特点。如国宴、商务宴、招待会等规格相对较高,家宴、便宴等规格相对较低,具体在设计宴会菜单时,应做到如下几点:

(一)较高规格宴会菜单设计

凡是较高规格的宴会菜单设计,其价格较高,政治影响较大;参加宴会者的要求也较高,在菜单设计时,首先要选好原料,尽量选用一些新原料、时令原料、贵重原料,在烹调方法上讲究色、香、味、形,做工要精细,口味要多样,色泽要鲜艳,造型要优美,盛器要高雅,菜品搭配要科学合理。

另外,餐厅环境要豪华,装潢风格优雅,给人一种富丽堂皇的感觉,服务热情而周到。

(二) 较低规格宴会菜单设计

较低规格宴会的菜单设计,其价格相对较低,但有一定的要求,在设计菜单时,首先要围绕宴会的主题,如有的是招待一般的亲朋好友,有的是生日庆祝、有的是答谢客户等,在菜品命名时,尽量与主题相吻合,在原料选用上可选用一些时令原料,常见原料,不宜选用太稀、贵的原料,在菜品制作上注意口味,讲究实惠,不必过分精细,但要保证菜肴的数量,能让客人吃饱吃好。

另外,在餐厅的布置上要根据主题,做一些必要的布置或调整,服务上要讲究礼貌,尽量使客人满意、高兴。

总之,无论是高规格的宴会,还是低规格的宴会,在菜单设计中,首先要了解宴会的类型及饮食对象,然后根据宴会规格的高低及客人的需求,在菜品设计上作相应的变动和调整,不应因宴会规格的高低而降低宴会设计的原则和要求。

三、选定菜肴名称

宴会菜单的菜肴命名适当否,直接影响到客人的饮食情趣与食欲,起到画龙点睛的作用,同时也关系到企业文化水平及声誉。一份好的宴会菜单所设计出的菜名不但能让人一目了然,使客人产生联想及回忆,而且必须名副其实,雅致得体,给人以艺术美的享受。为此,我们在选定宴会菜肴名称时要掌握其原则及方法。

(一) 选定菜肴名称的原则

1. 菜肴命名要名副其实

菜肴命名要体现菜的特点,反映菜肴制作的全貌,而且能给客人留下深刻的印象。不可故弄玄虚,夸大其词。

2. 菜肴命名要雅致得体

菜肴命名应一目了然,简朴大方,含意深刻,不可牵强附会,滥用辞藻,更不能庸俗下流。

3. 菜肴命名要便于记忆

菜肴命名字数不宜太多、太长,以45字为好,应当读起来顺口、易写、好听、易记。

4. 菜肴命名要满足客人心理

因各地的风土人情、饮食习惯不同,不同的饮食者有不同的消费心理,菜肴命名应根据人们的消费心理,设计出不同的菜名,如对商务宴会来讲,菜名常用"腰缠万贯"、"金玉满堂"、"恭喜发财"等;婚宴菜名常用"百年好合"、"龙凤呈祥"、"比翼双飞"等;生日宴菜名常用"寿比南山"、"岁岁平安"等;节日宴菜名常用"团团圆圆"、"一帆风顺"、"年年有余"等。这些菜肴的命名方法主要适合人们求平安、求发财、求安康的消费心理,满足人们的美好愿望。

(二) 选定菜肴名称的方法

宴会菜单中的菜肴名称命名方法很多,中国各种菜名达数万种,但有一定的规律可循。

（1）在主料前面加上烹调方法的命名。如"清炒虾仁"、"红烧鲤鱼"、"黄焖仔鸡"等,这种命名方法在中国菜谱中最为常见,使客人见到菜名就知道用什么烹调方法和原料制成菜肴。

（2）在主料前面加上调料的命名。如"OK 海参"、"茄汁大虾"、"蚝油牛柳"等,这种命名方法主要突出菜肴的口味,一些有特色的调料制成的菜肴,深受客人的青睐。

（3）在主料前加上人名或地名的命名。如"北京烤鸭"、"西湖醋鱼"、"东坡肉"等,这种命名方法使客人知道菜肴的起源与历史,具有一定的烹调特点和地方特色。

（4）在主料前面加上某一辅料的命名。如"龙井虾仁"、"腰果鸡丁"、"芦笋鱼片"等,这种命名方法主要突出主料和辅料的特点,使客人知道菜肴主、辅料的构成,能引起人们的食欲。

（5）在主料前面加上菜肴的色彩或形态的命名。如"松鼠桂鱼"、"琵琶大虾"、"翡翠鲜贝"等,这种命名方法主要突出菜肴的色和形,给人一种艺术美的享受。

（6）在主料前面加上辅料、烹调方法的命名。如"双椒炒牛蛙"、"桂圆炖乌鸡"、"香菇扒菜心"、"蘑菇蒸鸭块"等,这种命名方法是最常见的,客人可以从菜名中全面了解到这一菜肴所用的主、辅料及采取的烹调方法。

（7）以烹调方法和原料的某一特征命名。如"拔丝山药"、"糟熘三鲜"、"氽奶汤鲫鱼"等,这种命名方法主要突出菜肴的烹调方法及菜肴色泽等方面的特点,有些菜虽然没有标明所用原料的名称,但可以使人看到菜名就知道所用原料的特点和色泽。

（8）以形象或寓意命名。如用百合和莲子做成甜菜称"百年好合";用玉米炒虾仁做成菜,可命名"金玉满仓";"清蒸桂鱼"这道菜,可命名"年年有余";"脆皮乳鸽"这道菜,可命名"比翼双飞",这种命名方法主要满足消费者对生活或对他人的一种希望、祝愿或祝贺的心理。但这种命名方法从字面上看,很难知道是用什么原料烹调而成的菜肴,容易牵强附会,所以,采用这种方法命名菜肴,应根据宴会的主题,尽可能自然,注重含意,易于他人理解,有种回味无穷之感。

总之,菜品的命名方法很多,我们不能局限于上述几种方法,应根据各菜系,各地方风土人情、饮食习惯的不同及菜肴的制作方法,菜肴的色、香、味、形、器、声、温度、亮度等特点,不断改革创新,使菜肴命名更加切合人民的生活,更加名副其实,更加优雅别致,富有文化内涵。

四、规定菜肴原料

在设计宴会菜单时,一旦菜单的类别、规格、菜名确定后,就要对宴会菜单中的每一个菜肴所用的原料的数量、品质、主配料比例等作出规定,一是关系到宴会的成本控制,二是关系到宴会菜肴的数量和质量是否与宴会的规格相符。为了确保宴会菜肴中每一个菜肴原料的供给,首先要了解各种原料的市场供求情况,还要掌握本企业库房、冰库及冰箱的储藏情况,综合运用各种烹饪原料,具体应做好如下几方面的工作:

（一）控制好每个菜肴所用原料的数量

在宴会菜单设计中,要根据宴会每桌安排菜品道数的多少及参加宴会的总人数,按每人 500 克左右净料,来计算该批宴会需要多少净料,然后确定每个菜肴所用原料的数量,例如某饭店举办一桌商务宴会,共 10 人,按每人 500 克净料计算,所用原料约 5 千克,这桌宴会安排的冷菜、热菜、点心、水果共 18 道菜,其中有一道炒菜,确定是"清炒虾仁",规定净虾仁 250 克,具体工作者必须根据宴会菜单设计的要求去烹调,保质保量,虾仁的数量绝对不可忽多忽少。否则就会影响整个宴会菜肴所用原料的数量及宴会的接待效果。

(二) 控制好每个菜肴所用原料的质量

菜肴原料质量的控制,主要抓住两个方面:一是原料本身的质量及品质,不可使用腐烂变质、保鲜期已过的、有毒有害的原料;二是要根据宴会的规格高低,选用不同品质的原料,往往是同一种原料,因为原料的品种、产地、上市季节、加工方法等的不同,菜品质量、价格也有很大的差别,如同样一份"黄焖鱼翅"由于鱼翅所产地、加工方法、部位的不同,其品质与价格悬殊很大。所以,我们在设计宴会菜单时,必须根据宴会规格标准选用原料,是进口原料还是本地原料,是时令原料还是普通原料,是高价原料还是低价原料,都要明确原料的品种、质量、价格,保证菜肴的质量与规格标准相符。

(三) 控制好每个菜肴主、辅料搭配的比例

宴会每一个菜肴几乎都是有主料与辅料组成,另加一些点缀,目的是相互衬托,增加菜肴的色彩和滋味,减少菜肴的成本,都起到了很好的作用,我们应根据宴会不同的规格及档次,正确把握菜肴主料与辅料的比例,如同样一份"腰果炒鲜贝",主料是鲜贝,辅料是腰果,一般主、辅料的比例为 4:1,也可为 4:3,但给客人的感觉,前者主料多,显得价格、档次较高,后者感觉配料多,价格档次不如前者。所以我们要认真控制好主、辅料的搭配比例,用于不同类别及规格的菜品中,不但可以调节菜肴的档次,而且还可以调节菜肴的成本。

◁》 **特别提示**:在制定宴会菜单前,首先对各种原料的市场价格、各种原料的出净率或涨发率了如指掌,然后根据宴会的售价及档次,确定每一个菜品所用的主料、配料、调料的比例、质量及数量。

五、核算菜肴成本

宴会菜单设计中最重要的环节,就是要做好菜肴的成本核算,成本核算正确与否直接关系到宾客的利益及餐饮企业的经济效益,所以,我们必须重视宴会菜肴的成本核算,具体要掌握如下几点:

(一) 宴会菜肴价格构成的依据

宴会菜肴的价格高低,主要依据制作宴会菜肴所用的原料成本、经营费用、营业税金、经营利润四方面所组成。

(1) 原料成本:主要指制作宴会菜肴所用的主料、配料、调料三方面组成。

(2) 经营费用:主要指经营宴会时所需要的职工工资、水电费、燃料费、维修费、洗涤费、广告费、办公费、低值易耗品费、折旧费、银行贷款利息及其他费用等组成。

(3) 营业税金:主要指经营宴会时需要交税务部门的营业税、所得税、城市建设税、教育税、房产税及印花税等组成。

(4) 经营利润:主要指由产品营业总额减去原料成本费用、经营费用和各种税金,所剩余金额称经营利润。利润的高低是衡量企业管理水平及经营效益的主要指标,也是形成产品定价的主要依据。

(二) 影响宴会菜肴价格的因素

影响宴会菜肴价格的因素很多,主要取决于原料成本、经营费、税金及利润的高低等方面,我们核算菜肴成本、确定菜肴售价时,必须保证企业能获得一定的利润,同时还要考虑顾客对价格的接受能力、产品价格竞争等方面的因素。

（1）菜肴原料成本对宴会价格的影响。原料成本的高低是宴会菜肴定价的基础，宴会的售价一般由原料成本加上销售毛利率所组成，原料成本越高，宴会的售价就越高，销售毛利率越高，售价自然就越高。所以，我们要根据宴会的售价及销售毛利率的高低，严格控制原料成本价格，在采购原料中，在保证原料质量的前提下，把价格控制在核定的范围内，在加工、烹调过程中尽可能降低成本，确保利润率。

（2）经营费用对宴会价格的影响。经营费用的高低是关系到经营利润的多少，如果不加强这方面的管理，工作人员过多，工资总额太高，水电费、燃料费、各种费用超出预算的费用，宴会售价不增加，就很难确保宴会有利润，只有加强必要的经营费用的控制，核算宴会产品的合理价格，才能确保一定的利润。

（3）竞争对宴会价格的影响。宴会价格的高低除了受原料成本、经营费用等因素影响外，餐饮企业间相互的竞争，对宴会价格也有着直接影响，为了使企业在激烈的餐饮市场中有一定的竞争力，往往采取必要的降价或奖励的措施来吸引客人消费，所以，我们要不断研究餐饮市场的消费规律，分析本企业宴会价格是否符合市场价格规律，以便及时调整宴会价格，增加竞争力。

（4）不可控因素对宴会价格的影响。宴会价格往往受不可控因素的影响而发生变化，如前几年全国暴发"非典"、"禽流感"疫情，餐饮行业首当其冲受到影响；再如人民币、外汇汇率发生变化，物价上涨、税率增加等因素，直接影响宴会的成本及价格，我们必须认真分析各种因素，正确核算宴会成本。

特别提示：为了增强宴会售价的市场竞争力，必须抓好可控的各种成本，如采购原料实行"货比三家"，比质比价进货，严格控制人工成本，降低水、电、燃料费等各种费用，提高原料加工的利用率，加强烹饪过程中的标准化、规范化的生产等。

（三）正确核算宴会价格

宴会的定价并不是一成不变的，应根据不同季节、不同的市场变化灵活掌握，既要把握定价的原则，又要掌握好定价的策略。

1. 宴会定价要有标准

宴会根据价格的高低，一般分为普通宴会、中档宴会、高档宴会等。由于宴会档次的不同，制作精细程度也不一样，宴会毛利率高低也有所不同，一般来讲，高档宴会毛利率可高一些，普通宴会毛利率可低一些，中档宴会兼两者之间，但宴会定价必须要有个标准，确保总体毛利率不可太少或太多。

2. 宴会定价要有目标

宴会定价时，一要明确目标市场，二要明确目标利润，要根据自己宴会的产品质量及市场竞争水平来决定不同宴会的销售价格，一般来讲，宴会价格要接近宴会市场的竞争价格，当企业需要争夺或扩大市场占有率时，往往宴会价格要略低于市场的宴会价格；当企业要显示宴会的特点及质量，树立企业形象时，将宴会价格定得高于市场宴会价格或高于竞争对手同档次的价格水平。

3. 宴会定价要有弹性

宴会的定价既要灵活又要有弹性，尤其对一些老客户的照顾、团体的优惠、新产品的开发等方面可区别对待。如企业开发一些新的宴会品种，其他餐饮行业暂时没有或无法仿制的宴会产品（如满汉全席），在其价格无法相比的情况下，其毛利率可高一些。有的为了感谢老顾客或一些企事业单位及个人而举办的桌数多、规模大、影响大的宴会,毛利率可低一些,往往采取打折销售或赠送各种优惠等方式,来刺激客人消费,都是一种弹性的定价方法。

核算宴会菜肴成本不仅要掌握其价格的构成,了解影响宴会价格的因素,还要正确掌握定价的原则及策略,灵活掌握各种宴会定价方法,有利于控制成本,确保宴会的利润率。

六、确定菜肴品种

设计宴会菜肴的最后一环,就是要确定菜肴的品种,主要根据宴会的类别、价格、饮食对象、技术力量、季节变化等因素来确定菜肴的品种。

1. 根据宴席的类别确定菜肴的品种

宴会有生日宴、节日宴、婚宴、商务宴及招待宴会等各种宴会,由于各地饮食习惯、风土人情的不同,菜肴的品种也有所差异,如生日宴,有些地区必须要有"寿桃"、"寿糕"等;春节宴会必须要有整条鱼类的菜肴,希望"年年有余";婚宴菜肴最好用一些枣子、莲子、百合制成的菜肴,寓意"早生贵子"、"百年好合"等。

2. 根据宴会的价格确定菜肴的品种

宴会的价格高低往往决定菜肴的品质及烹调方法,一般价格较高的宴会选用一些山珍海味的原料制作菜肴,如"鱼翅捞饭"、"清汤蒸燕窝"、"金葱海参"等;价格较低的宴会,选用一些常见的食品原料来制作菜肴,如"清炒虾仁"、"砂锅鱼头"、"北京烤鸭"、"灌馅鱼圆"等菜肴。

3. 根据宴会的饮食对象确定菜肴的品种

参加宴会的对象不同,菜肴的品种也应不一样,往往参加宴会的对象受宗教、年龄、性别、身体及饮食习惯的影响,对饮食的需求有很大的差异,信奉伊斯兰教的人忌讳吃猪肉,可食一些鸡、鸭、鱼、羊肉、牛肉等原料制作成的菜肴,如"鸡粥干贝"、"八宝鸭子"、"干烧桂鱼"、"手抓羊肉"等菜肴,年龄偏大的人喜食滑嫩、清淡的菜肴,如"炒鲜贝"、"清蒸桂鱼"、"芦笋海参"等菜肴;女士喜食平和、酸甜的菜肴,如"蚝油牛肉"、"松鼠桂鱼"、"莼菜鱼圆汤"等菜肴;由于各民族饮食习惯的不同,在菜肴的原料选用、口味、烹调方法、菜肴规格等方面都有很大的差别,我们在确定菜肴品种时,必须根据饮食对象的要求,选好菜品,符合客人的饮食需求。

4. 根据技术力量确定菜肴的品种

宴会菜肴品种确定,必须根据厨师的技术力量而定,尽量选择反映本店的风味,把招牌菜、特色菜组合在宴会菜单上,不可把一些无特色、工艺太复杂及技术力量、设备条件、服务水平无法达到预计效果的菜肴安排在菜单中,避免造成不可挽回的影响。

5. 根据市场变化确定菜肴的品种

宴会菜肴品种的确定,要根据市场变化灵活运用,注重菜肴的推陈出新,随着季节的变化,尽量考虑安排一些时令菜肴,力争原料鲜活,品种按时令调配。注意宴会菜肴色、香、味、形、器的有机配合;冷菜、热菜、点心、主食、水果搭配比例科学合理;菜与菜之间要避免重复,力求变化,有层次,戒杂乱,使之成为一个有机的统一整体。还要注重各类菜系的广泛运用、花式品种的搭配、客人对菜肴品种及营养的需求等,使菜肴品种常变换、常出新,满足不同层次消费者的需求。

总之,宴会菜肴设计在掌握设计的原则和要求的基础上,必须按标准、程序来设计菜单,力求宴会菜单设计达到完美的效果。

本章小结

1. 本章较全面地阐述了宴会菜单设计中必须掌握的原则,强调以宾客需求为核心,以企业设备设施条件、员工技术力量、食品原料供应情况等因素为依据,按照宴会价格高低,确定菜肴的品质,坚持"质价相等、优质优价"的原则,突出本企业的经营特点,尽量做到宴会菜肴在色、香、味、形、器及营养搭配上更加科学合理。

2. 明确宴会菜单设计是一项知识性、艺术性和技术性较强的工作,要想设计出一份理想的宴会菜单,必须在掌握宴会菜单设计原则的基础上,提出宴会菜单设计中的具体要求,尤其强调宴会菜单要突出地方性、季节性及菜肴多变性等方面的要求,有利于宴会设计者在设计菜单时抓住关键,设计出具有较强竞争力的宴会菜单。

3. 在宴会菜单设计的程序上,要求应根据不同类别的宴会、风味特点及规格要求做出相应的变动,强调选定菜单菜肴名称的原则和方法,在宴会菜单设计中对每个菜肴所用原料的数量、品质、主配料比例等作出规定,同时把宴会菜单的成本核算作为设计中最重要的环节,设计者不但要了解宴会价格构成,还要掌握影响宴会菜单价格的主要因素及正确核定宴会价格的方法。最后要根据宴会的类别、价格、饮食对象等因素来确定宴会的菜肴,使宴会菜肴深得宾客的欢迎。

检 测

一、复习思考题

1. 宴会菜单设计应遵循哪些原则?

2. 宴会菜单的设计有哪些要求?

3. 为什么在设计宴会菜单时要注意菜单营养搭配?

4. 怎样掌握宴会菜单设计的程序?

二、实训题

根据你所学的宴会菜单设计的原则和要求的有关知识,试设计一份宴会菜单,具体要求如下:

(1) 参加宴会对象:四川省政府代表团来你省考察

(2) 参加宴会人数:20人

(3) 举办宴会的地点:你所在的城市

(4) 宴会的时间:秋季

(5) 宴会的价格标准:每人100元人民币(酒水除外),销售毛利率50%,调料成本占宴会总成本的8%

(6) 菜肴规格要求:

冷菜:1个主盘,8个围碟

热菜:6菜一汤(含甜菜一道)

点心:2道

水果:一盘

(7) 菜肴要求写明每个菜肴的菜名、烹调方法、主配料的数量、口味、色彩、成本价(原料成本按当地市场价计算)

技能篇

对消篇

第三章　常见宴会菜单设计

本章导读

　　本章主要详细介绍中式宴会、西式宴会及中西合璧宴会菜单设计中的特点、要求、方法及注意事项，是全书的主要章节之一，每节内容翔实，坚持理论联系实际，节与节之间内容各异，特点明显，要求宴会设计者不但要掌握各种宴会设计的特点和关键，还要具备烹饪工艺学、烹饪原料学、烹饪美学、食品营养卫生学、饮食心理学、成本控制学等方面的知识，而且还具备较强的创新能力和组织能力。要根据不同类型的宴会与风味特色，设计出较有影响力的菜单，就要深入研究各类宴会设计中的要求及方法，这是我们本章学习的主要内容，所以我们必须坚持理论联系实际，深入学习，反复实践，使宴会菜单设计达到较高的水平。

第一节　中式宴会菜单设计

引导案例

　　某一酒店为了提高接待及管理水平，改变宴会菜肴的风格，在有关报刊上刊登一条广告，想招一名中式宴会厨师长，要求从事厨房工作10年以上，有设计各种中式宴会菜单的水平，并有较高的烹调操作能力及厨房管理水平，待遇从优。广告刊登后，报名的人很多，经过初评后，决定从报名的名单中选出20人，进行理论测试，其中有几道题目，格外使考生伤脑筋，一道是设计中式正式宴会、便宴、家宴时有何区别？各有什么要求？另一道是请考生分别设计"正式宴会""便宴"及"家宴"三张不同规格的菜单。考试结束后，经有关专家评定，20名考生中，考分普遍不理想，为什么会出现这种情况？最主要的是他们在日常工作中不是很好地去研究这些问题，一旦考试，条理不清，思路不明，很难交出满意的答卷。本节主要围绕中式宴会菜单设计中有关问题，加以探讨，便于大家在今后的工作中有所启发。

　　中式宴会菜单设计与制作在我国源远流长，博大精深，人们历来通过设宴这一形式来表达情、礼、仪、乐的传统，历代名厨大师设计和制作的各种名宴佳肴，是人类饮馔文明中的瑰宝，它根基深厚，驰誉中外，值得我们发扬光大。

一、中式宴会菜单设计的特点

（一）注重规则

中式宴会设计时，宴会无论是何种目的、档次、规模、季节、参加宴会对象及不同地区，在菜单设计上都要遵循中式宴会一定的设计规则,应按照就餐顺序,设计出一定规则质量的一整套菜品组成的菜单。要求中式宴会菜单一般要有冷菜、热菜(含热炒、头菜、大菜等)、甜菜、素菜、汤、点心、水果等菜品。

(二) 精心组配

中式宴会菜品组配,要准确把握参宴者的人数、就餐者的饮食习惯及特点、档次及实际要求,设计菜单时,要求所有的菜品在色、香、味、形、质地及营养等方面精心组配,做到菜肴搭配协调合理,避免雷同与杂乱,菜品选择应与宴会的价格、档次、性质及主题相呼应,在宴会成本确定的情况下,控制好宴会菜点的质量和数量,保证宴会菜点结构合理,数量恰到好处,营养搭配符合人体的生理需求。

(三) 突出主题

中式宴会菜单设计要分清主次,突出主题,有特色,注重宴会的主题要与菜点制作相联系,如生日宴、婚宴、庆典宴等,随着宴会的主题不同,菜名、风格及餐厅布置等均不一样,要发挥所长,亮出名菜名点,反映地方特色,展示本地、本企业烹饪的技术专长,充分选用时令、名、特原料,利用独创技法,制作出新颖别致的宴会。

(四) 体现层次

人们常把中式宴会菜品设计比作一支雄浑和谐的交响乐,大体分为三个梯次:

第一组是宴会菜品中的冷菜,这是"前奏曲",要求先声夺人。

第二组是宴会菜品中的热菜(含热炒、大菜、甜菜、汤等)又称"主题歌",也是宴会菜品中的主体,逐步把饮宴推向高潮。

第三组是宴会菜品中的主食、点心、果品和香茗,这是"伴奏乐队"或"尾声"。

这样从序曲经高潮到尾声,有计划按比例地推进,形成中式宴会明显的特点。

中式宴会菜单设计就像一曲美妙的乐章,从序曲到尾声应富有节奏和旋律,既要注意风格的统一,又应避免菜式的单调和工艺品的雷同,努力体现变化的美。无论设计高档宴会,还是中、低档宴会,从冷菜到热菜,通常有多道菜品组成,都应充分显示菜品的不同特点,并且在上菜的顺序上有节奏感。宴会菜点的设计不但要与时俱进,体现餐饮潮流,又要有层次感,如高档宴席组配要求以精、巧、优为原则,菜点件数不宜太多,菜品质量要精而美;中档宴会的组配以美味、营养、适口、多变为原则,菜品数量适宜,质量比较适中;低档宴会组配以实惠、经济可口、量足为原则,菜点数量不宜太少,做到粗料细做,菜肴的色、香、味、形等方面富有变化。

二、中式宴会菜品设计的要求

中式宴会菜品设计不是简单的拼凑,而是通过科学地组合,精心制作,形成独特的风格,具体设计要求如下:

(一) 突出重点

设计宴会菜品时,在明确宴会主题的同时,要选准宴会菜品中的大菜,大菜中又要突出头菜,头菜是整桌宴会菜品中的核心菜,也是重点菜,头菜的好差往往影响整桌菜肴的品质及接待效果,所以头菜在选用烹饪原料、制作工艺与菜品要求上都要特别讲究。头菜选定以后,其他菜品都要围绕着头菜规格来组合,一般其他菜品可以多变,但质地及价格上不能高于头菜,也不能比头菜相差太多,力求整桌菜品风格统一,新颖别致,充分展示菜肴的风格及特点,使客人一朝品尝,回味无穷。

（二）注重变化

中式菜品的变化,在很大程度上主要取决于烹饪的原料、调味品及烹调方法,各地具有特色的烹饪原料和烹调技法,是形成我国丰富多彩的地方菜肴的重要因素。我们应不断地挖掘和吸收各地方菜肴中的优秀菜品,组配到宴会菜单中,可使宴会菜肴变化多端,在色、香、味、形、质、器等方面满足广大宾客的需求。

同时应根据季节的变化,在菜肴的味型及温度上略有变化,如冬季以浓香味型为主,夏季以清淡味型为主,秋季以偏向辛辣味型为主,春季偏向酸味型;而菜品温度也可结合季节变化,作适当调整,冬季菜品温度要高一些,夏季温度可低一些,春秋两季菜品的温度要适中。

（三）敢于创新

自古以来我国人民就有热情好客的传统,传统的宴会一般讲究形式的隆重,菜品追求原料的名贵,数量多多益善,造成宴会剩菜较多,甚至有的菜肴客人没有吃就原样送回,这不仅造成食物资源的浪费,而且促使客人暴饮暴食,有损身体健康。为此在设计中式宴会菜品时,要不断改革,敢于创新,去除传统宴会菜品设计的弊端,力戒追求讲排场、摆阔气,提倡节约,反对浪费,去繁求简,控制菜肴的数量及质量,讲究营养和卫生。要根据参加宴会者的饮食习惯,有针对性地安排好宴会的菜品,做到菜品常创新,常变化,不断吸收、改良、借鉴各地方菜、民族菜、外国菜的优秀菜品,为我所用。开发一些新颖别致的菜肴,丰富宴会菜品,吸引广大宾客。

（四）狠抓效果

中式宴会菜品的设计,不能局限于菜单上的设计,更重要是在制作过程中的设计,要从烹饪原料采购、初步加工抓起,然后从烹制人员的选定、菜肴的烹制、餐具的配备、前后台协调配合等都要周密思考,逐一落实,反复检查,做到工作万无一失,这样才能使宴会设计达到理想的效果。

🔊 **特别提示**:中式宴会菜品设计能否形成独特的风格,应抓好以下 4 个方面的工作:(1)要抓好主菜(头菜)的设计;(2)要突出地方风味;(3)要善于变化菜品;(4)要不断改革创新。

三、中式宴会菜单设计的方法

宴会菜单的设计,一般根据本饭店具有的多种不同特色的菜点,经过科学的组配,形成文字材料,一方面向客人介绍本饭店的宴会产品,供举办宴会者进行选择,另一方面将客人选定或确定的菜单,下达到宴会部,以便于工作人员准备及操作执行。具体设计的方法应掌握以下几点:

（一）中式宴会菜单设计的形式

宴会菜单设计根据市场特点和菜单使用的情况大体分为:固定性宴会菜单、循环性宴会菜单和即时性宴会菜单。

1. 固定性宴会菜单

固定性宴会菜单是指菜单的菜品相对固定,可反复使用。这种菜单适用于宾客复杂多变、流动性大的餐饮企业。设计者根据自己的客源市场和客人的消费档次,事先制定几套不同价格、不同类型、不同风味的宴会菜单,以满足不同客人、不同档次的消费者设宴要求,但要考虑到参加宴会者的饮食习惯、宗教信仰及风土人情的不同,每个档次可准备几种固定菜单,供客人挑选,也可对事先制定的菜单对部分菜品略加改动。

这种菜单由于菜品相对固定,有利于宴会所需的烹饪原料的集中采购、集中加工,降低成本,进行标准化、规范化的生产,保证菜肴质量,提高宴会的管理水平。但固定性宴会菜单也有不足之处:一是菜品的变化不大,不能满足老宾客的求变的饮食需求,二是菜品的制作往往是重复性的劳动,不利于员工工作的开拓创新。

2. 循环性宴会菜单

循环性宴会菜单指根据季节及客源市场的变化情况,按一定的天数或周期重复使用的菜单。这种菜单适用于宾客流动性不大,老宾客较多的餐饮企业,循环性宴会菜单必须根据预定的周期天数,制定出不同的规格、不同档次、各不相同的宴会菜单,要求在预定的周期天数内,每天菜单不一样,当这套菜单从头到尾用了一遍后,就算结束了一个周期,然后周而复始,再从头到尾继续使用这套菜单。

这种菜单由于菜品局限于循环的宴会菜单内,有利于食品原料的采购、保管及制作,容易保证菜品质量,由于菜单在周期内每天不一样,宾客对菜品的满意度要比固定性的宴会菜单有所提高。但循环性宴会菜单对餐饮市场变化的反应速度不够快,所采购的原料品种相对要比固定菜单原料要多,所准备的工作量大大增加。

3. 即时性宴会菜单

即时性宴会菜单一般是根据客人的消费标准、饮食特点及本企业的资源情况,结合客人的宴会需求即时制定的宴会菜单。

这种菜单针对性、灵活性强,能迅速满足宾客的饮食需求,及时将一些时令菜、特色菜用于菜单中,有利于菜肴的创新,满足宾客求新、求变的饮食心理,能吸引客人再度消费。其缺点是由于菜品变化较大,对原料的采购、食品的生产、质量的稳定性带来一定的难度。

总之,宴会菜单设计的形式主要有以上三种,各有利弊,我们应根据餐饮市场的变化,灵活运用,创造出更好更多的宴会菜单供客人选择,满足不同消费者的需求。

🔊 **特别提示**:(1)无论设计固定性宴会菜单、循环性宴会菜单,还是即时性宴会菜单,凡是客人喜欢食用的菜肴或本饭店的一些名菜名点均可用到各菜单中。(2)在设计中式宴会菜单前要了解宴会的主题、价格标准、饮宴者的要求、食品原料市场供应情况及工作人员技术水平等。

(二) 中式宴会菜单设计的步骤

1. 按价论质,合理组配菜品

中式宴会的主题很多,有婚宴、生日宴、商务宴等,无论何种类型的宴会,我们在设计菜单时,首先要根据举办宴会者所需的宴会价格来安排菜品,宴会的价格越高,菜品所用的烹饪原料越贵,制作工艺越讲究,如果宴会价格不高,菜品所用的烹饪原料则应相对便宜一些,制作工艺不宜太讲究。要严格控制菜肴成本,按价论质,并根据举办宴会者的要求及饮食习惯,合理组配菜品,使菜品与宴会的主题、价格相一致,每类菜品的数量、规格、比例与宴会的格局相协调。

2. 按需择菜,合理调配菜品

中式宴会菜单的设计,在坚持设计宴会菜单的原则和要求的前提下还要考虑如下几方面的因素:

(1) 要考虑宴会举办者的合理要求。

（2）要考虑参宴者的饮食习惯，尽量选用他们喜食的食品。

（3）要考虑突出本餐饮企业的优势，推出一些特色菜、招牌菜、时令菜、名菜名点等。

（4）要考虑宴会主题，所有的菜名菜点尽量围绕主题来设计，充分展示主题宴会的特色。

（5）要考虑冷菜、热菜、点心的比例关系，主菜（头菜）与其他菜品的关系，做到主次分明，合理调配菜品。

3. 按规定制菜，必须增加说明

为了保证宴会菜肴按规定的设计要求制作，在送往厨房的宴会菜单上最好强调具体要求，并加以说明，通常包括以下内容：

（1）说明宴会菜单适用的季节及餐饮对象。

（2）说明宴会的规格、主题或举办宴会者的目的。

（3）说明所需的烹饪数量和装盘的餐具要求。

（4）说明重要菜品的制作要求和整桌宴会菜品的出菜要求。

（三）中式宴会菜品组配的内容

中式宴会菜品组配十分讲究变化，并有节奏感，在菜品与菜品之间的搭配上，特别注重荤素、咸甜、浓淡、酥软、干稀的和谐、协调、相辅相成，浑然一体，一般宴会菜单由冷菜、热菜、大菜、甜菜、素菜、汤菜、点心、主食、果品组成。

1. 冷菜

又称"冷盘"、"冷荤"、"凉菜"等，通常菜品以冷食为主，造型美观，形态各异，口味多变干爽，系佐酒佳肴，也是宴会中的"前奏曲"，用来吸引客人。在组配时要求荤素兼有，质精味美，冷菜个数一般以就餐人数而定，荤素比例一般为2∶1或1∶1，如盐水鸭、油爆虾、酸辣白菜、蒜泥黄瓜等。冷菜分主盘和围碟，主盘有潮式卤水拼盘、艺术拼盘、什锦拼盘等，围碟有单盘、双拼、三拼等。

2. 热菜

一般由热炒、大菜组成，是宴会中的主要菜品。

（1）热炒。一般排在冷菜后大菜前，一般选用鲜嫩的禽畜、水产、果蔬等原料，加工成丁、片、丝等小型的形状，采用炒、爆、熘、炸等烹调方法烹制而成，每桌宴会一般安排1～4道不等。

（2）大菜。是宴会中的主要菜品，通常由头菜、热菜大菜组成，一般多选用山珍海味或整只的禽类、水产及畜类的精华部位等原料，采用烧、炖、焖、扒、蒸、烩等烹调方法加工而成，每桌宴会一般安排2～4道菜。头菜，在整桌热菜中原料最好，质量较高，制作精细。头菜的档次高，其他大菜的档次也随之略高，头菜的档次低，其他的大菜档次也随之略低，所以头菜的档次高低，决定整桌宴会的档次，烹制时都十分讲究头菜的质量。上菜时，一般先上头菜，然后质优者先上，质次者后上，突出山珍海味，以显示宴会规格。

3. 甜菜

甜菜泛指一切甜味的食品，一般包括甜汤、甜羹等，通常安排在宴会菜肴的中间或最后上菜，甜菜选用原料较广泛，多选用果脯、菌类、禽蛋类、奶品类等，烹调方法采用蒸、烩、炖、煨、煎炸、拔丝、挂霜等方法，一般每桌宴会上安排1～2道，档次随成本高低差距较大，如冰糖燕窝、冰糖蛤士蟆、蜜汁山药、拔丝苹果等，甜菜在宴会中主要起到调剂口味、增加滋味等作用。

4. 素菜

在宴会菜品中一般安排在大菜后上菜,多选用果蔬、菌类、豆制品等时令原料,经过精心挑选,认真烹制,达到色彩鲜艳、造型优美,在宴会中起到改善营养、促进人体营养平衡、增进食欲、帮助消化等作用,如砂锅菜心、大煮干丝、什锦时蔬等。

5. 汤菜

中式宴会中汤菜是不可缺少的菜品,因各地饮食习惯的不同,上菜的时机不一样,如南方有的地区汤菜放在冷菜前后上菜,称"首汤"或"开席汤";北方有的地区汤菜放在大菜最后上菜,称"座汤"、"尾汤"等;也有在宴会中间上汤菜,称"二汤"、"中汤"。宴会中的汤菜种类繁多,档次悬殊较大,一般根据宴会规格、价格标准而定,宴席中通常1~2道汤,如三丝鱼翅汤、顶汤燕窝、天麻鸡块汤、清汤鱼圆、萝卜排骨汤等。

6. 点心

宴会点心品种繁多,有糕、团、饼、饺、包子等,常用蒸、煮、炸、煎、烤、烘等烹调方法制成,在制作上讲究造型,注重款式,制作精细、玲珑精巧,有较高的观赏价值,每桌宴会一般安排2~4道,上点心的顺序各地不一样,一般穿插在大菜之间,上一道大菜,上一道点心,也有的待宴会快结束前上点心,如小笼汤包、富贵虾饺、豆沙方糕、萝卜丝饼等。

7. 主食

主食一般由米、面、豆制品等制成,是补充人体糖类为主的营养素,也是人们饮食习惯所必须准备的,主要有米饭、面条、水饺等品种。

8. 果品

宴会的水果多选一些时令的新鲜瓜果,如苹果、香蕉、猕猴桃、橙子、西瓜、哈密瓜、香瓜等,一般宴会上的水果,将瓜果经过刀工修饰后,摆放在大盘或骨碟上,形成各种图案,插上牙签或带上水果刀叉,最后上桌,表示宴会即将结束,但也有的地方水果放在开宴前上桌,先给客人解渴清口,再喝酒吃菜。

总之,中式宴会菜品组配内容较全面,高档传统宴会还需增加四水果、四小菜(下饭菜)等,茶品也有宴会时必备的品种,可根据客人需求,任意选用,如绿茶、红茶、花茶等各种品种。

🔊 **特别提示**:中式宴会菜品组配的内容,根据各地区人们的饮食习惯及菜系的不同,有很大差别,必须正确把握各菜品的比例,菜品数量不宜太多或太少,要恰到好处。

(四) 中式宴会菜单设计中的注意事项

(1) 根据宴会的主题、价格标准和参加宴会的人数,确定菜品的名称、数量和质量。

(2) 菜肴的品种在口味、营养、烹调方法等方面要满足消费者的需求。

(3) 菜品、菜名要突出宴会主题,显示地方特色及企业特点。

(4) 宴会菜单在设计时,必须进行成本核算,保证规定的盈利标准,不可忽多忽少。

(5) 宴会菜品确定时,必须考虑到厨房设备设施的条件、原材料的供应情况、技术力量及服务接待能力等因素。

四、中式宴会菜单设计实例

🔊 **特别提示**:无论设计国宴(含正式宴会)、便宴,还是家宴的菜单,要求所用原料、烹调方法、口味、色泽、形状等均不相同。

（一）国宴（含正式宴会）菜单的设计

🔊 **特别提示**：设计国宴（含正式宴会）菜单时，因客人来自不同国家、不同民族、不同地区，其饮食习惯、宗教信仰有很大差别，需要考虑到以下 4 方面的因素：(1)伊斯兰教人饮食习惯；(2)外国人的饮食习惯；(3)主人与主宾的饮食习惯；(4)大多数客人的饮食习惯。

　　国宴是指国家元首或政府首脑为国家的庆典或为外国元首、政府首脑来访或欢送而举行的宴会，其仪式隆重，规模较大，有一整套的礼仪程序，如宴会厅内悬挂国旗、安排乐队演奏国歌、设席位卡、席间相互致辞、祝酒、演一些小型节目等。

　　而正式宴会与国宴的区别是不挂国旗、不奏国歌，其他的仪式安排与国宴大致相同，一般是由政府官员以国家、政府或企事业单位名义而宴请客人的一种宴会形式。其宴请对象较广，宴请的标准多样，正式宴会注重形式、讲究礼仪、重视场景，做到参加宴会人员确定、时间确定、菜单确定，并讲究菜品出菜程序。

　　无论是国宴还是正式宴会，一般多以我国传统的宴会形式举行。如参加人数较多，都要设主宾桌（称主桌）与一般桌，主桌由于人数较多，是一般桌的 2～3 倍。常用拼制的最大圆桌，中间不设转台，而摆上"花台"。根据宴会主题，花台前往往以鲜花、树叶、食品雕刻等材料，摆成立体图案，主桌与一般宴会桌出菜的方法不一样。一般把主桌分成 4～6 人一组，每组的菜品基本同一般宴会桌一样，但碟盘略小，菜品数量也略少，装盘精细程度略比一般宴会桌讲究，以此表达对主宾的尊重。现在有些地方为了便于主宾食用，采用"中菜西吃"的做法，也就是从冷菜到热菜均以"各客"的形式上菜，这种做法比较卫生，便于食用，免得服务员分菜。

　　在民间正式宴会一般以婚宴、高档商务宴较多，也十分讲究礼仪，注重形式，比较隆重。现举例如下：

　　政府正式宴会菜单设计：

实例 1　某省政府欢迎英国政府代表团举行正式宴会的菜单

（每位 200 元人民币，酒水除外）

百花齐放（用烤鸭、芦笋、肝、蛋白、红黑鱼籽拼成一只百花齐放的各客花盆）

鸡汁鲍片（用高汤、鲍鱼片、竹荪、菜心制成汤菜）

碧绿虾片（用明虾、荷兰芹、柠檬烤制而成）

茄汁牛排（牛排用番茄沙司等调味烹制成熟，另加荷兰豆、薯条加热成熟后点缀而成）

满园春色（用黄瓜、白萝卜、南瓜、茭白、橄榄菜等时蔬制成）

中式美点（萝卜丝酥饼、素菜包、翡翠水晶饼拼成）

硕果满堂（用西瓜、芒果、木瓜、猕猴桃组成）

注：上述菜品均各客。

实例 2　某市政府欢迎澳大利亚政府代表团举行正式宴会的菜单

（每位 180 元人民币，酒水除外）

双味小碟（盐水鸭、五香牛肉、苦瓜全拼、冷菜各客）

顶汤墨鱼蛋（高级清汤、墨鱼蛋片、火腿片、青菜心制成汤菜）

炒鲜带片（鲜带子片、青椒片、胡萝卜片制成炒菜）

蟹粉狮子头（猪肉、螃蟹肉等制成大肉圆）

松鼠桂鱼(将桂鱼做成松鼠形、糖醋味)

火腿蒲菜(嫩蒲菜加火腿制成)

玉板菊叶(冬笋片炒菊花嫩叶)

美点双辉(杂粮方糕、花色蒸饺两道点心)

鱼汤面条(鲫鱼汤、面条)

水果拼盘(四种水果拼在小碟中,各客)

注:上述菜肴及点心装盘展示后由服务员分菜。

民间正式宴会菜单设计:

实例1 某酒店婚宴菜单

(每位128元人民币,酒水除外)

鸳鸯嬉水(用火腿、蛋糕、胡萝卜、黄瓜等拼成)

八味美碟(用八种不同冷菜分别装入小碟中)

白灼基围虾(将活基围虾煮熟、醮食)

生炒甲鱼(将甲鱼烫熟切块用各种调味品炒制而成)

清炖狮子头(用猪肉等调味品制成大肉圆加热成熟)

干烧桂鱼(用桂鱼加入各种调味品干烧而成)

大煮干丝(用白干丝加入虾仁、冬菇等配料煮制而成)

鲜蘑扒菜心(青菜心加入鲜蘑菇加热而成)

扁尖炖鸡(老鸡加入扁尖笋炖制而成)

煎饺(饺子用煎的方法加热而成)

杂粮方糕(用米粉等杂粮粉蒸制而成)

荠菜春卷(将荠菜切末用面皮包成条形炸制)

萝卜丝酥饼(用油酥面包裹萝卜丝烤制而成)

枣参贵子(用红枣、西洋参、莲子加糖加热而成)

水果拼盘(新鲜水果拼制而成)

实例2 某饭店商务宴会菜单

(每位500元人民币,酒水除外)

春色满园	西芹炒百合
八味彩碟	三色时蔬
明珠扒鱼翅	鸡火竹荪汤
酥皮八珍	肉丝春卷
茄汁明虾	蟹黄肉包
京葱海参	花色蒸饺
烤鸭两吃	冰糖蛤士蟆
清蒸石斑鱼	时令水果盘

(二)便宴菜单的设计

便宴是一种非正式宴会,其形式比较简便,可以不排席位,不作正式讲话,气氛亲切,宜用于日常友好交往,宴会菜单规格可根据宴会者的需求而设计,在菜肴的装盘及点缀上,主宾席与一般宴会席不作区别,始终处于在平等和谐的气氛环境中。现举例如下:

实例1　某酒店欢迎便宴菜单

（每位100元人民币，酒水除外）

金陵桂花鸭	豆豉扒菜胆
六围碟	双色时蔬
清炒凤尾虾	五籽炖乌鸡
姜葱焗花蟹	如意凉团
荷叶粉蒸鳗	窝窝头
水煮牛肉	桔瓣银耳
双冬扒鸭	水果拼盘
松鼠桂鱼	

实例2　某宾馆欢送便宴菜单

（全部各客，每位180元人民币，酒水除外）

五彩冷盘（五种冷菜拼在一个盘内）	砂锅狮子头（热菜）
四小菜（酱菜、花生米、豆腐乳、泡菜）	香菇荠菜（素菜）
汽锅乌鱼蛋汤（汤菜）	黄桥烧饼（点心）
鱼翅四宝（热菜）	方糕（点心）
纸包鲜鱼（热菜）	冰糖百合（甜菜）
罐焖裙边（热菜）	鲜果三拼（水果）

实例3　某餐馆宴请战友便宴菜单

（每位150元人民币，酒水除外）

冷菜：

白斩鸡	油爆虾	熏鱼	咸鸭蛋
芝麻菠菜	拌雪冬	葱油海蜇	泡菜

热菜：

三鲜海参	椒盐大虾	蚝油牛肉	八宝鸭子
水煮鳝片	双冬菜心		

汤菜：

砂锅鱼头

点心：

小笼包子	肉粽	凉团	水饺

甜菜：

桂花糖芋苗

（三）家宴菜单的设计

【小资料】

周恩来一生淡泊、俭朴、清贫，在北京中南海西花厅，他每餐均是一荤一素，早点常是一碗稀饭（或豆浆）、一个煮鸡蛋。来客宴请，经常四菜一汤：红烧狮子头、栗子烧白菜、炒空心菜、清蒸鱼、三丝汤。（摘自陈光新编著《中国筵席宴会大典》第702页）

家宴，即主人在家中设宴招待客人的一种宴请形式，一般人数不多，形式灵活，气氛轻松愉快,菜肴以家乡的土特产为主,如鸡、鸭、鱼、肉、新鲜蔬菜、豆制品及特有的调味品等原材料制成的菜肴,菜品具有浓郁的家常菜气息,一般主人采用这种方式招待客人,以示亲切友好。现举例如下:

实例1　江苏某地区家宴菜肴

冷菜:

盐水河虾	白斩仔鸡	凤鱼	油炸花生米
糖醋萝卜	姜汁马兰头		

热菜:

韭菜炒鸡丝	面拖螃蟹	清炖狮子头	料烧鸭
咸肉烧豆腐	春笋炒豆苗		

汤菜:

萝卜丝鲫鱼汤

点心:

炸春卷　　　　汤圆

甜菜:

冰糖红枣银耳汤

主食:

扬州炒饭

实例2　四川某地区家宴菜单

冷菜:

怪味鸡	油爆虾	陈皮牛肉	糟醉冬笋
四川泡菜	红油莴苣		

热菜:

鱼香肉丝	宫保鸡丁	樟茶鸭子	豆瓣鲫鱼
麻婆豆腐	炒豌豆苗		

汤菜:

酸辣汤

点心:

蛋果枣糕　　　如意花卷

随饭菜:

香油榨菜	五香豆豉	麻酱笋尖	醋熘青椒

水果:

三色水果(猕猴桃、橙子、葡萄)

实例3　广东某地区家宴菜单

冷菜:

白切鸡	拌海蜇	潮州冻肉	松花蛋
蒜泥青瓜	盐水毛豆角		

热菜:

白灼虾	葱姜手撕鸡	花生猪手	家乡炒鱼球

清蒸大鳊鱼　　　鲜茄扒芥胆

汤菜：

冬瓜薏米煲鸭

点心：

虾饺　　　　　鱼茸蒸烧卖

水果：

三色拼盘（香蕉、木瓜、荔枝）

实例4　山东某地区家宴菜单

冷菜：

风鳗　　　　炝活虾　　　　油鸡　　　　糖醋萝卜

热菜：

油爆腰花　　　醋烹鸡块　　　韭黄炒蛏　　　四喜丸子

烧罗汉面筋　　　鸡油双素

汤菜：

奶汤蒲菜

点心：

菜肉水饺　　　大饼卷大葱

甜菜：

拔丝空心小枣

五、中式宴会菜肴制作的关键

中式宴会菜单设计成功与否，一是菜单设计是否科学合理，二是取决于菜肴制作与服务是否按设计要求去执行，为此在宴会菜肴制作时必须掌握如下关键点：

（一）原料的质量必须符合菜单设计的要求

根据中式宴会菜单设计的要求，对菜单所需的烹调原料及时制订采购计划，并向采购部提出订货申请单，申购单必须写明各种原料的质量、规格、数量、价格及到货时间。采购部应选择合适的采购渠道进行采购，确保宴会菜品原料的质量及成本符合设计要求。

（二）加工组配必须确保菜品质量

原料的合理加工、组配是保证菜品质量的前提，对各种原料的加工必须按操作程序、方法及标准进行，特别对一些山珍海味的干货原料要预先涨发、加工、烹调等。在配制时要严格控制每个菜品的数量和质量，凡不符合要求的，必须纠正。

（三）菜品制作必须按序进行

宴会的菜品成熟度及出菜的时间不一样，对一些加热时间较长的菜品，特别原料要求预先加热、烹调的，开宴后要控制好上菜的速度，出菜的速度不宜太快或太慢，使菜品色、香、味、形、器及菜肴的温度达到最佳的效果。

（四）菜肴制作必须控制好成本

宴会的菜肴制作，从原料的采购、选料、加工、组配及烹调等都要严格把关，做到合理使用，物尽其用，减少浪费，控制好每一环节的成本，加强核算，为企业创造最佳的经济效益。

第二节 西式宴会菜单设计

引导案例

　　某五星级酒店餐饮部为了提高业务水平,组织厨师进行专业培训,培训的范围较广。从原料的采购、加工、烹调及宴会菜单的设计等几方面加以培训,待培训即将结束进行考核,要求中餐厨房与西餐厨房的员工各设计一张宴会菜单并必须写明菜单中每个菜肴的主配料数量、烹调方法、成本及特点等,后经专家评判,发现西式宴会菜单的设计均不如中式宴会菜单的设计,有些员工对西式宴会有哪些形式、其菜品怎样组成等问题心中无数,有的对每个菜品所用原料的数量及烹调方法说不清楚等,出现这些问题的主要原因,一是厨房员工在平时工作中,制作西餐以便餐为主,承办西式宴会机会较少,印象不深,二是对西式宴会设计平时研究不够,缺乏钻研。本节主要对西餐各种宴会的设计作较全面的表述,使大家有一个较深的了解,从而吸取西式宴会的一些优点及制作方法,广泛运用到我们的实际工作中去。

　　西式宴会菜单设计与中式宴会菜单设计有较大的区别,尤其在宴会采用的形式、菜品的构成、烹调方法、装盘的方法及上菜的方法与中式宴会相比有较大的差别。为此我们在设计西餐宴会菜单时要根据举办宴会的目的、参宴对象、人数多少及宴会的形式等因素认真设计、精心安排,这样才能达到预定的设计效果。

一、西式宴会菜单设计的特点

(一) 形式多样,各有特色

　　西式宴会在形式上有多种,如正式宴会、鸡尾酒会、冷餐酒会、自助餐会等,其规格、要求及特色各不一样,正式宴会菜肴道数不多,上菜时都是各客,规格比较高雅、正规;鸡尾酒会以饮料为主,以菜为辅,食品多样,形状较小,便于食用;冷餐酒会以冷菜为主,热菜为辅,菜品丰富多彩,取食自由;自助餐会花色品种多,讲究装饰,显得富丽堂皇、五彩缤纷,客人可自由选择喜爱的菜肴。

(二) 饮食方法不同,上菜程序不一

　　西式各种宴会,由于形式的不同,装盘的要求及出菜的程序有很大差别,如正式宴会,每一道菜以参加宴会的人数计算,各人一盘,要求每一道菜所装盛的菜肴内容一样,式样一样,吃完一道菜,再上一道菜,必须坐着饮食,根据宾客的身份高低,坐在哪一个座位上都有讲究,不可随便坐。而鸡尾酒会、冷餐酒会、自助餐会所有的菜品及酒水可先展示在餐厅内,宾客可根据自己的饮食喜好,自由取食。这些宴会一般不设座位,宾客不分身份高低,一概站着饮食,比较平等自由,便于相互交流。

(三) 注重菜品装饰,讲究营养卫生

　　西式宴会无论是正式宴会还是鸡尾酒会、冷餐酒会等,都很重视菜品、展台的点缀及装

饰,如正餐宴会每一个菜品均由几种原料组成,讲究色彩、注重点缀,对鸡尾酒会及自助餐会十分注重展台的装饰,喜欢用冰雕、黄油雕及食品雕刻来烘托宴会气氛,在菜品结构上也注重荤素结合,主食与西点结合,饮料与水果结合,讲究营养的配合。

在饮食卫生上,注重餐具的消毒与保温,正式宴会实行分食制,鸡尾酒会、冷餐酒会等每一菜品均有公叉公勺,可自取菜品,比较讲究卫生。

🔊 **特别提示**:西式各种形式的宴会,菜品少用或不用动物性的内脏及肥膘,一般外国人不太喜欢食用。另外所有菜品最好去骨,便于客人食用。

二、西式宴会菜单设计的要求

(一) 注重菜品与形式的统一

西式宴会的形式不同,菜单设计的要求也不一样,如正式西式宴会从头盆、汤、主菜、甜品、水果等,只有4~5道菜品,而冷餐酒会等要把所有的菜品先展示在餐厅内。参加人数较多,其菜品从冷菜、热菜、沙拉、汤、甜品、水果、饮料等均有几十个品种,设计者必须在设计菜单之前,了解到举办宴会的形式、参宴者对象、人数、规格及标准等各种情况,进行针对性的设计,力求宴会的菜品尽量与宴会的形式统一。

🔊 **特别提示**:设计鸡尾酒会、冷餐酒会、自助餐会菜品时,形状不宜过大,菜品卤汁不宜太多,因为这些西式宴会就餐形式,客人均站着食用,如菜品形状太大,卤汁太多,会影响客人的食用,不利于客人之间相互交流等。

(二) 讲究菜品质量与组合

西式宴会的菜品质量往往取决于规格、标准的高低及菜品组配的科学性,宴会的标准越高,菜品所用的原料档次越高,制作工艺越讲究,菜肴的品种越丰富。尤其在菜品组合上,要根据宴会形式的不同,精心设计,如正式宴会每道菜做到主菜与辅菜在色彩、口味、造型上要有机配合,使每一道菜色彩鲜艳、口味丰富、造型美观、营养搭配合理;鸡尾酒会菜品必须讲究精致、细腻,考虑客人站着食用,菜品不宜使用汤汁多的菜品;冷餐酒会及自助餐会菜品多,各种菜品展示的时间较长,应选用一些不易变色、变质的菜品,尤其是热菜要选用经得起长时间加热、不变色、质地不易变老的菜品,要提供目标客人所喜欢的菜品,否则影响接待效果。

(三) 控制菜品的数量及成本

西式宴会有些原料及调味品从国外进口,价格普遍比国内同类产品要高得多,所以在设计菜单时,要对每一个菜品所用的原料的价格、数量进行成本核算,特别是一些大型的鸡尾酒会、冷餐酒会、自助餐会所用菜品的数量,每个菜品的总量要精心计算,不可太多或太少,否则都会影响到宴会的成本核算。另外,一些大型冷餐酒会、自助餐会为了增加气氛,用冰雕、黄油雕及食品雕刻来装饰台面的物品,都要纳入宴会成本中,不可忽略。

(四) 做好客前派菜及卫生

西式宴会为了增加宴会的气氛,往往在举办宴会时对一些特殊的菜品进行客前烹制或现场表演及派菜,所以我们在设计菜品时,必须选用客人喜食的菜品,易烹制、易切配、易表演的菜品。凡是厨师或服务员在客人面前表演派菜者,服装必须整洁,刀具设备及餐具必须干净卫生,动作必须熟练精干、安全,给客人在欣赏菜品的同时又有一种艺术的享受。

三、西式正式宴会菜单设计的方法

🔊 **特别提示**：设计菜品时，所用原材料的质量好坏及成本价的高低，应根据宴会售价的高低为标准，在保证宴会规定的利润下，可适当调整菜肴的品种及数量。

西式正式宴会是西方传统宴会形式之一，其规格较高，餐厅台面布置高雅，参加宴会的人数不宜太多，由于各国饮食习惯不同，宴会菜品内容有所不同，一般按出菜顺序编排菜单，具体设计方法如下：

（一）正式宴会主要菜品

1. 头盆

头盆又称开胃菜，是宴会中的第一道菜肴。其特点是色泽鲜艳、口味清新、装盘美观、数量不多，具有开胃、刺激食欲的作用，通常多用新鲜的鱼类、肉类、海鲜、鹅肝酱、蔬菜、水果等原料加工成熟制品拼摆而成，如三明治、法国肝酱、烟熏三文鱼、各式肉冻、肉片、海鲜等，一般以冷菜为主，也有的地方头盆流行热菜，主要要求菜品必须清爽开胃。

2. 汤

西餐中的汤有清汤与浓汤、荤汤与素汤、热汤与冷汤之分，其制作十分讲究，要求原汁原味，如热汤中有奶油汤、牛蹄清汤、蔬菜汤等，冷汤中有西班牙冻汤、法式杏冷汤等，均很有名气。一般客人喜食热汤，既能开胃，又能增进食欲。如果一般宴会选用汤，就不再有头盆，两个菜只选其一。

3. 沙拉

沙拉可分为水果沙拉、素沙拉、荤沙拉、荤素沙拉四种。沙拉不仅可作为配菜，也可单独设一道菜，一般水果沙拉常在主菜前上，具有开胃、帮助消化的作用，素沙拉可作为配菜随主菜一起食用，而荤沙拉及荤素沙拉可单独作为一道菜。常见的沙拉有虾仁沙拉、鸡肉沙拉、什锦沙拉等。

4. 主菜

主菜又称主盆、大盆，是全套西餐中的重点戏，制作非常讲究，十分注重菜品的色、香、味、形及营养的配合。主菜原料通常为大块的鱼、肉、海鲜、禽类及野味等，另配一些土豆、蔬菜等，可起到增加色彩、调味及点缀的作用。常见的主盆有法国牛排、美式炸鸡、新西兰羊排等。一般安排2道，有大盆、小盆之分。

5. 甜点

甜点有冷热之分，主要由各色蛋糕、西饼、布丁（Pudding）、酥福来（Soufflé）、派（Pie）、冰淇淋（Ice-cream）等品种组成。

6. 水果

水果一般根据宾客的喜好，尽量安排3～4种水果，经加工拼装在盘中，每人一客上桌。

7. 酒水饮料

酒水在西式宴会上是不可缺少的饮品，酒水包括开胃酒、跟餐酒和饮料、餐后咖啡、茶等。

（二）菜品成本所占比例

1. 头盆（含沙拉）成本约占宴会总成本的20％。
2. 汤、主菜（含大盆、小盆）成本约占宴会总成本的65％。

3. 甜点、水果成本约占宴会总成本的 15%。

注：酒水饮料按实际消费量加上一定的毛利率，另外收取费用。

（三）西式正式宴会菜单实例

正式宴会菜单设计的菜品规格，主要根据宴会标准可高可低，菜品有多有少。

实例 1 某国际大酒店西餐正式宴会菜单

（每位 388 元，酒水除外）

野味批	Game Pie
法式洋葱汤	French Onion Soup
香蕉龙利柳	Sautéed Filet of Sole with Banana
薄荷雪吧	Mint Sherbet
西冷扒班尼诗汁	Grilled Sirloin Steak with Béarnaise Sauce
芝士拌无花果	Cheese with Fresh Fig
巧克力慕司	Chocolate Mousse
时令水果	Seasonal Fruit
咖啡和茶	Coffee or Tea

实例 2 某五星级酒店西式正式宴会菜单

（每位 480 元，酒水除外）

法国煎鹅肝	Pan Fried Goose Livers with Port Wine
土豆泥奶油黑菌汤	Cream Potato Soup with Truffle
托斯卡纳菠菜奶油香色拉	Tuscany Cannelloni Beans & Spinach Salad with Cream Onion Dressing
煎比目鱼香草奶油汁	Pan Fried Halibut with Herb Sauce
柠檬沙沙雪	Lemmon Sherbet
神户牛扒	Kobe Steak
提拉米苏	Tiramisu
时令水果	Seasonal Fruit
咖啡和茶	Coffee or Tea

实例 3 某大饭店宴请美国客人西式正式宴会菜单

（每位 580 元，酒水除外）

恺撒色拉伴帕玛腿	Cesar Salad with Parma Ham
意式香草蔬菜汤	Minestrone
芦笋青虾伴卷面	Feliciana with Prawns and Asparagus
香橙沙沙雪	Orange Sherbet
小牛柳和小青龙双拼	Veal Medallion & Lobster
美式芝士饼	American Cheese Cake
时令水果	Seasonal Fruit
咖啡和茶	Coffee or Tea

特别提示：待客人用餐完毕后，及时了解客人用餐情况，尤其菜肴的数量、口味、质量是否满足客人的就餐要求，便于今后扬长避短，不断提高菜品质量。

四、鸡尾酒会菜单设计的方法

🔊 **特别提示**：在设计鸡尾酒会菜单前，必须了解鸡尾酒会举办的时间、售价标准、参加人数、对象等情况，应按标准、规格，针对性地设计菜单。

鸡尾酒会是早在18世纪欧美社会较流行的一种传统宴会活动形式，以鸡尾酒会（用1～2种烈酒加入一些果汁、汽水等调制成的混合饮料）为主，配备一定数量的小吃、点心、冷菜等。这种酒会形式活泼，比较自由、轻松，便于人们广泛地接触交流，现在我国比较流行。

（一）鸡尾酒会的特点

1. 不设坐椅，站立进餐

鸡尾酒会一般不设主宾席、不设坐椅，仅置小桌（或茶几）。有的在餐厅或鸡尾酒会场所周边设少量的桌椅，供年老者或自愿坐者使用，大多数客人站立进餐，随便走动。与会者不分贵贱高低，可以广泛交际，自由选择自己喜食的酒水和食品，气氛活跃而无拘束。

2. 形式灵活，无拘无束

鸡尾酒会举办时间比较灵活，一般均在正餐前后举办，上午9:00～11:00，下午3:00～5:00或4:00～6:00比较合适，有的在正式宴会开始之前。举办鸡尾酒会，目的是一方面等待客人到齐，一方面先来者之间相互交流，加深友谊。同时鸡尾酒会在形式上比较自由，在请柬上往往注明整个活动的延续时间，客人可在任何时候到达和退席，来去自由，不受时间及礼节上的约束。

3. 适应面广，简便易行

鸡尾酒会适用面较广，如朋友欢聚、告别、重大事件纪念、庆祝、商务交易、交际、开业典礼等场合均可举办，在举办过程中，比正式宴会、自助餐会等宴会在菜肴制作上、服务上要简单，易于操作。

（二）鸡尾酒会菜品的设计要求

鸡尾酒会菜单设计主要根据举办酒会者的目的、主题、价格及要求来设计，具体要求如下：

1. 根据酒会的目的与主题来设计

鸡尾酒会因适用面广，举办酒会的目的、主题不同，其设计的要求也要有所变化，如有的酒会是在正式宴会之前或之后举办的，菜品不宜太多、太油腻，一般以鸡尾酒及饮料为主。有的举办酒会是为了庆祝或纪念重大事件，也有的是为了欢迎、欢送而举办的，也有的是用于商务活动、贸易交流等举办。由于举办鸡尾酒会的目的不一样，参加人数有多有少，所以在设计菜品时要紧紧围绕举办酒会的目的和主题，如在菜品展台上，可以设置一些冰雕、黄油雕及食品雕来装饰展台，也可用菜品拼装成与主题有关的艺术图案，这样不但可以达到锦上添花的作用，而且还能烘托宴会气氛。

2. 根据酒会的人数与价格来设计

鸡尾酒会菜品档次的高低、数量的多少，主要根据主办单位所规定的价格标准、人数多少等因素来设计，如规模很大、人数很多、价格标准较高，在菜品安排上要丰富一些，不但有小吃、点心、冷菜等，也可配一些干爽的热菜，还可把一些特色菜品进行客前烹制或现场派送,同时,还要在菜台布置及服务上更要精心设计;如规模不大,价格标准不高,人数较少,在菜品安排上不宜太多,提供一些小吃、点心、冷菜等即可,菜台布置上也不必太讲究。

3. 根据酒会的性质与特点来设计

鸡尾酒会不像冷餐酒会等以让客人吃饱为目的,而是限量供应,吃完后原则上不再添加。另外鸡尾酒会不设座位,站立饮食,客人往往一只手端着酒杯,另一只手可以取其他食品食用,所以,在设计菜品时,一是选用无骨、无壳、无筋的原料制作菜肴;二是菜肴不宜带汤水、太油腻;三是菜点形态要小,大块原料必须切成小块,不可有连刀现象,要求每种食品最好用牙签或其他小匙等取食,主要目的是便于客人食用和相互交流。

(三) 鸡尾酒会设计菜品的注意事项

1. 控制菜品数量

鸡尾酒会的菜品在品种及数量上不宜安排得太多,因为大多数鸡尾酒会均在正餐前举办,目的是促进相互交流,而不是要客人吃饱,所以在设计菜品时,一定要控制菜品的数量,保证每人品尝每个品种 1~2 块即可,总量平均每人净料控制在 80 克左右为好。

2. 注重菜品口味

鸡尾酒会的菜品要求小而干爽,不油腻,每种菜品最好不要勾芡、不能焦煳、不带汤水、口味不宜太酸、太甜、太辣、太刺激,尽量少用、不用韭菜、大蒜、洋葱等易产生口臭的食物,否则,影响客人之间的交流。

3. 讲究装盘艺术

鸡尾酒会的菜品装盘一要讲究卫生,尤其在餐厅内为客人切割熟制菜品的工作人员,除设备、工具及衣帽整洁外,操作时必须戴上口罩、手套,不可用手直接接触菜品;二要菜品装盘不宜太满,并要讲究艺术性。另外,参加酒会的人数太多,菜品可分若干组,分几处布置菜台,每组菜品应一样,这样可分流客人取菜,不会拥挤。也可安排若干服务人员,端着有些客人喜食的菜品,来回穿梭于客人之间,给客人派送菜品,这样既方便客人用餐,又减少客人去菜台取菜,不会有拥挤现象。

(四) 鸡尾酒会菜单的设计内容

鸡尾酒会菜单的设计内容,可分为普通型鸡尾酒会和高档型鸡尾酒会两大类,前者以普通原料为主,后者在原料的选用、装盘、餐台布置上都十分讲究,主要根据客人的需求进行设计。

(1) 冷菜类:烟熏鳗鱼、鹅肝、烤肉、火腿等。

(2) 干果类:炸腰果、香烤核桃、葡萄干等。

(3) 热菜类:芹菜烟肉拢、咖喱肉丸、兔肉蘑菇串等。

(4) 点心类:奶油蛋糕、巧克力饼干、面包托、三明治等。

(5) 现场派菜:烤火鸡、香烤海鲜串等。

(6) 酒水:鸡尾酒、各种饮料等。

(五) 鸡尾酒会菜单设计实例

实例 1　某酒店普通型西式鸡尾酒会菜单

(48 元/位,另收酒水每位 10 元,总人数 200 人)

开拿批拼盘	Assorted Canapés
生鲜蔬菜杯	Crudités

什锦寿司	Assorted Sushi
芹菜烟肉挞	Onion Bacon Tartlet
兔肉蘑菇串	Rabbit and Mushroom Skewers
文蛤弗打	Clam Fritters
瑞士肉丸	Swedish Meatballs
香炸鸡中翼	Deep Fried Chicken Wings
芝士焗土豆	Baked Potatoes with Cheese
什锦干果	Assorted Nuts
巧克力慕司蛋糕	Chocolate Mousse Cake
奶油泡芙	Cream Puff
花生曲奇	Peanut Cookie
水果挞	Fruit Tartlet
鲜果(4款)	Fresh Fruits(4 Kinds)

实例2 某宾馆高档型西式鸡尾酒会菜单

(88元/位,另收酒水每位20元,总人数300人)

开拿批拼盘	Assorted Canapés
鱼子酱	Caviar
生鲜蔬菜杯	Crudités
什锦寿司	Assorted Sushi
咖喱肉丸	Meatballs Curry
鹅肝串	Goose Liver Skewers
蜗牛培根卷	Escargot Rumaki
肠仔花	Deep Fired Cocktail Sausage
扒鸡翅	Grilled Chicken Wings
芝士培根焗土豆	Baked Potatoes with Cheese and Bacon
酿馅蘑菇	Stuffed Mushrooms
什锦干果	Assorted Nuts
草莓慕司蛋糕	Strawberry Mousse Cake
黑森林蛋糕	Black Forest Cake
什锦曲奇	Assorted Cookies
蛋挞	Egg Tartlet
鲜果(4款)	Fresh Fruits(4 Kinds)

特别提示:鸡尾酒会结束后,只要有部分客人未离开餐厅,不可急于收场,如有多余菜品应分类存放,妥善保管,经加工、加热后可再次使用。

五、冷餐酒会(自助餐会)菜单设计的方法

特别提示:如参加人数太多,菜品可分若干组,但每组菜品的品种、数量必须一样,这样便于客人取菜,防止客人集中一处取菜而产生拥挤现象。每个菜品必须用中、英两国文字标明,便于客人识别。

冷餐酒会（自助餐会）又是西式宴会中主要宴请的一种形式，其内容丰富多彩、活动轻松自由，不受正式宴会礼仪规矩的拘束，深受人们欢迎。

冷餐酒会与自助餐会在宴会的形式上基本是大同小异，主要菜品上有一定的区别，冷餐酒会主要以冷菜为主，约占菜品总量的 60% 左右，热菜、点心等只占菜品总量的 40% 左右；而自助餐会就不必以冷菜为主，可将各种菜品有机地组合在一起，使自助食品显得更加丰富多彩、富丽堂皇。

（一）冷餐酒会（自助餐会）的特点

冷餐酒会（自助餐会）的形式与鸡尾酒会的形式有很多相似之处，但其特点有所不同。

1. 菜品丰富多彩

冷餐酒会（自助餐会）菜品多者 100 多种，少则也有 20～50 多种不等，主要根据就餐人数的多少、价格的高低、风味的不同而定。一般菜品有冷菜类、沙拉类、热菜类、面包类、水果类、甜品类、现场派菜（切肉）类、饮料类等。而这些菜品在开餐前全部展示在餐厅内，为了增加场面的隆重气氛，往往用一些大型的食品雕刻，如冰雕、黄油雕、瓜果雕，以及瓜果、鲜花、餐具、艺术品等来装饰桌面，使冷餐酒会（自助餐会）的菜品展台上更加造型优美、丰富多彩，显得富丽堂皇，夺人眼球。

2. 规格可高可低

冷餐酒会（自助餐会）的规格标准有高有低，如一些商务酒会、交易酒会、重大的招待会等酒会，每位的就餐标准从几十元到几百元不等，由于用餐费用的标准不一，菜品的差别也很大，高档的酒会有山珍海味、生猛海鲜、禽蛋畜肉、各种时蔬水果等；而普通型、经济型的酒会，所用原料只能用各种畜肉类、禽蛋类、水产类、蔬果类等原料制成菜品，同样的都要求品种繁多，口味多样，色彩鲜艳。高档酒会与普通型酒会最大的区别是在使用原料上、环境布置、台面设计等方面有一定的差异，使客人感到物有所值。

3. 规模可大可小

冷餐酒会（自助餐会）最大的特点是餐厅不设固定席位，餐厅的空间较大，规模可大可小，通常宾客人数多在 50～500 人不等，多者可达近千人，如举办酒会单位对宾客参加人数预定不够准确的情况下，临时增加或减少就餐人员，但对餐饮企业工作影响不大，因为不设固定席位，只要适当增加或减少一些菜品即可，而且冷餐酒会（自助餐会）可根据规模大小，在开宴之前先进行餐厅的布置、台面的装饰，各种菜品制作后可一起上桌展示，不必像正式宴会那样按上菜顺序一道一道地上菜。

4. 形式自由自在

冷餐酒会（自助餐会）的就餐形式是可不排席位、自我服务、自由取食、随意交流等，打破传统宴会的就餐形式，客人可多次去菜品展台取食，挑选自己喜食的菜品。这种酒会的就餐形式，有利于客人进行相互交谈，有利于餐饮企业降低人工成本，减少食品浪费，提高企业的管理水平。

（二）冷餐酒会（自助餐会）菜单设计的要求

冷餐酒会（自助餐会）菜单设计不但要根据酒会的特点、规模与标准来设计，还要突出菜品的风味、控制菜品的数量等，具体要求如下：

1. 菜肴品种要与酒会特点相宜

冷餐酒会（自助餐会）在就餐形式、出菜方式等方面与正式宴会不一样，所以我们在确定菜品时要根据酒会的就餐人数多、消费群体广、菜肴放置时间长、生产量大的特点,尽量选用大家均能接受喜食的菜品,而且这些菜品放置时间稍长一些或反复加热仍能保持菜肴原有的色、香、味、形的特点。在菜肴口味上不宜选用太甜、太酸、太苦、太刺激的食品,便于大家都能接受。

2. 菜肴特色要与酒会主题相符

不同的冷餐酒会(自助餐会)有着不同的特色,如有法国、意大利、俄罗斯、泰国、日本、土耳其等不同的菜肴风味。我们可根据不同国家的风土人情、饮食习惯,设计出不同国家特色的菜肴,而在餐厅布置、菜品展示、音乐的播放等方面也要营造出不同国家酒会主题的就餐氛围,这样会收到很好的效果。

3. 菜品数量要与酒会规模相等

冷餐酒会(自助餐会)菜品数量的多少必须与参加酒会的人数多少相等,如果菜品安排得太多,很可能造成浪费,影响成本核算;反之,菜品数量安排得太少,会造成客人不够吃,影响接待效果。一般来说,以每人500克左右净生料准备,例如某一酒店冷餐酒会(自助餐会)有500人参加,那么,各种菜品所用的生净原料加起来要达到250公斤左右,所用原料的贵贱和荤素的比例,应根据酒会的标准来设计,同时,有些菜品不应全部制成装盘上桌,要看客人进餐情况决定,如果一种菜肴客人很喜欢吃,而且吃得很快,我们就要作必要的添加,数量一次不宜太多,这样既保证菜肴的供给,又控制了菜肴的成本。

4. 菜台布置要与酒会档次相仿

为了增加酒会的气氛,往往在菜肴的装盘上做一些点缀或造型,有的为了提高档次,在菜台的布置上用一些大型的食品雕刻、花卉及其他工艺制品来进行装饰,同时对一些特色菜肴如"烤鸭"、"烤牛排"等可由厨师或服务员进行客前切配派送等表演,这样既能增加就餐气氛,又能缓解客人去餐台取菜而带来的拥挤。菜台布置档次高低必须与酒会的档次相仿,酒会档次越高,菜台布置及装饰越讲究,菜肴的品种和质量越高,这样会使酒会的气氛更加浓厚。

5. 冷餐酒会(自助餐会)菜单设计中的注意事项

(1) 必须掌握酒会的基本情况。在设计酒会菜单之前,必须掌握酒会的主题、规模、档次、人数及举办的时间等基本情况。由于酒会的基本情况不一样,其设计要求也有很大的差异,如参加酒会的人有的中国人占多数,有的外国人占多数,在规格上有的几百人,有的几十人,有的是招待性的酒会,有的是商务性的酒会,有的举办酒会的时间在上中午、有的晚上举行等,所以在设计菜单时,要根据酒会的基本情况及用餐标准的不同来确定酒会的风味、菜品结构及数量。

(2) 必须注重装盘的艺术性。冷餐酒会(自助餐会)十分注意菜肴装盘艺术及菜台的布置,对每一道菜都要讲究造型及装饰,在盛器运用上可选用各种陶瓷器具、玻璃制品、竹器、漆器、各种自助餐保温设备等盛器来装盛,在造型上可摆成各种几何形、图案形、卡通形等,在色彩上尽量做到五颜六色、鲜艳夺目,在摆放上要做到错落有致,加上各种食品雕刻、花卉、餐具的点缀,灯光、音乐的烘托等,使酒会的菜台显得富丽堂皇,具有很高的艺术性。

(3) 必须抓好成本控制。冷餐酒会(自助餐会)一般人数较多,菜品丰富,为此我们必须抓好每一个菜品的成本核算,要根据就餐者的费用标准,认真核算,使成本控制在规定的范围内,否则,很可能造成企业亏损或有损顾客的利益。真正做到大料大用、小料小用、下脚料综合利用,同时对酒会餐台上多余的菜肴妥善保管,合理使用,从而降低成本,有利于企业的经营管理和发展。

(三) 冷餐酒会(自助餐会)的设计内容

1. 冷餐酒会菜品设计内容

冷餐酒会一般以冷菜为主,热菜、点心、水果为辅,其比例是冷菜占菜品总量的 60% 左右,热菜占菜品总量的 20% 左右,点心占菜品总量的 15% 左右,瓜果占菜品总量的 5% 左右。

(1) 冷菜类。一般安排 15～30 种不等,如各种沙拉、冷鸡卷、大虾冻、烤牛排等。

(2) 热菜类。一般安排 5～12 种不等,如咖喱鸡、炸鱼条、匈牙利烩牛肉等。

(3) 点心(又称甜品)。一般安排 4～10 种不等,如巧克力慕司、苹果派、黑森林蛋糕、法式面包等。

(4) 汤类。一般安排 2～4 种不等,如乡村浓汤、法式洋葱汤、龙皇汤等。

(5) 水果类。一般安排 4～8 种不等,如西瓜、香蕉等。

(6) 饮料类。一般安排 2～6 种不等,如啤酒、橙汁、咖啡、可乐等。

2. 冷餐酒会(自助餐会)菜点设计内容

冷餐酒会(自助餐会)所供菜点范围广泛,花色品种较多,有汤类、冷菜类、热菜类、沙拉类、甜品类、面包类、客前烹制类、水果类、饮料类等。

(1) 汤类。一般安排 1～4 种不等,如炖牛尾汤、海鲜浓汤、罗宋汤等。

(2) 冷菜类。一般安排 4～8 种不等,如法式鹅肝、烟熏鸡脯、烤鳜鱼等。

(3) 热菜类。一般安排 6～15 种不等,如红酒煨牛脯、茄汁鳜鱼块、扒葡式辣鸡等。

(4) 沙拉类。一般安排 2～6 种不等,如龙虾沙拉、土豆沙拉、苹果沙拉等。

(5) 甜品类。一般安排 4～6 种不等,如吉士布丁、拿破仑饼、各式蛋糕等。

(6) 面包类。一般安排 2～4 种不等,如法式餐包、香肠面包等。

(7) 客前烹制类。一般安排 1～3 种不等,如西式烤鸭、扒大虾等。

(8) 水果类。一般安排 2～6 种不等,如哈密瓜、橙子、香蕉等。

(9) 饮料类。一般安排 2～6 种不等,如红茶、啤酒、咖啡、橙汁等。

(四) 冷餐酒会(自助餐会)菜单设计实例

实例1　某酒店西式冷餐酒会菜单

(150 元/位,含酒水每人 15 元,共 200 人)

冷菜类(Cold Dishes)：

什冻肉芝士盘	Assorted Cold Meat & Cheese Platter
烟熏三文鱼	Smoked Salmon
意大利风干牛肉	Dried Beef Italian Style
大虾鸡尾杯	Prawn Cocktail
蜜瓜帕玛腿	Parma Ham with Honey Melon
腌火鸡片	Smoked Breast of Turkey
香草烟肉焗鲜蚝	Baked Oyster with Herbs and Bacon
什锦沙拉	Mixed Vegetable Salad

厨师沙拉	Chef's Salad
恺撒沙拉	Cesar Salad
烧鸭沙拉	Roasted Duck Salad
虾仁沙拉	Shrimp Salad
番茄色拉	Tomato Salad
黄瓜色拉	Cucumber Salad
生菜色拉	Lettuce Salad
意式三明治	Italian Sandwich
牛肉三明治	Beef Sandwich
鸡肉三明治	Chicken Sandwich
法式三明治	French Sandwich
香肠三明治	Sausage Sandwich

汤类（Soups）：

奶油蘑菇汤	Cream Mushroom Soup
意大利杂菜汤	Minestrone

面包类（Breads）：

法式面包	French Bread
甜餐包	Sweet Rolls
硬餐包	Hard Rolls

热菜类（Hot Dishes）：

美式炸鸡	Deep-Fried Chicken American Style
烧新西兰羊扒	Roast NZ. Lamp Chop
芥末汁猪扒	Pork Chop with Mustard Sauce
香煎鳕鱼柠檬黄油汁	Pan-Fried Cod with Lemon & Butter Sauce
蜗牛培根卷	Escargot Rumaki
猪肉酥皮卷	Pork Rolled in Puff Pastry
鹅肝串	Goose Liver Skewers

甜品类（Desserts）：

巧克力慕司	Chocolate Mousse
水果挞	Fruit Tartlet
焦糖布丁	Caramel Pudding
苹果派	Apple Pie
香芒布丁	Mango Pudding
什锦曲奇	Assorted Cookies
各式蛋糕	Assorted Cakes
各式雪糕	Assorted Ice Creams

鲜果类（Fresh Fruits）：

葡萄	Grape
西瓜	Water Melon

| 香蕉 | Banana |
| 鲜果色拉 | Fresh Fruit Salad |

饮料类（Beverages）：

啤酒	Beer
可口可乐	Coca-Cola
橙汁	Orange Juice
咖啡	Coffee

实例2　某饭店西式冷餐酒会菜单

（200元/位，含酒水每人20元，共300人）

冷菜类（Cold Dishes）：

烤牛肉片	Sliced Roasted Beef
帕玛腿蜜瓜卷	Parma Ham and Honey Melon Rolls
烟熏鳟鱼	Smoked Trout
鲜虾多士	Fresh Shrimp Toast
西芹色拉	Celery Salad
番茄色拉	Tomato Salad
黄瓜色拉	Cucumber Salad
生菜色拉	Lettuce Salad
胡萝卜色拉	Shredded Carrot Salad
龙虾沙拉	Lobster Salad
什肉沙拉	Mixed Meats Salad
土豆沙拉	Potato Salad
华尔道夫沙拉	Waldorf Salad
什菌沙拉	Mixed Mushrooms Salad

汤类（Soups）：

法式洋葱汤	French Onion Soup
乡村浓汤	Countryside Soup
海鲜浓汤	Seafood Soup

面包类（Breads）：

法式面包	French Bread
农夫包	Farmer Bread
干果面包	Nuts Bread

热菜类（Hot Dishes）：

法式焗生蚝	Baked Oyster French Style
德式煎猪排	Pork Chop German Style
意大利烩海鲜	Stewed Seafoods Italian Style
香草烤羊排	Roasted Lamb Chop with Herbs
香茅鸡	Chicken with Lemon Grass
炸鱿鱼	Deep-Fried Squid

红酒煨牛脯	Braised Beef Bisket in Red Wine
烤鳕鱼	Baked Cod
咖喱蟹	Sea Crab Curry
香橙鸭	Stewed Duck with Orange Juice
土豆球	Deep-Fried Potato Balls
什锦花菜	Buttered Cauliflower and Broccoli
沙嗲肉串	Assorted Satay
煎三文鱼	Pan-Fried Salmon

客前烹制类(The Dishes Cooked in Restaurant)：

烤乳猪	Roast Suckling
扒大虾	Grilled Prawn
农场意粉面	Spaghetti Farm Style

甜品类(Desserts)：

焦糖布丁	Caramel Pudding
水果挞	Fresh Fruit Tartlet
芒果芝士蛋糕	Mango Cheese Cake
苹果派	Apple Pie
面包布丁	Bread Pudding
奶油泡芙	Cream Puff
巧克力慕司	Chocolate Mousse
黑森林蛋糕	Black Forest Cake
水果啫喱冻	Fruit Jelly

水果类(Fresh Fruits)：

香蕉	Banana
菠萝	Pineapple
芒果	Mango
葡萄	Grape
西瓜	Water Melon

饮料类(Beverages)：

啤酒	Beer
咖啡	Coffee
柠檬茶	Lemon Tea
橙汁	Orange Juice

🔊 **特别提示**：冷餐酒会(自助餐会)添加菜品时,应视客人用餐情况,分菜品分批添加,尤其用餐后期,要正确控制各菜品数量,防止造成浪费。

第三节　中西合璧宴会菜单设计

引导案例

自从1978年我国改革开放以来,国民经济迅速发展,人民生活不断提高,越来越多的外国人前来我国投资办企业、办公司、做贸易、旅游,随之商务活动不断增加,中外客人频繁宴请,宴会菜肴如何满足中外客人的需求和饮食习惯,是摆在每家餐饮企业管理人员面前的一道难题。在20世纪80年代初期,有一家著名的五星级饭店厨师长设计宴会菜单时,在中式宴会菜单中设计了几道西餐,在西式宴会菜单中设计了几道中餐,形成中西合璧宴会,深得中外客人的喜欢,在全国餐饮界产生了很大的反响,至今全国各地中西合璧宴会普遍流行。怎样设计好这样的菜单,应注意哪些问题,值得我们深入研究。

近几年来,中西合璧宴会在餐饮界颇为流行,这种宴会就是在中、西宴会原有的基础上,吸取中、西菜品各自的风味特色,进行有机组合,形成新式的宴会。如中西合璧正式宴会、中西合璧鸡尾酒会、中西合璧冷餐酒会(含自助餐会)等。这种宴会是中西饮食文化交流的产物,深受广大消费者欢迎。

一、中西合璧宴会的特点

🔊 **特别提示**:设计中西合璧宴会菜单时,要写明每个菜品是中餐还是西餐,由哪一个厨房来完成制作。

(一)风味独特

中西合璧的各种宴会,最大特点是菜肴有中餐也有西餐,还有中西混合的菜肴,在服务上利用中式和西式两种服务方式,相互交叉,使客人享受到异国的饮食情调,感受到中西菜肴各异的风味特色。

(二)气氛活跃

中西合璧的各种宴会,在中式菜肴的基础上增添了一些西式菜品,有些菜肴在餐厅中进行现场烹调或切割菜肴派送给客人,让客人观摩,为宴会增添乐趣,活跃宴会气氛。

(三)别具一格

中西合璧的宴会,一般不受传统宴会的礼节约束,尤其是冷餐酒会、鸡尾酒会、自助餐会等,在菜肴组合上有中餐也有西餐;在上菜方式上可将所有菜品先放置在餐厅菜台上;在用餐的形式上,客人可用筷子,也可用刀叉,可不坐席位,站立饮食,自主挑选喜食的菜点和饮料,还可自由走动,随意与其他客人交谈。这种别具一格的宴会,具有节约宴会的成本及人工成本、客人择菜范围大、用餐时间短、便于客人之间相互交流和外交活动等优点。

二、中西合璧宴会菜单设计的要求

(一)中西菜品配置比例要恰当

在设计中西合璧宴会时,要根据客人的对象、人数、标准及主人的要求等因素,注意中、西菜品配置的比例,一般情况中、西菜品各占50%,但要根据饮食对象的不同,可作必要的调整。如参加宴会的人员外国人较多,西式菜品安排得略多一些,反之,参加宴会的人员中国人较多,在设计菜单时,中式菜品要略多于西式菜品,这不能一概而论,要视具体情况,全面考虑,合理调整,使中、西菜品比例恰到好处,从而满足消费者的需求。

(二)中西菜品配置结构要合理

中西合璧的宴会的各类菜品配置上要注意在原料的使用上、烹调方法上、口味上尽量避免雷同,要发扬中西菜品各自的优势,扬长避短,注意变化。例如,西式菜品中有烤鸭、中式菜品中就不宜再安排烤鸭,否则,客人会感到菜品单调,影响接待效果。

(三)中西菜品上菜节奏要协调

中西菜肴的制作往往在两个厨房分别进行,管理者要根据宴会菜单内容,进行明确分工,精心安排,认真做好中、西菜肴各种原料的采购、加工、切配、烹调等工作,对一些特殊菜品需要先加热、调味的菜肴,要控制好加热的时间及调味的比例,中西菜品在上菜顺序和节奏上要有专人负责协调,注意先后顺序和节奏的快慢,否则会影响菜肴的质量及客人就餐的情绪。

📢 **特别提示:**(1)设计中西合璧宴会菜单时,必须做好成本核算工作,千万不能忘记要把各种调味品及各种食品雕刻等成本纳入总成本中去。(2)宴会结束后,要认真总结、分析哪些菜品最受客人欢迎,哪些菜品客人不太喜欢,便于下次设计中西合璧宴会菜单时作必要的调整。

三、中西合璧宴会菜单设计的方法

📢 **特别提示:**设计中西合璧宴会菜单时,对一些客前烹制或现场派菜的菜品,其原料、烹调方法及饮食方法必须要有特色,才能给客人留下深刻的印象。

中西合璧宴会菜单设计不同于一般宴会菜单设计,它必须以中西宴会菜品为中心,以宴会特色为导向进行设计,将中、西不同的菜肴进行有机的组合,成为一种全新风格的宴会。

(一)中西合璧正式宴会菜单的设计

中西合璧正式宴会菜单的设计,一般在中式正式宴会菜单的基础上安排一些西式的菜肴,以达到调节口味,改变就餐形式,增加花式品种,满足客人求新、求变的饮食心理。

1. 中西合璧正式宴会菜单组成内容

中西合璧正式宴会菜单的菜品有冷菜、色拉、中菜、西菜、汤、点心、甜品、水果等。其比例视饮食对象及主人的要求和意见而定。

2. 中西合璧正式宴会菜单设计实例

实例1 某酒店中西合璧正式宴会菜单

(每桌2 000元人民币,酒水除外)

迎宾花篮	黑椒蜗牛鹅肝酱
八味彩碟	脆皮乳鸽
酥皮海味盅	松鼠鳜鱼
黄油焗大虾	鲍汁白灵菇
XO酱煎牛排	什锦天妇罗

瑶柱老龟汤	蟹黄汤包
意式馅饼	水果拼盘

实例2 某宾馆中西合璧正式宴会菜单

（每桌2 800元人民币，酒水除外）

艺术各客冷盘	冬菇扒青蔬
清炖鸽吞翅	鸽蛋菌汤
千岛菠萝虾	焦糖布丁
蟹黄裙边	萝卜丝酥饼
海鲜酥盒	火焰冰淇淋
美式烤牛排（现场切肉）	时令水果拼盘
西芹带子	

（二）中西合璧鸡尾酒会菜单的设计

中西合璧鸡尾酒会是在西方鸡尾酒会的基础上进行了改良创制而成的，主要在菜品内容上增加中式菜点，以适应中外客人的饮食需求，其特点、要求及注意事项与西式鸡尾酒会基本一样。

1. 中西合璧鸡尾酒会菜单设计内容

（1）冷菜类：小香肠、明虾船、叉烧肉等。

（2）干果类：椒盐花生米、葡萄干、甜咸青果类等。

（3）点心类：奶油蛋糕、炸春卷、蒸水饺等。

（4）热菜类：脆皮鱼条、炸虾球、羊肉串等。

（5）小吃类：咖喱牛肉干、鱼脯干、炸虾片等。

（6）现场派菜：烤牛腿、片皮乳猪等。

（7）甜品类：法式小饼、果冻、什锦小点心等。

（8）酒水类：各种鸡尾酒、饮料等。

2. 中西合璧鸡尾酒会菜单设计实例

实例1 某国际酒店普通型中西合璧鸡尾酒会菜单

（50元/位，另收酒水每位10元，总人数240人）

冷菜类：

五香鹌鹑蛋、香肠、鸡卷、法国鹅肝酱、酸辣黄瓜、樱桃番茄

干果类：

花生米、开心果（去壳）、挂霜核桃、葡萄干

热菜：

香炸虾球、芝麻肉片、香草鸡片、炸鱼条

现场派菜（现场切肉类）：

片皮烤鸭、烤羊肉串

点心：

巧克力蛋糕、泡菜、虾饺、小馒头、三明治、炸春卷、面包托、法式小饼

鸡尾酒：

配置4色

饮料：

啤酒、橙汁、可口可乐、雪碧、咖啡、绿茶

实例2　某五星级饭店高档中西合璧鸡尾酒菜单

（85元/位，另收酒水每位15元，总人数600人）

冷菜类：

盐水鸭、鸡卷、酒醉鸽蛋、香炸虾、五香牛肉、葱油黄瓜、咖喱冬笋、樱桃番茄、法国鹅肝酱

干果类：

甜咸青果、炸腰果、金橘饼、酸梅脯、挂霜松子仁、山楂片、桂圆脯

点心类：

奶油蛋糕、泡芙、水果挞、薄荷慕司饼、小烧卖、三明治、面包托、虾饺、枣泥拉糕、花式蒸饺

热菜类：

香烤海鲜串、脆皮银鱼、牙签羊肉串、炸豆腐果、干贝虾球、锅巴肉圆、椒盐花菜、黑椒牛柳、忌廉汁三文鱼柳、马沙那鸡条

小吃类：

咖喱牛肉干、鱼脯干、炸土豆条、干贝卷、麻辣豆腐干、海鲜酥盒

现场派菜（现场切肉类）：

片皮乳猪、烤美国菲利牛排

甜品类：

炸香蕉、果冻、苹果派、巧克力慕司

鸡尾酒：

配置4～6色

饮料：

啤酒、牛奶、咖啡、可口可乐、橙汁、雪碧、茶、矿泉水

（三）中西合璧冷餐酒会（自助餐会）菜单的设计

中西合璧的冷餐酒会（自助餐会）是为了满足中外客人共同用餐的饮食需求，吸取中西饮食文化的优点而创新的一种宴请形式。

1. 中西合璧冷餐酒会（自助餐会）菜单设计内容

一般安排冷菜类、小吃类、沙拉类、热菜类、客前烹制类、面食类、汤类、甜品类、水果类、饮料类等各类菜品，数量主要根据就餐人数多少来选定。

（1）冷菜类。一般安排8～10种不等，如油炸虾、咖喱冬笋、鸡卷等。

（2）小吃类。一般安排4～20种不等，如盐水毛豆、蒸芋头、美国芝士饼、脆炸鲜鱿圈等。

（3）沙拉类。一般安排2～6种不等，如虾仁沙拉、土豆沙拉、海鲜沙拉等。

（4）热菜类。一般安排6～12种不等，如蒜茸鲜贝、黑椒汁牛排、烤鸡等。

（5）客前烹制类。一般安排2～4种不等，如叉烧乳猪、烤牛排等。

（6）面食类。一般安排2～10种不等，如巧克力花球、曲奇饼、三丁包子、意大利面条等。

（7）汤类。一般安排1~3种不等,如牛尾清汤、番茄蛋汤、冬瓜鸡块汤等。

（8）甜品类。一般安排2~6种不等,如黑森林蛋糕、焦糖布丁、冰糖蛤士蟆等。

（9）水果类。一般安排2~6种不等,如哈密瓜、香蕉、荔枝、桂圆、苹果等。

（10）饮料类。一般安排2~6种不等,如牛奶、咖啡、啤酒、可口可乐等。

2. 中西合璧冷餐酒会(自助餐会)菜单设计实例

实例1　某酒店中西合璧冷餐酒会菜单

（每人200元人民币,含酒水每人15元,共300人参加）

冷菜类:

盐水鸭、油爆虾、凉拌海蜇、白斩鸡、辣白菜、卤冬菇、红油莴苣、咖喱冬笋、红油耳丝、烤牛肉片、烟熏鳟鱼、鲜虾多士、西芹丝、番茄、黄瓜、胡萝卜丝、帕玛腿蜜瓜卷、什锦寿司、包烟火腿、冰鹅肝慕司

小吃类:

山楂片、梅子、芒果干、炸臭干、蒸芋仔、马蹄培根卷、美国芝士饼、脆炸鲜鱿圈

沙拉类:

虾仁沙拉、什锦沙拉、蘑菇沙拉、海鲜沙拉、苹果鸡肉沙拉、意式蔬菜沙拉

热菜类:

香草烤羊排、烤鳕鱼、烤乳猪、蘑菇烩鸡条、椒盐基围虾、土豆球

客前烹制类:

烤鸭、叉烧肉

面食类:

素菜包子、水饺、枣泥拉糕、烧卖

汤类:

法式洋葱汤、木耳鱼圆汤

甜品类:

桂花元宵、水果挞、泡芙、巧克力沙勿来

水果类:

香蕉、荔枝、葡萄、什锦水果丁

饮料类:

啤酒、咖啡、可口可乐、橙汁、矿泉水

实例2　某酒店中西合璧自助餐会菜单

（每人240元人民币,含酒水每人20元,共450人参加）

冷菜类:

酱鸭、白斩鸡、肴肉、茶叶蛋、泡藕、麻辣毛豆、烤鳜鱼、鹅肝慕司、鲜虾多士、蒜泥黄瓜、糖番茄、陈皮牛肉、酸辣莴苣、咖喱肉丸

小吃类:

核桃仁、玉米棒段、烤山芋片、山楂片

沙拉类:

田园沙拉、水果沙拉、虾仁沙拉、鸡肉沙拉、鱼肉沙拉、土豆沙拉

热菜类：

咕咾肉、香茅元宝虾、脆皮鱼条、烤羊肉串、黄油焗海螺、蚝油牛肉、香煎鳕鱼、柠檬黄油汁、椒盐土豆条、脆皮乳鸽、双冬菜心、开洋花菜、麻辣兔肉、大煮干丝、芥末焗扇贝、瑞典肉丸、香蕉龙利柳、葱香南瓜、意大利烩海鲜

客前烹制类：

烤乳猪、扒鲜大虾

面食类：

素菜包子、窝窝头、糯米烧卖、泡芙、苹果派、虾饺、春卷、美式芝士饼

汤类：

奶油蘑菇汤、意式香草蔬菜汤、法式洋葱汤、萝卜排骨汤、枸杞牛腱汤

甜品类：

冰糖蛤士蟆、桂花糖芋头、法式蛋糕、巧克力慕司

水果类：

芦柑、葡萄、香蕉、哈密瓜、西瓜

饮料类：

玉米汁、番茄汁、橙汁、咖啡、酸奶、啤酒

🔊 **特别提示**：中西合璧宴会菜单设计，要注重每个菜的分量及整桌宴会菜品总量的控制，防止剩菜太多而造成浪费。

本章小结

1. 通过本章的学习，能较全面了解中式宴会菜单设计的特点、要求及方法，懂得怎样组配菜品及在设计菜单中应注意哪些问题。

2. 通过本章的学习能清晰地了解中式正式宴会、便宴、家宴这三种宴会在设计中有何区别，并掌握这三种宴会设计中的技巧及菜肴制作中的关键。

3. 通过本章的学习能了解到西式正式宴会、鸡尾酒会、冷餐酒会及自助餐会菜单设计与中式宴会菜单的区别所在，掌握西式各种宴会设计的特点、要求及方法。

4. 本章全面叙述西餐正式宴会、鸡尾酒会、冷餐酒会及自助餐会在设计菜单中的区别、要求及注意事项，懂得如何组合各种西式宴会菜单。

5. 本章明确表述"中西合璧宴会"的概念，在菜单设计中的特点、要求及各种中西合璧宴会菜单设计的方法，充分发挥菜单设计者的创新能力及聪明才智。

检测

一、复习思考题

1. 中式宴会菜单设计的特点、要求有哪些？
2. 分述中式宴会菜单设计的方法有哪些，并举例说明。
3. 试述中式宴会、便宴及家宴在菜单设计中有何区别。
4. 西式宴会菜单设计的特点、要求有哪些？
5. 试述西式正式宴会、鸡尾酒会、冷餐酒会及自助餐会在菜单设计中其特点、要求有何区别。
6. 什么叫中西合璧宴会？

7. 中西合璧宴会的特点、要求有哪些?

二、实训题

1. 某省人民政府为了欢迎美国政府代表团来本省考察而举办晚宴招待客人。请设计一张中式正式宴会菜单,具体要求如下:

(1) 时间:秋季

(2) 地点:省政府所在地某大酒店

(3) 人数:中外客人共 30 人

(4) 宴会标准:每位 150 元,酒水除外,销售毛利率 55%

(5) 菜肴规定:一主盘、八围碟、五热菜(含甜菜、蔬菜)、一汤、两道点心、一水果拼盘

2. 某公司举办鸡尾酒会,欢迎来自全世界 20 多个国家及地区的外国来宾。请设计一张西式鸡尾酒会菜单,具体要求如下:

(1) 时间:春季

(2) 地点:青岛市某宾馆

(3) 人数:200 人

(4) 宴会标准:每位 68 元(含酒水),销售毛利率 48%

(5) 菜肴规定:有冷菜、热菜、点心(甜品)、水果等共 20 种

3. 某市政府举办国庆招待会款待中外客人。请设计一张中西合璧冷餐酒会菜单,具体要求如下:

(1) 时间:9 月 30 日晚

(2) 地点:市某饭店

(3) 人数:中外客人共 300 人

(4) 宴会标准:每位 120 元(含酒水),销售毛利率 50%

(5) 菜肴规定:有冷菜、小吃、沙拉、热菜、面食、汤类、甜品、水果等共 50 种

第四章 特殊宴会菜单设计

本章导读

本章全面介绍特殊宴会中的烧烤宴会、火锅宴会、各式特色宴会及大型宴会菜单设计的特点、要求、方法及注意事项,也是全书的主要章节之一。因为这些宴会与常见宴会菜单的设计有所不同,在原料的运用上、烹调方法上、饮食形式及宴会的组织等方面均有特别的要求和差异,所以宴会设计者不仅要掌握这些特殊宴会的特点及设计规律,还要全面了解这些宴会在制作过程中所需的设备设施、技术要求及服务方法,同时,根据不同对象的客人、饮食习惯及餐饮市场的变化情况,及时调整设计内容及方法,使设计菜单深受不同人的喜欢,并不断扩大影响力,使这些特殊宴会菜单成为客人消费、增加餐饮企业经济效益的主要举措。要达到这一目的,我们就必须认真学习,反复研究特殊宴会菜单设计,不断创新,与时俱进,使宴会设计达到更新更高的层次。

第一节 烧烤宴会菜单设计

引导案例

随着我国国民经济的持续发展,人们生活水平不断提高,尤其对饮食要求越来越讲究,绝大多数客人均有一种求新、求变、求异心理。有一家酒店为了满足消费者的这种要求,根据餐厅和厨房的设施及技术力量,推出富有特色的"烧烤宴会",这一经营项目一推出,深受客人欢迎,生意越做越好,名气越来越大,营业额成倍增加,从而取得良好的社会效益和经济效益。

烧烤宴会菜单应该怎样设计? 在经营上应注意哪些事项? 这就是我们本节所要叙述及探讨的问题。

一、烧烤宴会菜单设计的特点

烧烤就是将腌渍或加工后的原料放入以电、木炭、煤或煤气等为燃料的烤炉或扒炉等设备中,利用辐射热直接或间接将原料烧烤成熟的一种方法。而烧烤宴会,就是将各种烧烤菜品进行有机的组合,形成一定规格和程序,是多人聚餐的一种形式。烧烤宴会厅属于风味餐厅的一种,是以烧烤的烹调方法为中心来装饰餐厅、设计宴会菜单,因菜品风味独特、服务及环境富有情调,深受消费者的青睐。目前世界上烧烤餐厅种类繁多,烧烤手法多种多样,如欧美的扒烤、韩国的烧烤、日本的铁板煎烤及中国、土耳其、巴西的特色烤等,其风味各异,品种繁多,我们在设计烧烤宴会菜单时,要充分借鉴各国烧烤菜品的经验和特色,突出烧烤菜品的特点,设计出富有特色的宴会菜单。

(一)必须突出烧烤的菜品

我们在设计烧烤宴会菜单时,无论是正式宴会还是自助餐会,均要突出烧烤的菜品,如中国的"叫化鸡"、"北京烤鸭",新疆、内蒙古的"烤全羊"、"烤羊肉串",广东的"烤乳猪",山东的"烤海鲜"等;日式的煎烤有"煎烤鱼"、"煎烤虾"等;欧式特色的扒烤有"鱼排"、"牛排"、"猪排"等;土耳其烧烤的"牛肉糜"、"羊肉糜饼"等;韩国烧烤的"铁板扒鸡"、"扒鱼"等;巴西烧烤的"火鸡腿"、"巴西香肠"、"巴西羊腿"等。这些菜品很有特色,一旦在宴会菜单上得到运用,会使宴会别有风味。

(二)必须注重烧烤原料

烧烤宴会菜单设计,在原料运用上要同常见宴会一样,要广泛,不能拘泥于传统的烧烤原料均以动物原料为主,要吸收引进国内外各种先进的制作方法,做到动植物原料均可使用,如动物性原料有鸡、鸭、鱼、虾、牛、羊、猪、贝类、蛋类、野生动物等;植物性原料有土豆、山芋、山药、茄子、南瓜、豆制品、香蕉、辣椒等,使烧烤的原料更加丰富、口味更加可口、风味更加独特。

(三)必须讲究烧烤菜品的服务特色

为了增加消费者的饮食情趣,有些已烧烤成熟的菜品,往往由厨师或服务员送至客人餐桌旁,当着客人的面进行分割、装盘,供客人食用,如北京的烤鸭、广东的烤乳猪;欧美的扒烤牛排、鱼排;巴西的烤羊腿等。这种切割与服务为一体的操作服务别具一格,使客人在品尝美味佳肴的同时,欣赏工作人员熟练的切割操作技艺。

(四)必须营造烧烤餐厅独特的氛围

烧烤宴会要做出品牌,必须在菜品制作、服务方式、餐厅环境等方面都要有独特之处,尤其在餐厅环境、布局上更要有特色,例如日本料理、欧美的扒烤等餐厅,直接把炉灶搬到餐厅内,根据客人的饮食要求及宴会菜单,现烤现调,客人可一边观看厨师烧烤全过程,一边品尝香味扑鼻的各种美味佳肴。另外有一些烧烤餐厅营造独特的饮食氛围,用图案或实物布置一些反映古人原始烧烤的方法,包括异国他乡的风光和烧烤设备与炊具等,有些烧烤餐厅外环境设有游泳池或野外自然风光等,使烧烤餐厅富有特色和风格,成为环境优雅、风味独特的饮食天地。

📢 **特别提示**:(1)在设计烧烤宴会菜单前,一要了解本企业各种烧烤设备及性能,二要了解厨师的技术水平,三要选准烧烤原料,四要明确烧烤的方法及品种。(2)烧烤的方法及形式必须根据设备、设施、技术力量、当地的风俗及饮食习惯来设定,菜品及服务方式一定要有特色才能吸引顾客。

二、烧烤宴会菜单设计的要求

📢 **特别提示**:(1)在设计烧烤宴会菜单时,要根据烧烤宴会的形式、就餐人数及售价,控制好菜品种类和数量。(2)在设计烧烤宴会菜单时,除菜品结构设计要科学外,有些烧烤菜品当着客人的面进行分割及服务到桌,操作人员必须既要动作麻利,讲究技艺,注重卫生,又要防止菜品卤汁、油汁飞溅到客人身上。

烧烤宴会菜单设计的要求,应该根据宴会餐厅的设计风格、各种设备条件及技术力量等因素进行设计。

(一) 要符合宴会的形式

烧烤宴会一般分正式宴会和自助餐会两种,宴会的菜品并不是每一个菜肴都用烧烤的烹调方法制成,主要根据客人的饮食要求、餐厅的布局及宴会形式来设计菜单。大部分烧烤宴会规定每人一定的用餐标准,然后根据客人用餐标准高低及宴会的形式来设计菜单,如烧烤正式宴会,菜品必须有冷菜、热菜、点心、汤类、水果等一整套菜点,如果是自助餐会,菜品的数量及品种要更多一些,但各类菜品必须以烧烤菜肴为主,否则与一般性宴会没有什么区别,也谈不上什么特色。

(二) 要注重菜品的变化

烧烤宴会的设计要求与常见宴会的设计要求基本相似,但必须要突出烧烤菜品的风格,注重烧烤菜品的变化,尽管烧烤的烹调方法有些单一,但不能拘泥在一种烹调方法,可在烹调的原料、菜品的颜色、形状及质地等方面加以变化。如在原料运用上不但可用动物性原料,还可用植物性及加工制品的食品原料;在调料运用上,可充分运用中外一些新型的调味品及复合味,改变菜品的口味,如番茄酱、辣椒酱、咖喱、孜然、黑胡椒粉、XO 酱、卡夫奇妙酱等;在形状上,通过刀工处理及包、卷、捆等手法,要求一菜一形,富有变化;在色泽上,利用原料的自然色泽或通过加热、调味等方法,使菜肴达到五颜六色,更加丰富多彩;在菜肴质地上,要讲究香、脆、鲜、嫩、酥软等各种口感,从而使烧烤宴会的菜品丰富多彩、口味各异、富有特点。

(三) 要显示烧烤的风格

在设计烧烤宴会菜单时,必须要显示烧烤菜肴的风格,烧烤的烹调方法有很多,如明炉烤、暗炉烤、叉烧烤、挂炉烤等;整形整只烤、切割烤、串烧烤等;在调味方法上,有先腌渍后烤或先烤制再用调味蘸食;在表现形式上,有条件的企业,可以把烤炉安置在宴会厅内,现烤现吃,有的可在厨房烧烤后,再装盘上桌,也可将已烤熟的大块、整只原料派专人在客人就餐旁现场分割服务。

三、烧烤宴会菜单设计的方法

烧烤宴会菜单可分正式宴会烧烤菜单、自助餐会烧烤菜单两种,由于中外宴会的饮食形式不同,在菜单设计上有一定的差异,具体菜单设计方法如下:

(一) 烧烤宴会菜单的内容

无论是正式宴会烧烤菜单,还是自助餐会烧烤菜单,其菜品一般分为冷菜类、热菜类、点心类、汤类、水果类等。

1. 冷菜类

一般正式宴会烧烤菜单,安排冷菜 6~11 个品种不等,自助餐会烧烤菜单,安排冷菜(开胃冷菜)10~12 个品种为宜,如菜品有烧烤鸭、叉烧肉、烧烤沙拉等。

2. 热菜类

一般正式宴会烧烤菜单安排热菜 6~8 个品种不等,自助餐会菜单可安排热菜 10~20个品种为宜,主要品种有烤鱼、烤乳猪、烤羊腿、烤南瓜、烤山芋等。

3. 点心类

正式宴会菜单一般安排点心 2~4 道不等,自助餐会烧烤菜单一般安排点心 6~16 道不等,如烤面包、烤各种蛋糕、烤各种布丁及水果派等。

4. 汤类

根据正式宴会与自助餐会的烧烤菜单,一般汤类安排1～4道不等,如烤鸭汤、叉烧肉豆腐羹等。

5. 水果类

一般安排一些香蕉及各种新鲜水果等。

(二)烧烤宴会菜单设计实例

实例1 某饭店中式正式宴会烧烤菜单

(每位120元人民币,酒水除外)

冷菜类:

主盘:烤乳猪

围碟:蝴蝶鱼片、烤鸭丝拌水芹、葱油蜇皮、油爆虾、蒜泥黄瓜、香烤牛肉、咖喱冬笋、酸辣白菜

热菜类:

烤鸡豆腐羹、葱烤大虾、黄油焗海螺、西式烤桂鱼、烤鸭两吃、双色时蔬

汤类:

干贝竹荪汤

点心类:

生煎包子、黄桥烧饼

甜菜:

蜜汁橄榄山芋

水果:

水果拼盘

实例2 某巴西烧烤酒店烧烤宴会菜单

(每位150元人民币,酒水除外)

主菜:烤牛犊(先上大腿,再上臀尖肉、牛排)

辅菜:烤鸡腿、烤大肉肠、烤桂鱼、烤虾排、基贝贝(盐、糖、辣椒煮南瓜)

汤品:嫩玉米卷心菜、大烩豆

主食:猪里脊煮米饭

水果:水果拼盘

饮料:咖啡、红茶

注:上述菜均各客,工作人员现场派菜,客人根据自己的饮食爱好,可任意挑选。

实例3 某大酒店自助餐会烧烤菜单

(每位180元人民币,含酒水,共300人)

冷菜类:

茄汁鱼片、盐水鸭、叉烧肉、烤牛肉、葱油海蜇、海味蘑菇、蒜汁黄瓜、酸辣大白菜、麻辣串串香、油爆大虾、蔬菜沙拉、鸡肉沙拉、生菜、胡萝卜丝

热菜类:

芥末焗扇贝、咕咾肉、炸银鱼排、蚝油牛排、香茅元宝虾、家常豆腐、双冬时蔬

烧烤类：

烤羊腿、烤乳猪、烤香肠、烤海鳗、烤火鸡、烤鸡翅、叉烧鸭、串烤基围虾、烤兔肉蘑菇串、烤玉米、烤香蕉、烤山芋、烤山药、烤芋艿

点心类：

黄桥烧饼、枣泥拉糕、虾肉馄饨、炸春卷、菜肉水饺、雨花汤圆、各式蛋糕、法式面包、苹果派、鸡肉布丁、香肠布丁

汤　类：

酸辣汤、烤鸭骨头汤、洋葱牛肉汤、奶油蘑菇汤

甜菜类：

红枣银耳汤、蜜汁芋球、桂圆莲子羹

水果类：

芦柑、葡萄、香蕉、樱桃番茄、苹果

🔊 **特别提示：**自助餐会烧烤菜单设计时，菜品不可整只、整块装盘，要求每一菜品分割装盘，美观整齐，块形不宜太大，便于客人取食，又能防止浪费。

四、烧烤菜肴制作中的注意事项

🔊 **特别提示：**烧烤菜肴在制作过程中特别要防止食物中毒，主要抓好四方面工作：一要防止食品在加工、运输、销售等过程中受沙门氏菌和条件致病菌的污染；二要防止葡萄球菌肠毒素和肉毒杆菌素污染后而产生大量细菌毒素；三要防止农药、金属和其他有毒化学物质污染并达到中毒的剂量；四要防止食品本身含有有毒物质，如土豆发芽产生的龙葵素、毒蕈、毒鱼类等。

烧烤菜肴品种繁多，制作方法各异，有大块、整形的原料，也有小型片、块及整只的原料，有的烤制时间较长、工艺复杂、技术难度较大，有的相对烤制时间较短、制作方法较易，所以我们要认真研究每一烧烤菜肴的制作过程，使菜肴的质量越做越好。

（一）掌握好烧烤原料的腌渍方法

用于烧烤菜品的原料，有的不需要腌渍，直接放入烧烤炉中烧烤成熟，然后用各种调味品蘸食即可；有的原料必须经过腌渍入味，再进行烧烤后方可食用。所以，在腌渍原料时，要根据原料的质地、形状的大小等因素区别处理，大块原料腌渍时最好用铁扦扎些小眼，便于调味品进入，还要根据原料的性质、形状的大小及季节的不同，规定好每种原料腌渍的时间、调料与原料的比例，掌握好腌渍的方法。只有这样，才能使烧烤菜肴的口味、色泽保持标准化、规范化，菜品质量始终如一。

（二）掌握好烧烤原料的成熟度

烧烤的原料有的是整只大块，有的是小型小块的原料，所以烧烤的时间、温度及方法均有很大的差异。我们要对每一种烧烤原料所使用的火候、加热的时间及方法加以研究，不可把原料烧烤至焦煳或没有成熟。根据各种菜品成熟的要求不一样，有的需要烤至7成熟，有的需要烤至9～10成熟，要视各菜肴的质量标准，正确掌握好烧烤时间及成熟度。

（三）掌握好烧烤菜品的色、形

烧烤菜品的颜色与形状的好坏，直接关系到菜品的质量及客人的食欲，所以，我们在制作菜品的过程中，对原料的加工、切配、涂刷调味品及烧烤所需要的火候大小及时间长短，

均要认真分析研究,掌握其规律,明确各种控制参数。如烤乳猪时,涂刷调味品时不可太稠或太稀,否则色差很大;再如叉烤鸭在加工、上叉等制作阶段,不可把鸭皮搞破,否则影响形状。尤其在切割或装盘时,要做到大小一致,造型美观大方,颜色鲜艳,诱人食欲。

(四) 掌握好分割烧烤菜品的技法

为了增加烧烤宴会的饮食情趣,有些整形、整块的烧烤菜品拿到餐厅的肉车或明档上进行分割表演,并配餐给顾客,如烤鸭、烤乳猪、烤羊腿等。在分割时,操作者必须掌握其技巧,要了解各种禽类的整体结构及骨骼等组织,并注意分档的先后次序,做到下刀准确,动作麻利,还要掌握下刀的轻重缓急,不要用力过猛,否则易把油渍溅到客人身上,会影响客人的食欲和情绪。同时操作者一定要注意个人的卫生,做到工作服、工作帽洁白干净,刀具、砧板、餐具必须经过消毒处理,操作时应戴口罩及符合卫生的手套,手指尽量少接触菜品,给客人一种干净卫生的印象。

只要我们精心设计好烧烤宴会菜单,认真做好烧烤菜品,一定会收到很好的效果。

第二节 火锅宴会菜单设计

引导案例

有这样一条新闻,一家火锅餐厅来了一大家族共 10 人来餐厅消费,其中有两个小孩,一个 3 岁是女孩,一个 6 岁是男孩,全家高高兴兴来餐厅开始用餐,没过一会儿,小女孩吃得哇哇直哭,原因是火锅汤料太辣,小女孩不适应这种口味,又过一会儿小男孩大哭起来,原因是小男孩很调皮、好动,把燃烧的火锅的酒精搞到火锅的外边引起燃烧,烧伤了手上的皮肤,幸亏服务人员采取了果断措施,没有酿成大祸,搞得一家人很不高兴。所以我们在设计火锅宴会菜单时不但要根据火锅宴会的特点来设计菜单,更重要的要掌握设计火锅宴会菜单的具体要求。在运作中,应根据饮食者对象的不同,协助和提醒客人如何用好餐,使他们高兴而来,满意而归,如何设计好火锅菜单,怎样使客人更满意,这就是我们本节所要叙述的内容。

火锅宴会菜单的设计与其他宴会菜单设计有所不同,火锅宴会菜单不是注明的何种菜肴,而是写明提供哪些半成品、生鲜原料、汤料和调味品,由客人使用火锅,自烹自食的饮食方式,这种特别宴会的就餐方式,深受广大消费者的欢迎。

一、火锅的种类

火锅,是炉、炊、餐具三位一体的食具,由于使用方便,气氛热烈,历来深受消费者的青睐,现广泛流行全国。火锅的种类多种多样,各有特色,现将常见的火锅种类分述如下:

(一) 按火锅结构的组成来区分

有单体火锅、分体火锅、鸳鸯火锅、三格火锅、四格火锅、五格火锅、多格火锅、各客小火锅等。

（二）按火锅使用的燃料来区分

有木炭火锅、煤炭火锅、液化气火锅（包含天然气）、酒精火锅、电火锅、煤油火锅等。

（三）按经营火锅的制作材料来区分

有铜火锅、不锈钢火锅、陶瓷火锅等。

（四）按经营火锅的形式来区分

有自助餐会火锅、套餐宴会火锅、零点火锅宴会等。

（五）按火锅所用的原料来区分

有毛肚火锅、泡菜火锅、菊花火锅、药膳火锅、鱼头火锅、酸菜鱼火锅、肥肠火锅、甲鱼火锅、海鲜火锅、三鲜火锅、豆花火锅、羊肉火锅、肥牛火锅、全素火锅、四喜火锅、什锦火锅宴会等。

（六）按火锅调料的口味来区分

有白汤（咸鲜味）火锅、红汤（麻辣味）火锅、鸳鸯（一边白汤、一边红汤）火锅、三味（白汤、红汤、酸辣汤）火锅、咖喱火锅、奶酪火锅等。

二、火锅宴会的特点

🔊 **特别提示**：举办火锅宴会必须提供公筷公勺等，防止有传染疾病的人共食一只火锅而引起疾病相互传染；在条件允许的情况下，尽量使用各客火锅，这样既卫生，又提高火锅宴会档次。

（一）原料运用广泛

火锅宴会的菜单设计，通常根据客人的用餐标准、人数等要求，提供已加工好的一些生鲜原料为主要内容，如动物性原料有畜肉类、禽蛋类、水产类及一些野味类等；植物性原料有叶菜类、茎菜类、根菜类、果菜类、花菜类、食用菌类等；加工制品有豆制品、肉制品等等。凡是能用于制作菜肴的原料几乎都能用作火锅做原料，所以设计火锅宴会菜单时，应充分利用火锅原料广泛的特点，可根据不同客人的饮食习惯、年龄、民族、宗教信仰、职业、身体状况设计出不同的菜单。

（二）汤料富有变化

火锅宴会的汤料（又称火锅底料、底汤）十分讲究，不同的汤料有着不同的口味，如红汤用辣椒、豆瓣、豆豉、冰糖、精盐、黄油、多种香料熬制而成。

白汤（又称咸鲜汤），通常用老母鸡、肥鸭、猪蹄或猪骨头、火腿、肘子、猪瘦肉、葱姜、料酒、精盐等熬制而成。还有各种酸辣汤、药膳汤、奶酪汤、鱼香汤、怪味汤、咖喱汤、番茄汁汤等等，加上各种蘸料味碟，使口味富有变化。所以设计火锅宴会菜单时，根据客人的口味喜好，设计出不同的汤料，使火锅的菜肴达到丰富可口的效果。

（三）消费者自烹自食

火锅所用的原料、汤料及蘸食的味料，消费者可根据自己的饮食爱好，自行调味，自烹自食，我们在设计宴会菜单时，可根据不同地区、不同季节、不同的饮食对象设计出品种多样、口味多变、营养丰富的火锅菜单，使消费者在就餐的同时享受到自己动手满足口福的情趣。

（四）经营灵活多样

火锅所用原料广泛，档次可高可低，服务比较简单，由客人自取自食，烹调设备、设施投资相对较少，有利于降低生产成本及人工成本，根据这一特点，餐饮企业可根据餐厅的装潢档次高低,一方面以商务客人为主要的服务对象,以高标准、高档原料为主来设计火锅宴会菜单,如安排在装潢档次比较高的餐厅内,提供一些山珍海味、生猛海鲜及一些珍贵蔬菜,满足一些高消费人群的饮食需求;另一方面将目标市场转向广大的工薪阶层,设计一些价廉物美、经济实惠的火锅宴会菜单,满足广大低消费人群的饮食需求。在经营方式上,可以按每人消费标准,包餐自助餐会的形式食用,也可设有套餐的宴会形式,由客人根据自己的饮食爱好,自由选择,自我决定。餐饮企业可精心设计、灵活经营。

特别提示:火锅汤料(又称底汤)在客人用餐完毕后不应再给其他客人反复使用,每次火锅宴会的汤料必须现制现用,保持新鲜而可口。

三、火锅宴会菜单设计的要求

特别提示:火锅菜单设计时,首先应根据火锅宴会的销售标准,正确核算各种原料、汤料、调料等各种成本,才能确定火锅原料的质量高低,从而达到既保证顾客利益,又确保企业合理的利润率。

在设计火锅宴会菜单时我们不但要根据火锅的特点来加以设计,还要掌握其中的规律,并根据客人的饮食需求,做到原料新鲜、汤料标准、蘸料丰富、操作安全等要求。

(一)原料要新鲜

火锅宴会提供给客人的菜品往往不是已加热成熟的菜肴,而是经过加工洗涤好的生鲜原料或是半成品,如果是火锅自助餐宴会或是套餐宴会均是将这些原料展示在餐桌上,由客人自选,再放入火锅中烫熟食用,所以,凡是提供给客人的所有原料必须无泥沙、无污染物,还必须新鲜、清洁卫生,否则客人在烫涮时,杀菌不彻底,很可能会引起食物中毒。

(二)汤料要标准

火锅菜品滋味的好差,在很大程度上取决于火锅的底料与汤料。所以,在设计火锅汤料时,必须严格按比例及标准操作,做到各种调料比例科学恰当,操作程序、方法正确,不可偷工减料,随心所欲,忽多忽少,忽好忽差,只有这样,火锅汤料才能始终如一,正宗醇厚。

(三)蘸料要丰富

火锅宴会菜单设计,除选择合适的新鲜原料及制作各种汤料外,还必须提供各种各样的调味蘸料,因为调味蘸料是食用火锅菜品不可缺少的部分,也是决定火锅菜品口味变化的关键,所以在加工调味蘸料时,品种要多,口味要好,要能满足不同人群的饮食需求。最常见的调味蘸料有蒜泥味、酸醋味、麻酱味、OK汁味、美极鲜味等等。

(四)操作要安全

火锅宴会菜单设计中最关键的一点,就是要注意在使用火锅中的操作安全,因为火锅有多种多样,有的用液化气、煤气、汽油、酒精等易燃易爆的燃料,有的用木炭、煤炭等易污染环境的燃料,还有的用电来加热等等,这些燃料一旦操作不当,容易危及客人或工作人员的人身安全。所以,在设计宴会菜单时,应选择性能最好的火锅及比较安全的燃料,操作时火焰不宜太大,火锅中的汤汁不宜太多太满,以防烫伤客人,同时,还要防止火锅中的汤水烧干,应及时添加汤水。

特别提示:每张菜单的设计是否科学合理,要根据顾客用餐后信息反馈及各种原料、蘸料的销售情况加以分析,了解顾客的饮食喜好、菜品原材料供给数量及质量是否恰到好处等情况,不断改革创新,使菜单设计更加符合饮食市场要求。

四、火锅宴会菜单设计的方法

🔊 **特别提示**：火锅宴会菜品原料设计必须围绕火锅宴会主题，如小肥羊火锅，以羊肉为主，海鲜火锅以海产品为主，要根据火锅宴会的主题、形式、标准精心设计。

火锅宴会菜单种类很多，我们从宴会的形式可分为火锅自助餐会与火锅套餐宴会两种，具体设计方法有一定的差异。

（一）火锅自助餐会菜单的设计方法

1. 火锅自助餐会设计内容

一般以食品原料来确定火锅的主题，如小肥羊火锅、肥牛火锅、药膳火锅、海鲜火锅、家禽火锅、全家福火锅等等。食品原料品种的档次和多少，均以自助餐会收费标准及参加宴会的人数来决定，如果宴会收费标准高、人数多，原料的品种可高一些、多一些，如海鲜原料、菌菇原料、各种家禽、家畜、各种新鲜蔬菜及加工制品等，反之只能提供一般的原料。

2. 火锅自助餐会菜单设计实例

实例1 某餐厅自助餐会火锅菜单

（每位80元人民币，酒水除外，共80人）

动物性原料：

薄片羊肉、牛柳、腰片、鸡片、猪肉丝、鳜鱼片、基围虾、甲鱼块、鱼丸、乌鱼片、银鱼、鹌鹑蛋、鲜贝、野兔肉

植物性原料：

香菇、猴头菇、鸡腿菇、金针菇、木耳、银耳、豆苗、大白菜、腐竹、豆腐、粉丝、菠菜、花菜、大白菜、生菜、冬笋片、番茄

面食类：

荠菜水饺、面条、小馄饨、藕粉圆子、米饭

瓜果类：

西瓜、哈密瓜、香蕉、橙子、苹果、葡萄

火锅汤料（又称底汤）：

红汤、白汤、怪味汤、咖喱汤

火锅蘸料：

芥末味、辣油味、麻酱味等20种

实例2 某餐馆自助餐会药膳火锅菜单

（每位120元人民币，酒水除外，共50人）

汤料：（下列汤料，可任选两种）

黄芪羊肉汤、天麻乌鱼汤、当归牛尾汤、海马鸽子汤、人参乌鸡汤、虫草老鸭汤

海鲜类：

象鼻蚌、文蛤、基围虾、墨鱼片、鲜贝、鲈鱼片、竹蛏

河鲜类：

鳝鱼片、银鱼、虾丸、鳜鱼片、鱼丸、黑鱼片、甲鱼块

畜肉类：

羊肉片、牛肉片、猪肉丝、猪腰片

禽肉类：

鸵鸟片、山鸡片、鸽肉片、鹌鹑蛋、烧鸭片

素菜类：

猴头菇、鲜蘑菇、木耳、竹荪、百合、豆腐、荠菜、黄花菜、苋菜、菊花脑、豆腐皮、山药片、芹菜、青椒片、芦笋片、冬笋片、莼菜、胡萝卜片

面食类：

虾肉馄饨、面条、韭菜水饺、白米饭、八珍血糯饭

火锅蘸料：

蒜泥味、麻辣味、OK 酱味、辣酱油味等 20 种

瓜果类：

西瓜、荔枝、葡萄、香蕉、橘子、梨子

（二）火锅套餐宴会菜单的设计方法

1. 火锅套餐宴会菜单内容

火锅套餐宴会的菜单设计指餐饮企业根据不同的价格、标准及客人的饮食需求，设定一套或几套不同规格、不同原料的菜单，供客人挑选。具体内容各地有所差异，有的地方除提供火锅所需的各种食品原料外，还配上适量的冷菜、热菜及水果等。有的提供各客小火锅，自烹自食，比十多人围着一只大火锅烹制原料要卫生、高雅，其火锅套餐宴会内容还可随季节、客人的饮食习惯等因素不断变动。

2. 火锅套餐宴会菜单设计实例

实例 1　某宾馆火锅套餐宴会菜单

（每位 200 元人民币，酒水除外，共 10 人）

冷菜：

主盘：盐水鸭

围碟：油爆虾、蝴蝶鱼片、葱油海蜇、五香牛肉、辣白菜、油焖冬笋、开洋青菜、卤冬菇

火锅原料：

鲜鲍鱼片、明虾片、牛肉片、鸽脯片、羊肉片、桂鱼片、什锦菌片、豆苗、大白菜、水发粉丝、木耳、鱼丸、荠菜水饺、面条

火锅汤料：（各客鸳鸯火锅，下列各汤料，每人可任选两种）

红汤、白汤、天麻羊肉汤、酸辣汤

火锅蘸料：

蒜泥味、辣油味、麻油味、辣酱味、芥末味、韭菜花味、酸辣味、麻酱味、OK 酱味、鲍汁味、辣酱油味、美极味、鱼露味、麻辣味、奇妙酱味、香鲜味

水果拼盘：

哈密瓜、猕猴桃、橙子、樱桃番茄

实例 2　某饭店火锅套餐宴会菜单

（每位 150 元人民币，酒水除外，共 10 人）

冷菜：

五香牛肉、OK 鸡、水晶肴肉、秘汁河虾、酸辣黄瓜、咖喱冬笋、蜜汁番茄、拌双脆

热菜：

酥皮海味、黄油干贝

点心：

烤萝卜丝饼、炸春卷

火锅原料：

薄片羊肉、活河虾、鸵鸟片、黑鱼片、腰片、豆苗、菠菜、生菜、粉皮、豆腐块、鲜蘑菇、小馄饨、面条

火锅汤料：（下列各汤料,可任选两种）

红汤、白汤、鱼香汤、酸辣汤

火锅蘸料：

辣酱味、韭菜花味、酸辣味等

水果拼盘：

橘子、苹果、香蕉、葡萄

特别提示：火锅宴会菜单设计时要了解售价中含不含酒水价格,成本核算时,千万不能忘记水果的成本价。

五、火锅宴会菜单设计中的注意事项

(一) 在设计火锅原料中的注意事项

1. 注意主料的质量

火锅宴会菜单的主料一般需提供各种原料,少则十几种,原料的多少及品质的高低,主要看就餐人数的多少及费用标准的高低,如就餐人数多,费用标准高,其原料品种要多,品质要高一些;如就餐人数相对较少,费用标准不高,原料的品质可低一些。特别自助餐会火锅提供一些高档原料或单价偏高的原料,一次性不宜提供原料太多,应当分时分批供应。这样做一是控制原料数量和成本,避免先来就餐客人品尝到这些原料,而后来就餐的客人可能吃不到这些高档原料;二是防止这些高档原料一次性放入餐厅内太多,因餐厅温度高,原料容易吹干变质。

2. 注意原料的搭配

火锅宴会原料很多,有主料、调料、蘸料等,在设计菜单时,要注重各种原料在色、香、味、形、器等几方面搭配合理和谐,如火锅主料有荤有素,有山珍海味,也有鸡鸭鱼肉,还有各种蔬菜及加工制品,做到各种原料比例恰当,色泽五颜六色,形状多种多样,造型千姿百态;各种调料、蘸料味碟,应多滋多味,使这些原料一旦展示在食客面前,就能增进客人食欲,满足客人饮食需求。

3. 注意客人饮食习惯

因地区、民族、宗教信仰、生活习惯的不同,饮食习惯及爱好各有不同,如有些人喜食山珍海味,有些人喜食鸡、鸭、鱼、肉,有的喜食各种新鲜蔬菜,有的喜食腌渍、加工食品,在口味上,有人喜食麻辣、酸辣等刺激性的口味,有的喜食口味清淡的咸鲜菜等味,因此,在设计菜单时,要根据客人的饮食习惯及消费标准,尽量安排一些美味可口的客人喜爱的食品。

（二）在加工制作中的注意事项

火锅宴会菜肴与一般的宴会菜肴在制作上有很大的区别，火锅宴会菜肴只要将主料加工洗净后，提供适量的汤料及蘸料调味碟，直接由顾客自烹自调。而一般的宴会菜肴，必须由厨师烹调成熟后，直接供客人食用，所以，火锅宴会菜肴在加工、制作中均有特殊的要求。

1. 原料加工、切配的要求

火锅宴会菜肴的原料选择、加工及切配十分讲究，必须符合火锅的烹调要求，一是原料必须要新鲜卫生，防止将不符合卫生要求的有毒的动植物原料用于火锅，否则，易发生食物中毒。二是切配的原料尽量安排少骨无筋的原料，形状不宜太大或太小，因为原料放入火锅中加热，太大了不易成熟，太小了不便顾客取食。

2. 制作汤料（底料）的要求

火锅汤料（底料）制作中的优劣直接关系到火锅菜肴的口味，在制作中应注意如下几点：

（1）要洗净香料及辣椒外表的灰尘。一般香料及辣椒外表均沾有灰尘，一定要用清水洗净，否则，汤中有"灰尘味"。

（2）要正确掌握火候。在制汤料时，一般把各种香料炒香，便于香味和色素渗透，但在炒制时火力不宜太大或太小，火力太大易焦煳，火力太小，香味和色素等不易分解，一般以中火为好。

（3）要正确掌握各种配料的比例。我们在制作汤料时，放入的各种香料数量比例要恰当，香料的品种和数量不宜太多，多了，汤中易产生苦涩味（即中草药的味道），影响汤的口味；少了，汤汁味不香，汤色不正。

3. 制作蘸料味碟的要求

蘸料味碟是食用火锅菜调味的补充，也是不可缺少的一部分，它可以起到调节口味、增加香味、增进食欲的作用，在制作中应注意如下几点：

（1）注重控制蘸料的数量，每天制作蘸料的品种很多，但数量不宜制作太多或太少，如太多了，蘸料存放时间太长，容易变质变味而造成浪费，最好当天制作，当天用完；如少了，供不应求，影响食客就餐情绪。

（2）注重研究蘸料的味型。要根据顾客的饮食喜好，对各种味型都要加以研究，及时调整味型，如麻辣味型，在西部地区麻辣味可浓一些，在东部地区麻辣味可淡一些。同时，要根据目标顾客的饮食爱好及口味，多制作一些他们喜爱的味型，以满足不同顾客的口味要求。

（3）注重蘸料的保管。各种调味蘸料无论是展示在餐桌上，还是放置在厨房的盛器中均必须加盖，防止灰尘及苍蝇虫鼠侵入，影响卫生。而对每天多余的调味蘸料，必须清理后加盖放入冷藏仓库或冰箱中保管，对一些易变质或不易久存的蘸料应及时清理掉，不可再用。

第三节　特色宴会菜单设计

引导案例

某宾馆接待一对老夫妇华侨,每天用餐时都喜欢点鱼类菜肴,有一天,老华侨突然向服务员提出一个要求,说"20世纪40年代离开祖国时,有位名厨全用鱼做成的一桌酒席,至今还记忆犹新、终生难忘,不知你宾馆的厨师现在能否制作,我们很想还能品尝到这样的宴会",老华侨的这种怀旧欲望,引起了服务员及餐饮部经理的重视,当天召开了厨师长及厨房技术骨干会议,研究怎样满足老华侨的心愿,制作出一桌全鱼席的宴会,经过厨师长及厨房技术骨干的共同努力,设计出了一张全鱼席的菜单,并征求老华侨的意见,做一些必要的修改,待老华侨正式饮宴时,使他们惊叹不已,整桌宴会色彩鲜艳、香味浓郁、味道各异、形态优美,深深感到祖国饮食文化的博大精深,十分感谢宾馆工作人员给他们制作这一特色宴会。这桌宴会为什么得到老华侨如此的赞赏呢? 除老华侨有一种怀旧之意外,更重要的是宾馆工作人员根据特色宴会菜单设计的特点和要求精心设计,注重创新,即切合时代潮流,增加审美情趣,讲究营养卫生,展现文化气质,在设计思想、席面编排、肴馔制作和接待礼仪上都有重大的突破。怎样设计和制作特色宴会菜单,满足不同人群的饮食要求,就是我们本节所要探讨的课题。

特色宴会又称全席,一般以用料或技法相近或相似,荟萃某类风味名馔的高档规范的宴会,其特色是用料专精、技法规整、风味谐调、情趣盎然,席面构成博大的气势和完备的体系,以精纯、严密、整齐、高雅著称,如满汉全席、全羊宴、全鱼宴、全鸭宴、全素宴等。

一、特色宴会的分类

我国特色宴会多达数百种,大体可分为两大类:

一类是广义上的特色宴,以广博见长,又可分为"风味特色宴"、"情趣特色宴"两种。"风味特色宴"是以某类名菜荟萃,给人以鲜明的总体印象,如"孔府特色宴"、"粤味特色宴"等;"情趣特色宴"则是追求某种审美理想,展示特有的情韵和风采,如"西湖十景宴"、"秦淮景点宴"等。

另一类是狭义上的特色宴,凭专一取胜,又可分"主料特色宴"、"技法特色宴"等。"主料特色宴"对主要的用料限制严格,逢菜必见,如"全鱼席"、"全鸭席"等;"技法特色宴"以烹调技法为侧重点,集中使用某些高招,如"烧烤宴"、"药膳宴"等。还有一些特色宴以专与博兼顾,可称"多元特色宴",如"中西合璧沙文鱼宴"、"西味花卉宴"等。

二、特色宴会的特点

🔊 **特别提示**:设计特色宴会菜单,主要要突出"特",不但要彰显原料的"特",更要显示烹饪技艺及饮食形式的"特"。

特色宴会既有一般宴会的共性又有自身的个性,其特点主要有如下几点:

(一)选择原料既要专又要广

特色宴会的设计成功与否,取决于原料选择的科学性、合理性及厨师的技艺高低。特色宴会的菜品十分注重原料的合理选用,通常以一种原料为主,并根据主料的不同品种、不同部位的品质和特点,配上各种辅料,采用不同的烹调技法及调味品制成不同的菜品。所以在选择原料时,要正确处理好专与广的关系,如选择原料太"专"则很难变换花色品种,过"广"会产生喧宾夺主之弊,应每个菜品做到异中见同(主料),同中见异(辅料),才能显示特色,形成系列。

(二)烹调技法既要精又要异

特色宴会历来是以烹调技法的精美而著称,特色宴会各种菜点上的工艺要求应是科学性与规范性的完美结合,做到膳食结构的平衡,营养价值优异,烹调方法合理,每道菜的主配料、加工与成型都有明确的控制参数和质量检测标准。其菜品的形状各异,色彩交相变换,口味一菜一味,技法各不相同,口感多种多样,这是特色宴会烹调技法高超之处。

(三)菜品组配既要雅又要新

特色宴会的菜品组配,历来十分讲究,往往利用同一种或一类的原料,加上适量的各种辅料的配合及烹调特色等手法,使宴会的菜品具有浓郁的民族气质和文化色彩,菜品在色、香、味、形、器等方面搭配科学、巧妙,富有时代气息,做到既雅又新,使客人置身宴会上,既有物质的享受,又有精神的享受,这也是特色宴会的特征之一。

总之,特色宴会既要专又要广,既要精又要异,既要雅又要新,是特色宴会的特点及灵魂,既是中国饮食文化进步发达的象征,也是衡量烹饪工作者技艺及创新能力的重要标志。

🔊 **特别提示:** 特色宴会菜名命名要确切自然,不可生搬硬套,牵强附会,使人难以理解。

三、特色宴会设计的要求

🔊 **特别提示:** 特色宴会设计时既要考虑厨房的设备设施条件,又要考虑厨房及餐厅服务人员的技术力量等因素来设计菜单。

(一)菜品要显示地方性

特色宴会菜品应以当地的特产为原料,以烹调技法为变化,以地方风味为特色,要求冷菜、头菜、大菜、点心、汤菜等菜品制作精细,形成系列,富有个性,突出地方特点,例如长江两岸盛产鱼、虾,制作出"全鱼宴"、"全虾宴"等;北方盛产牛、羊,如内蒙古"全牛宴"、"全羊宴"等。

(二)菜品要显示科学性

特色宴会一般以某一种或某一类原料为主料,菜点的设计要围绕这些原料展开,但又要打破原料使用的局限性,必须科学地采用多种辅料、调料及各种烹调方法制作出各种菜品,做到菜名高雅而名副其实,色泽鲜艳而不失其真,形态多样而有动感,盛器多变而有档次,香味多滋多味而有起伏,菜品与菜品之间既要突出主题,又要做到形式上的统一,还要注意营养搭配合理均衡,充分显示出特色宴会与一般宴会的独特之处。

(三)菜品要显示技艺性

特色宴会,由于主料单一,菜品变化要求高,加工难度大,设计菜单时,必须巧妙采用多种烹调方法,做到每个菜品烹调方法不一样,如炒、爆、炸、烤、炖、焖、烧等,其菜品的质感嫩、脆、酥、软、滑等均有。同时做到美食与美境和谐统一,特色宴会的进餐环境与接待礼仪也应当是高格调的,即超值的服务、一流的设备、高超的烹饪技艺,使客人置身宴席上,既有物质享受,又有精神享受。

🔊 **特别提示:**评价特色宴会菜单设计是否有特色,主要依据就餐者对宴会的评价,要扬长避短,不断创新,不断调整,尽量满足不同顾客、不同人群消费需求。

四、特色宴会菜单设计的方法

特色宴会通常采用某一烹饪原料或某一主题来设计菜单,首先确定宴会菜单的主要菜品,再配置各种辅料及调料,采用现代制作菜肴的工艺手法,形成完整的一桌特色宴会。

(一) 特色宴会菜单内容

特色宴会菜单内容与一般的宴会基本相同,可分为冷菜类、热菜类、素菜类、点心类、汤类、水果类等,但其要求有很大的差别。

1. 冷菜类

一般安排一个主盘,6～8个围碟,要求以某一种原料或某一主题为中心来设计冷菜,如全羊宴,冷菜有水晶羊羔、酸辣羊心、芝麻腰花、卤羊肝、羊肉拌黄瓜等。

2. 热菜类

一般安排6～8道菜品为宜,如全鸭宴有掌上明珠、葫芦八宝鸭、葵花鸭子、金钱鸭肝、松子鸭卷、如意鸭血羹等。

3. 素菜类

一般安排1～2道菜品为宜,选用与全料相关的原料制作,如全鸡宴的鸡油菜心、全蟹宴的蟹黄豆腐等。

4. 点心类

一般安排2～4道点心为宜,应尽量选与特色宴会主题相关的点心品种,如全鱼宴的鱼汤小刀面、全虾宴的虾肉馄饨等。

5. 汤类

一般配1～2道汤菜与羹菜,如全猪宴的虫草腰花汤、全素席中的八菌汤等。

6. 水果类

一般以时令水果为佳。将多种水果拼集在一个盘中,并有一定的造型。

(二) 特色菜单设计注意事项

1. 菜点命名要注意内涵

菜肴命名既要便于客人理解或一目了然,又要使客人产生联想,富有内涵、增加食欲,如全鸭宴中的"掌上明珠"这道菜,用鸭掌、鸽蛋、菜心组配制成,既美观,又富想象力。又如全羊宴中的"鱼羊合欢"这道菜,用鱼肉捶成薄片包上羊肉馅,既可制成羊肉馄饨,也可做成羊肉鱼饺。这种命名方法既显得不落俗套,又能突出宴会主题,增加宴会气氛。

2. 特色宴会要突出主题

宴会的主题不同,其菜品的组成形式也有所不同,特色宴席应围绕主题来设计菜单,如全鸭席必须以鸭为主原料、螃蟹席也应以螃蟹为主原料,所以宴会的主题一旦确定,就要突出主题,从菜肴的命名、原料的选择、烹调的方法、装盘的形式及餐厅的布置均要以主题为中心来设计菜单,尽量满足消费者的各种要求。

3. 菜点要有独创性

特色宴会无论在整体设计上,还是单个菜肴的组合上,都要有独创性,既要显示酒店菜肴独有的个性,又要突出时代特征,让客人在享受美食的同时,又能陶冶心灵,得到精神的享受,否则很难吸引客人。主要抓住两个方面:

一是对特色宴会应采取继承与发扬相结合的方法。对传统的特色宴会作深刻的分析,取其精华,再进行改良和创新。

二是要与时俱进,创新菜点做到地方菜系与外帮菜系相结合,中国料理与外国料理相结合,菜点设计与人们的饮食心理相结合,要设计出一些营养丰富、独创水平高、夺人眼球、饱享口福的菜肴。

4. 要注重面点的配置

一桌丰盛的宴会,若没有面点的配合,就好比红花没有绿叶的衬托,在饮食行业中有句"无点不成宴"的俗语,面点是特色宴会菜单中不可缺少的一部分,而特色宴会的面点必须以主题为中心,加以精心设计,符合特色宴会的要求,才能起到画龙点睛的作用。

(三) 特色宴会菜单设计实例

实例 1　某饭店全鸭宴会菜单

(每位 150 元人民币,酒水除外,共 10 人)

冷菜:

盐水鸭、卤鸭肫、三色鸭肝、辣油鸭舌、双黄咸鸭蛋、黄瓜拌鸭肠、冬笋咖喱鸭掌、陈皮鸭丝

热菜:

太极鸭血羹、鸭包鱼翅、松子鸭卷、炒美人肝、掌上明珠、烤鸭两吃、鸭油时蔬、扁尖鸭方汤

点心:

鸭肉烧卖、鸭油萝卜丝酥饼、鸭丝花卷、鸭茸蒸饺

甜菜:

杏仁豆腐

水果:

三色拼盘

实例 2　某饭店全羊宴会菜单

(每位 200 元人民币,酒水除外,共 10 人)

冷菜:

麻辣羊心、芝麻腰花、美味羊肝、水晶羊羔、三丝羊肉卷、芝麻羊宝、卤水口条、银丝拌蜇头

热菜:

铁板羊柳、鱼羊鲜天下、荷香烤羊腩、黑椒蒜味骨、红扒羊脸、羊汁扒时蔬、羊肚菌炖鞭花

点心:

水晶羊肉饺、羊肉粽子、羊奶蛋挞、羊肉叉烧包

甜菜：

拔丝羊肉丸

水果：

四色水果拼盘

实例3 某宾馆水鲜宴会菜单

（每位350元人民币，酒水除外，共10人）

冷菜：

主盘：双鱼戏水

围碟：蝴蝶鱼片、咖喱鱼球、鱼茸蛋卷、油爆大虾、葱油海蜇、红油鱼丝、糖醋泡藕、开洋
水芹

热菜：

美味明虾、三丝鱼翅、西汁焗海贝、生炒甲鱼、春白鱼肚、葱油文蛤、豆豉蒸河鳗、田螺茭
白、鱼肉云吞

点心：

生煎鱼肉锅贴、鱼汤小刀面、水晶虾饺、荷花酥

甜菜：

红枣蛤士蟆

水果：

六色水果拼盘

◁) **特别提示**：(1)确定特色宴会菜单菜品数量的多少，应根据客人对象、职业、人数、风俗习惯等因素，
酌情增减。(2)特色宴会菜单也可按冷餐酒会菜单设计方法设计菜单，但必须要突出主题，彰显宴会特色。

第四节 大型宴会菜单设计

引导案例

某一城市承办某届全国运动会，在某一酒店举办500人参加的大型欢庆宴会，参加对象
有政府官员、运动员、裁判员、教练员及工作人员等，酒店为办好这次宴会，从酒店总经理到
各部门经理及员工都十分重视，并多次开会研究办好这次宴会的目标、要求及注意事项，每
个环节明确主要负责人，从理论上说安排有条不紊，周到细致，可待宴会正式运作时，发现
出菜速度太慢，菜肴的数量不够，造成部分运动员吃不饱等现象，大会主办方很不满意。产
生这种现象的主要原因，一是对运动员的食量估计不足；二是对菜肴的制作过程、设备、设
施及技术力量等因素考虑不周。怎样办好大型宴会，如何设计好菜单，应当注意哪些问题
等，都是本节需要探讨和研究的主要内容。

大型宴会通常都有特定的主题，如为国际政要及朋友的往来而举办的欢迎或欢送宴
会、国内重大节日及重要活动的庆典宴会等，这类宴会有着明确的目的和意义，参加的人数

多,要求高,举办好这种大型宴会,必须紧紧围绕主题,根据大型宴会的特点及要求等,要精心设计,科学安排,才能取得成功。

一、大型宴会的特点

🔊 **特别提示**:大型宴会参加宴会的人数多,所需要的设备设施、餐具、原材料、技术人员及服务人员较多,必须精心设计、反复论证、妥善安排,确保各项工作有条不紊地进行。

(一) 参加宴会的人数多,要求高

大型宴会一般参加的人数多,人员广,少者几百人,多者上千人,有来自不同的国家、不同的地区、不同的民族、不同身份的客人,特别是重大的庆典活动,有关政府首脑及相关人员都要参加,其宴会的标准、规格及要求较高,气氛隆重热烈,所以在设计菜单时,必须根据宴会主题,设计出相关的菜单。开宴时要精心安排,有效组织,做到出菜速度不快不慢,菜肴质量不折不扣,上菜数量不错不漏,严格按程序、规范执行。服务时做到有条不紊、热情周到,确保宴会顺利进行。

(二) 宴会准备工作量大,事情多

大型宴会由于参加人数多,宴会的各项准备工作都要事先做好,从餐厅的布置、各种设备设施运行状况及数量多少,都要深入了解,反复检查,确保万无一失。菜肴制作的品种多、数量大,应事先准备,保质保量,各种盛器的清洗消毒,宴会的出菜程序,服务要求,要做到人人皆知,各负其责,严格按设计的程序及规范操作,以免临场忙乱,影响整个宴会的进程和菜品的质量。

🔊 **特别提示**:每次大型宴会结束后,都要认真总结经验,分析存在的问题,提出改进措施及方法,为下次举办大型宴会提供更多更好的经验,使大型宴会越办越好。

二、大型宴会菜单设计的要求

🔊 **事先提示**:大型宴会主桌人数多、身份高,要求菜单设计、台面布置、服务形式等与其他宴会桌有一定差异,所以,要精心设计,尽量安排烹调技术精、服务水平高的工作人员负责大型宴会主桌的工作。

(一) 菜单设计要有利于提高工作效率

大型宴会的菜单设计必须根据宴会的主题、就餐人数、对象、价格、原料的供应情况、厨师的技术水平和设备条件等因素来制订,具体要明确每个菜品的名称、烹调方法、数量、荤素搭配比例及装盘的式样及形态,由于大型宴会人数多、工作量大,菜肴的制作不宜太精细、太复杂,要选一些可以提前烹调制作的菜肴,但又不影响菜肴的色泽及口味,如一些炖、焖、煨的菜肴。在烹调方法的运用上,要充分利用各种厨房设备,采用不同的烹调方法,如炒、烧、蒸、烤、炸等,这样既避免因烹调方法单一而影响出菜的速度,又改变菜肴的质感及品种的单一,而且有利于烹调人员及服务人员分头工作,提高工作效率。

(二) 菜单设计要正确预算各种原料的用量

大型宴会一旦菜品确定后,必须对每一道菜所用的主料、配料、调料作认真分析和预算,要根据大型宴会的人数及桌数,算出每一道菜需要多少主料、配料及调料,有些干货原料及新鲜原料,要测算出正确的涨发率及净料率,并加以成本核算,如达不到所规定的利润标准,要及时更换菜单内容或调整主辅料的比例,保证菜单中每一个菜肴的质量和数量及

酒店利润的正确性。

(三) 菜单设计要明确工作职责

大型宴会由于参加宴会的人数多、工作量大,必须分工负责,责任到人。要根据菜单的内容,从采购、加工、切配、烹调等工作程序和厨师的技术水平,作具体的分工,并检查督促,使各项工作按设计要求,按质、按量、按时完成。特别开宴出菜时,每一道菜服务员与厨师事先都要沟通好,明确服务员向谁要菜,要几个菜,端送到哪几桌宴会桌上,做到每桌菜不漏送,不重复送,使整个工作有条不紊地进行。

🔊 **特别提示**:评价大型宴会菜单设计是否科学,待宴会结束后,一要看每桌宴会菜品剩余多少;二要听客人的意见反馈是否满意;三要查宴会的成本率及利润率是否达到设计的要求。如果每桌宴会菜品数量恰到好处,客人满意度很高,宴会的成本率与利润率均达到设计的要求,标志着宴会菜单设计很成功。

三、大型宴会菜单设计的方法

🔊 **特别提示**:(1)大型宴会菜单设计菜品个数不宜太多,但每一个菜品数量适当增加,这样既能保证客人吃饱,又能有利于宴会的运行操作。(2)大型宴会菜品的组成,在原料运用、口味设计、服务形式上,最好以主人及主宾的饮食习惯、风土人情等因素设计为主,但也要兼顾大多数客人的饮食习惯。

设计大型宴会菜单时,首先要了解宴会的主题是什么,然后根据宴会的价格标准、人数、参宴者绝大多数人的饮食习惯来设计菜单内容,确定各菜肴的特点、要求及成本核算情况,有时还应采取集体研究的方法来确定菜单,然后分头负责,认真执行,争取做到万无一失。

四、大型宴会菜单设计的实例

实例1 某市政府举办国庆招待会菜单

(每位180元,酒水除外,共400人,每桌10人)

冷盘:

主盘:花篮拼盘

围碟:如意鱼卷、油爆大虾、芥末鸭掌、五香牛肉、蓑衣黄瓜、花菇面筋

热菜:

锦绣鱼翅羹、蒜香小青龙、蟹粉烩牛筋、葱烤桂鱼、猴头扒菜心、冰糖荷花莲

点心:

蟹黄烧卖、红油水饺、萝卜丝酥饼、米粉方糕

水果:

切雕四色拼盘

实例2 某市春季商贸洽谈交易会欢迎宴会菜单

(每位220元,酒水除外,共600人,每桌10人)

冷菜:

主盘:满园春色

围碟:盐水鸭、陈皮牛肉、蝴蝶鱼片、葱油蜇皮、紫菜虾卷、咖喱春笋、红油莴苣、糖醋扬花萝卜

热菜：

莼菜墨鱼蛋汤、金葱海参捞饭、茄汁烧大虾、OK汁烤鳕鱼、菜心扒香菇、冰糖桂圆百合

点心：

荠菜春卷、三鲜肉包、枣泥拉糕、美味虾饺

水果：

切雕六色拼盘

五、制作大型宴会菜肴的注意事项

特别提示：对一些提前进行初步熟处理的食品原料，在气温较高的季节，不可堆积在盆桶中时间过长，应及时凉开或及时加热成熟，否则易于变质。

（一）烹饪原料选购与加工

大型宴会菜单确定后，要注重原料的采购与加工，必须想法采购优质优价的原料，精心进行初步加工，并根据季节的变化，对已加工好的原料要妥善保管，防止变质变色，尤其对一些干货原料要提前进行涨发，对一些不易成熟或需要初步熟处理的原料要提前加工处理，使各种主配料、调料等原料，准备充分，符合正式烹调的要求。

（二）菜品的制作与质量

大型宴会由于人数多，每一个菜品的数量较大，要在规定的时间内完成整个宴会的烹调工作，显得时间紧迫，如果安排不当，很可能拖延开宴时间，影响宴会的效果，所以在开宴前必须注重各方面的准备工作，如认真检查各种设备及炉灶的运转情况，每个菜品原料的质量情况，对一些不易成熟的菜品应适当提前加热烹调，对一些需要保持鲜嫩和颜色的菜品应即时烹制，为了保证菜肴口味的正确性，有些调味品可提前兑汁，特别要注重食品卫生，防止交叉感染和菜肴变质变味，甚至造成食物中毒。要做到每个菜品保质保量、保色保温，使宴会达到预定的设计效果。

（三）菜品的盛器与装盘

大型宴会所用的各种规格的碟盘等盛器特别多，必须在开宴前彻底清洗、消毒、烘干、保温，凡是宴会所用的盛器，数量必须保证，规格必须齐全，无破损现象。

菜品的装盘是最后一道工序，要根据宴席的桌数、厨师的技术力量和装盘的繁简，在出每一道菜的时间上做出正确的估计。要根据每个菜的特点、厨房设备、室温的高低及宴会进程的快慢，决定每个菜品装盘时间，在装盘中，必须分工负责，检查督促，保质保量，做好点缀工作，达到预先的设计效果。每上完一道菜肴，接着就准备出下一道菜肴，以免造成忙乱紧张，影响正常的上菜程序及宴会的整体效果。

特别提示：每一菜品装盘时，要严格控制装盛的数量，不可先松后紧、先多后少，造成每桌菜品所装盛的数量不一，有的餐桌不够吃，有的餐桌剩菜太多。

本章小结

1. 本章较全面地阐述特殊宴会中的烧烤宴会、火锅宴会、特色宴会及大型宴会菜单的设计。其内容全面，做到理论联系实际，通俗易懂，可操作性强。

2. 对烧烤宴会的概念，菜单设计的特点、要求及方法作了较全面的表述，并以实例加以

说明,还强调在制作烧烤菜肴时应注意的事项。

3. 火锅宴会现今在全国广泛流行,种类繁多,本章从不同角度概括了火锅宴会的种类及特点。还提出在设计火锅宴会时的要求,并概括火锅自助餐会和火锅套餐宴会特点,以实例强调设计菜单的方法及注意事项。

4. 特色宴会的特点明显,设计要求高,本章深入浅出地表述了特色宴会菜单设计的方法及注意事项,并以实例加以说明,使学员好学易懂。

5. 大型宴会的设计水平高低是衡量设计者水平的重要指标,本章较全面地分析了大型宴会的特点,强调设计的要求、方法及在菜肴制作中应注意的事项,便于培养学员的设计能力及组织能力。

检 测

一、复习思考题

1. 什么叫烧烤宴会? 烧烤宴会的特点有哪些?
2. 在设计烧烤宴会菜单时应掌握哪些要求?
3. 火锅的种类有哪些? 火锅宴会有哪些特点?
4. 设计火锅宴会菜单时应掌握哪些要求及注意事项?
5. 特色宴会可分哪两大类? 有何特点?
6. 大型宴会菜单设计的要求有哪些?

二、实训题

1. 根据您所学到的烧烤菜单设计的知识,试设计一张中式正式宴会烧烤菜单,具体要求如下:

冷菜:主盘 1 个、围碟 8 个

热菜:六菜一汤(含蔬菜、甜菜各一道)

点心:两道

水果:四色拼盘

2. 试设计火锅自助餐会菜单一份,具体要求如下:

(1) 标准:每位售价 100 元(酒水除外),共 100 人

　　　 销售毛利率为 45%

(2) 规格:动物性原料:　 12 种

　　　　 植物性原料:　 14 种

　　　　 面食:　　　　 6 种

　　　　 水果类:　　　 8 种

　　　　 火锅汤料:　　 3 种

　　　　 火锅蘸料:　　 16 种

3. 试设计一张全鸡宴会菜单,具体要求如下:

(1) 宴会标准:每位售价 160 元(酒水除外),共 10 人

　　　　　　 销售毛利率为 55%

(2) 规格:冷菜:8 个围碟

　　　　 热菜:7 菜一汤(含蔬菜、甜菜各一道)

　　　　 点心:4 道

　　　　 水果:三色拼盘

第五章　美食节策划与菜单设计

本章导读

改革开放以来,中国餐饮业出现了前所未有的繁荣景象,每个都市或城镇酒店林立,食肆如云,各种美食,应有尽有,随之餐饮企业的体制也发生了深刻的变化,有国有、集体、外资、中外合资、私营、股份制及各种形式的合营企业,它们彼此之间的竞争越来越激烈,而对优胜劣汰、适者生存的残酷现实,许多餐饮企业管理者,不断研究餐饮市场的发展态势,深入了解饮食者的消费心理,在提高餐饮管理和服务水平的基础上,不断开发经营新思路、新方法、新措施,坚持走绿色餐饮、特色餐饮之路,不断挖掘、创新菜肴的新品种,满足广大餐饮消费者求新、求变、求异的餐饮心理,而举办美食节是餐饮企业争夺市场、扩大影响、招徕顾客,从而产生社会效益和经济效益的重要的促销方法和手段。本章主要围绕如何策划美食节、经营美食节、增强餐饮企业在市场上的竞争力,满足广大餐饮消费者猎奇心理,引导宾客消费,提出一些观念及举办好美食节的一些思路和方法,为提高我们的餐饮经营管理打下良好的基础。

第一节　美食节的特点与种类

引导案例

某城市一家新建的四星级酒店,开业近一年,餐饮生意一直不是十分理想,在本市知名度也不高,酒店董事会研究想高薪聘请一名餐饮部经理,想把酒店餐饮业务搞上去,待招聘信息一发布,前来应聘的经理有几十位,经过面试考核,决定聘请一位有工作经验、年轻英俊的小伙子为酒店餐饮部经理。他一上阵,就认真分析该酒店餐饮不景气的主要原因,采取"内抓管理,外抓形象",决定利用酒店开业一周年之机,举办一期美食节,扩大酒店的知名度,但举办什么样的美食节?怎样举办美食节?大家心中无数,后经过深入调研,加强培训,使大家明白了美食节的特点,了解美食节的种类,结合饭店的设备条件、技术力量,精心策划了别具一格的美食节,引起新老顾客热烈反响,一下子餐饮生意火爆起来,从此该酒店常抓不懈,使餐饮生意越做越火爆,成为全市餐饮企业的领头羊。

这家酒店为什么通过举办美食节能产生如此强大的影响力呢?这就是本节所要叙述的问题。

一、美食节的特点

🔊 **特别提示**:(1)举办美食节,必须选准主题,充分展现美食节的独特风格,才能吸引广大消费者。(2)美食节活动的时间与形式,应根据餐厅接待的能力、客人的对象及需求来设计,不能照搬照抄别人的做法。

美食节,又称食品节。我国美食节种类繁多,大体可分两大类,一类是广义上的美食节,包括食品生产企业为了推销某些食品而策划的一种推销活动,如"青岛啤酒节"、"扬州酱菜美食节"、"中国保健美食节"等;另一类是狭义上的美食节,指餐饮企业为了争夺餐饮市场、扩大企业影响、招徕顾客而举办的各种形式的菜品促销方法和活动,如"蒙古羊肉美食节"、"粤菜美食节"、"秦淮小吃美食节"等等。这些美食节菜肴丰富多彩,形式多种多样,活动方式变化多端,社会影响范围广泛,产生效益较为明显。美食节活动不同于平时的一日三餐,而是餐饮企业在正常经营的基础上所举办的餐饮菜品促销的活动,具体特点如下:

(一) 经营活动多种多样

美食节根据餐饮市场的发展态势及本企业的经营状况,可采取灵活多样的活动方式,如在活动内容上可策划"新派鲁菜美食节"、"药膳美食节"、"农家菜美食节"等等。在活动地点上可在各式餐厅、宴会厅及花园池畔等地方;在活动的方式上可结合抽奖、歌舞、杂技等表演来吸引顾客;在就餐的形式上可采用零点、套餐、自助餐会、正式宴会等形式。在菜点品种及环境布置上必须根据美食节的主题及餐饮市场竞争的需求来确定。餐饮管理者及设计者要善于抓住机遇,不断开拓创新,在经营活动中要有新理念、新思路、新举措。采取灵活多样的经营方式,举办好每一届美食节。

(二) 产品内容丰富多彩

美食节的主题不同,其产品的内容就有很大的差异,如"四川菜美食节",其菜肴的品种必须以四川地区的名菜名点为主要内容;"羊肉美食节"其菜肴的品种主要以羊肉为主要原料制成的各种名菜名点;"意大利美食节"其产品则以意大利代表菜品为主体。所以,每次美食节活动的时间、内容、方式都不一样。其菜名随美食节的主题变化而变化,在设计菜单时,既要突出名优的产品,又要显示菜肴丰富多彩,这样才能招揽更多的消费者。

(三) 活动策划富有创意

美食节举办得成功与否,同策划者的创意有很大的关系,如果创意新颖、组织有序、方法得当,就会引起人们的关注,招揽许多的顾客,产生较大的效益。所以,要求美食节策划者在策划前要深入餐饮市场调查与研究,富有创造和想象力,策划出的主题要与众不同,标新立异,如"岭南美食节",可在餐厅布置上以岭南风光来渲染气氛,以岭南的歌手、名曲欣赏等活动来造势,只要创意独特,必定会产生广泛的影响力。

(四) 经营时段相对较短

美食节的经营活动与餐饮企业一日三餐产品销量有根本的区别,美食节一般经营的时段相对较短,长者为1个月左右,短者1~2周为宜,如"冬季滋补养生美食节"时间可长一些,"长江刀鱼美食节"时间可短一些,因为刀鱼上市季节较短,时间太长刀鱼的资源及质量得不到保证,反而影响美食节的效果。另外,成功的美食节必须经过策划和组织,要求比较高,特色要明显,必须投入大量的人力、物力,这与餐饮企业正常经营的菜肴有很大的差异性,如果美食节的时间太长,几个月甚至一年,那就不是美食节,只能是餐厅的一种特色的经营项目。

由于美食节在时间上有明显的阶段性,要求比较高,精力要集中,所以,最好选择在餐饮企业淡季进行最好,一是人力、设备、各种资源能得到充分的利用,二是通过美食节能塑造企业形象,满足客人的求新、求变的饮食心理,还能提高队伍的技术水平,做到餐饮淡季不淡,将会产生很好的社会效益和经济效益。

(五) 组织管理细致周密

美食节活动是一个系统工程,从组织策划到运作管理,每一个环节都要安排得细致周密,做到万无一失,所以,应抓好如下几方面的工作:

1. 活动计划要严密

在策划美食节之前,要深入调研,结合餐饮企业的经营情况及技术力量,选择合适的时机,确定活动的主题和内容、活动的方式,做好客源的预测及成本预算,并严密安排好每一项工作步骤及责任目标,报有关领导审批后,方可实施。

2. 准备工作要细致

在美食节开节之前,有大量的准备工作要做,如拟定广告,做好宣传营销工作;组织货源,做好采购工作;组织人力,做好聘请名厨名师工作;拟定菜单,做好厨房试菜工作;营造环境氛围,做好餐厅布置等方面的工作。各项准备工作必须充分细致,责任到人,专人负责,保证美食节的顺利进行。

3. 组织管理要严格

美食节活动涉及企业的每一个部门,如采购部、营销公关部、工程部、财务部、餐饮部、人事部等各部门,各部门必须协调配合形成合力,做好原料的采购、菜单的设计、场地选择与布置、设施设备的维护及增加、人员的组织、节目的安排等工作。每个环节不可松懈,要环环扣紧,管理人员及工作人员要树立全局观念,通力合作,严格管理,才能保证美食节的顺利开展。

(六) 社会影响较为广泛

美食节活动只要精心策划,周密准备,有效组织,大力宣传,在社会上、行业中、顾客的心目中一定会产生很好的效果。通过美食节的活动,客源会增多,收入会增加,企业市场竞争力会增强,知名度不断扩大,声誉得到提高,从而造成广泛的社会影响,获得很好的社会效益和经济效益。为此,餐饮管理者及工作者只要树立市场观念,具有忧患意识,认真抓好美食节的每一个工作环节,企业的社会影响力就会越来越大。

二、美食节的种类

🔊 **特别提示:**(1)美食节种类繁多,不要拘泥举办常见的美食节,只有与众不同,才能出奇制胜。(2)美食节主题的选定,必须根据本企业的技术力量、设备设施、餐饮市场变化等几方面的因素,反复论证,分析利弊,千万不能凭想象来确定美食节主题。

美食节种类繁多,内容十分丰富,为了便于策划美食节,现根据美食节的主题作一简要归纳和分析。

(一) 以某一种或某一类原料为主题

以某一种或某一类原料为主举办的美食节,主要突出原料的风味特色,在选择原料时,一方面要抓住时令特点"物以鲜为贵"的原料,推出新上市的时令佳肴,如春季推出"江鲜美食节"、"海鲜美食节"等;夏季推出"蔬果美食节"、"鳝鱼美食节";秋季推出"螃蟹美食节"、"全鸭席美食节";冬季推出"全羊席美食节"、"水产美食节"等。另一方面要抓住"物以稀为贵"的原则推出当地很少见的原料制成菜肴,如"袋鼠肉美食节"、"挪威三文鱼美食节"等。

（二）以节日为主题

利用国内外有关节日促销推出的美食节成为现代餐饮的一种时尚，显得十分火爆。餐饮界抓住每个重大节日，推出各种创意新颖的美食节，如中国传统的端午节推出品种繁多、风味各异的"粽子美食节"，八月十五中秋节推出"花好月圆美食节"，新春期间推出"新春佳节美食节"、"元宵赏灯美食节"及外国的圣诞节推出"圣诞狂欢美食节"，情人节推出"情人套餐美食节"等等。

（三）以地方菜系或风味为主题

中国地大物博，各民族生活及饮食习惯有很大的差异，形成众多的菜系及民族风味，餐饮界以某一地方菜系、民族风味为主题而举办的美食节相当普遍，如"鲁菜美食节"、"粤菜美食节"、"维吾尔族菜肴美食节"、"苗族风味美食节"、"蒙古族美食节"等等。举办这类美食节，可聘请当地一些知名烹饪大师为主厨，亦可利用本企业较擅长此风味的著名烹饪师亲自主理菜点，特别是民族风味的食品节，在原料运用、餐厅布置、服务员服饰、餐具的选用、服务的方式、菜品的制作等方面都要突出民族的特色，尽力渲染和增加美食节的气氛。

（四）以名人名厨为主题

我国许多名菜名点都与历代名人名厨有一定的关系，根据本企业的烹饪技艺为特色潜心研究名人名厨的名菜名点的制作方法，可以推出以名人名厨命名的美食节，如"苏东坡菜美食节"、"××××大师60周年菜肴回顾美食节"等等。

（五）以仿古菜为主题

中国菜肴博大精深，闻名于世，集古代各民族烹调技艺之精华。现代餐饮企业以古代某一时期或某一特色的仿古菜为主题而举办的美食节，收到很好的效果，这类美食节活动，主要根据古代一些名著对有关饮食方面的描写及官府家中平常食用或宴请客人的菜肴，一般聘请有关方面的专家学者和擅长钻研的高级烹调师共同研发，如"红楼梦菜美食节"、"金瓶梅菜美食节"、"随园美食节"、"孔府美食节"、"满汉全席美食节"等等。

（六）以本地区、本饭店菜点为主题

每一个地区、知名饭店及餐饮企业都有一定的名菜名点、特色菜、创新菜，餐饮管理者可利用这些优势推出美食节，经营形式不拘一格，可以宴会、也可以套餐和零点形式销售，如"金陵饭店名菜美食月"、"北京饭店名菜名点回顾展"等。还可以利用本地区的名胜古迹、地理优势为主线组织美食节的内容，如"南京秦淮风味小吃美食节"、"黄山山珍野味美食节"、"上海城隍庙风味小吃美食节"、"苏州美食天堂美食节"等。

（七）以乡土风味为主题

随着人们求新、求变、求廉的饮食心理，餐饮筹划者可适时推出价廉物美、健康、绿色、具有乡土特色的美食节，如"江苏盱眙龙虾美食节"、"湖南农家菜美食节"、"山东渔民海鲜美食节"、"浙江绍兴田园美食节"等。

（八）以海外菜为主题

一些有条件的大酒店，利用客源市场以外国人为主的优势，突出本酒店的餐饮特点和风格，可聘请外国名厨或有关专家指导，举办一些以海外菜为主题的各式美食节，如"俄罗斯菜美食节"、"韩国烧烤美食节"、"法国菜美食节"、"东南亚美食节"等。

（九）以喜庆、寿辰内容为主题

根据各地人们的风俗习惯，选择一年中较适宜的时段，以喜庆和寿辰为美食节的活动

内容,在现代餐饮推销活动中有一定的份额,如以喜庆婚宴美食节为主题的有"天赐良缘宴"、"龙凤呈祥宴"、"珠联璧合宴"、"金玉良缘宴";以生日寿宴美食节为主题的有"添丁报喜宴"、"周岁庆贺宴"、"十岁生日宴"、"二十岁成人宴"、"松鹤延年宴"等。

（十）以某种烹调技法为主题

以某种烹调技法为主题的美食节,已在我国餐饮行业较为流行,如风行世界的"巴西烧烤美食节"、"韩国烧烤美食节"、"北京烤鸭美食节"等,它们都以独特的烹调技法,现场烹制,场面热烈,别具一格,菜品以香、鲜、脆、嫩为特点。还有"串烧菜美食节"选用各种荤、素原料,用竹扦串好,放入油锅、水锅或炭火等加热方法烹制成熟,由客人自主选择,撒上各种调味品,别有一番风味,还有用各种面皮、糯米纸、芦叶、荷叶等原料,用包裹等技法,举办"包裹菜肴食品节",其风味别具,形态各异,给人耳目一新之感,能吸引很多客人。

（十一）以食品功能特色为主题

随着人们的养生保健意识的增强,许多餐饮企业推出以菜品功能特色为主题的美食节,如"药膳美食节"、"美容健身美食节"、"延年益寿美食节"等,这些美食节利用食品及药材的功能,按比例有机地配合,合理地烹调,并针对不同人群及对象进行烹制,从而达到美容健身、延年益寿等作用。

（十二）以某种餐具器皿为主题

以某种保温或加热的特殊餐具器皿为主题而制成的菜肴命名的美食节也较多,如"火锅美食节"、"铁板烧美食节"、"砂锅美食节"、"电子炉美食节"等等,这种美食节往往以特殊盛器装盛菜肴,客人既可自烹自调菜肴,又可保持菜肴温度,增加饮食趣味,诱人食欲。

以上介绍的美食节是餐饮企业常见的或经常运用的主题,还可根据各地区及餐饮行业发展态势和特点不断开拓、挖掘新的主题,举办出富有新意的美食节,吸引更多的客人来餐厅消费。

第二节　美食节策划的方法与步骤

引导案例

某酒店为了塑造餐饮在本地区的形象,体现企业精神,宣传企业文化,总经理要求餐饮部经理和厨师长策划一期与众不同的美食节,主题要新颖、计划要详细、步骤要明确。总经理这一要求给餐饮部经理和厨师长增加了一定的工作压力,尽管过去举办过几次美食节,但都比较大众化。随着餐饮市场竞争越来越激烈,举办美食节的餐饮企业越来越多,各种主题的美食节都有,要策划出一期与众不同的美食节确实很难,不知从何处入手,主题不确定就谈不上计划与步骤。经过几天的苦思冥想,餐饮部经理和厨师长好不容易想出了一个美食节的主题,并制订具体的计划报总经理审批,可总经理一看不满意,把报告退回,要求重新制订计划,从而使餐饮部经理和厨师长感到一筹莫展。

怎样策划美食节,有哪几个步骤,本节将作详细叙述。

一、美食节策划的方法

🔊 **特别提示：**(1)美食节策划前应对本市、本经营商业区域作全面调查，了解其他餐饮企业的各种美食节活动的经营状况及潜在的活动情况，避免与其他餐饮企业策划雷同的美食节。(2)策划各种类型的美食节，必须充分发挥本企业各种优势，克服劣势，抓住机遇，选准主题，不可盲目行事。

美食节的产生对拓展餐饮经营领域、刺激客人消费、提高餐饮企业销售、扩大影响力、丰富人民的饮食文化起到了积极的作用。当今美食节类别繁多，但要策划好每期美食节并非容易的事，必须在进行市场调查、分析的基础上，针对餐厅自身的客源状况、经营目标、技术力量来决定举办什么样的美食节，应掌握哪些方法和技巧，值得我们共同探讨。

(一)抓住国内外重点节日为突破口

美食节的策划往往抓住国内外重点传统节日作为美食节活动的主题，一般对重要传统节日人们最易关注，各种活动较多，客人相对集中，如果在这一时期精心策划一期美食节，一是能增加节日气氛，二是能扩大企业知名度，最大限度地提高销售力度。如中国传统节日：端午节可举办"粽子美食节"，中秋节可举办"花好月圆美食节"，春节可举办"恭贺新春美食节"。还有许多外国节日近几年引起很多餐饮企业的重视，也得到现代人的追捧，如情人节可举办"情投意合美食节"，母亲节、父亲节可举办"养育感恩食品节"，圣诞节可举办"圣诞狂欢美食节"等。这些美食节的策划，必须以具体节日文化内涵及情趣为中心，突出节日气氛，餐厅的环境布置、菜品、服务员的服饰等必须与各国传统节日习惯相吻合，从而使国内外客人能够在品尝各种美食风味的同时，领略到各国民族文化的情趣。

(二)抓住本地区重点事件为契机

美食节策划还可以抓住本地区将发生的重大事件、重大活动为契机，举办与这些重大事件、重大活动相关的美食节，如重要的国际会议、产品交易洽谈会、商品展示会、学术研讨会、国内外电影节、各种文化节、纪念城市重大事件×××周年等等，在这些重要活动期间，策划者只要紧扣主题，从餐厅的布置、菜肴的质量、服务的形式、各种宣传资料及标语等内容围绕着美食节的活动，从而达到渲染活动气氛、扩大企业影响的目的，还能吸引大量的客人消费，达到增加餐饮营业收入的目的，因为这些重要活动参加的人数多、涉及的面比较广，有国内外知名人士、有关领导、地方官员、海外侨胞、广大市民共同参与。只要我们在重要事件、重大活动之前有目的的精心策划、周密布置，美食节一定会取得很大的成功。

(三)抓住国内外重大比赛活动为由头

美食节的策划主题要经常变换，才能吸引更多的客人关注，要抓住一切有利时机不放，特别是国内外一些重大的文娱、体育比赛等活动，这些都是我们策划美食节的最好由头。如一些全运会、亚运会、奥运会、世界足球赛、国际拳王争霸赛、国际性文化节、世界小姐选美赛等活动，可策划成"看××××比赛，尝特色菜美食"等美食节。这些活动国内外客人都比较关注，客人很希望提供聚会、交谈、轻松自如的场所，来观看这些活动，美食节策划者应利用餐厅的有利条件，将餐厅布置成与这些重大比赛内容相适应的氛围，如餐厅内播放大型实况、张贴名人简介、发动客人预测比赛结果，凡预测正确者给予一定的奖品等活动，同时提供优质的服务、别具一格的风味菜点及各种酒水等，使客人在观赏重大活动的同时，品尝到美食节特制的各种美味佳肴，从而达到吸引广大活动爱好者的兴趣，招揽更多的客人来消费，增加餐厅的经济效益。

（四）抓住本企业重要活动为题材

餐饮企业经常举办一些重要活动,为了宣传、扩大企业的知名度,展示企业文化、树立企业精神,找一些事由借题发挥,举办一些美食节,如庆祝饭店开业××年、星级挂牌、新楼开张、集团成立、名厨名菜回顾展等等,利用这些活动举办美食节,通过各种媒体的宣传,餐饮部的精心策划、精心组织能够起到轰动效应,不但调动了广大员工的积极性,而且还能取得良好的社会效益和经济效益。

（五）抓住各种主要风味为路径

随着餐饮市场日趋繁荣,人们求新、求变、求异的饮食心理越来越强烈,美食节策划者要顺应市场潮流,吸收引进各地各种主要菜系、地方风味、异国风情、仿古菜肴、特色原料及特色烹调技法等为路径,举办出不同风味的美食节,如"新潮四川菜美食节"、"鸵鸟肉美食节"、"烘烤美食节"、"养生保健美食节"、"火锅美食节"等等。举办这些美食节要吸取各地、各种风味的特色原料、烹调技法及口味等,并聘请一些高技能的人才指导工作,确保美食节办得正宗、办出水平。通过各地、各种地方风味美食节轮换登场亮相,相互吸收交融,不断开拓创新,不但能丰富美食节的内涵,满足客人的要求,扩大企业的影响,而且能提高餐饮企业员工及管理人员的技术水平和管理水平。

二、举办美食节的步骤

🔊 **特别提示:**举办什么样的主题美食节?在什么时间举办?应提前3～5个月深入调研,并纳入年度餐饮工作计划,然后根据餐饮市场变化情况,作必要的调整,并分步实施。

为了确保美食节顺利地开展,做到有条不紊地进行,一般需要按如下几个步骤实施:

（一）深入调研,明确主题

美食节举办得成功与否,选定主题十分重要,如选定的主题能与时俱进、符合市场需求,就能吸引很多客人光顾,赢得市场和声誉。反之,主题选得不科学、不适时,美食节也许就达不到预定的效果,可能会处在尴尬的境地或造成亏损。所以,我们在举办美食节之前,必须深入了解市场行情,知道本地区及竞争对手近期内有没有举办相类似的美食节活动,客源市场需要举办什么样的美食节比较受欢迎,还要了解本地区有没有一些重大事件等活动,然后根据本企业各方面的客观条件及市场情况,初步拟定一些主题,确定举办美食节的时段,再深入市场,广泛调查研究,进行反复分析比较,最后确定美食节的主题及举办美食节的确切时间。

（二）分工负责,做好预算

美食节主题一旦确定后,就要召开相关人员会议,研究美食节活动期间所需要的人力、各种设备设施、食品原料供应等情况,明确举办美食节的要求及相关的措施,并且做到每项工作都要分工负责、责任到人,还要做好预算预测工作,如对客源的预测,分析可能接待的人次,消费人群的层次,人均消费水平及总收入;预测美食节活动期间,各种设备设施的投入、食品原料的成本、外聘人员的工资、交通、媒体宣传等费用;还要预测活动期间所存在的困难及突发事件,提出解决问题的办法和措施,通过预算及预测,了解到举办美食节的大体收支情况、得失情况,供有关领导决策参考,确保美食节达到预期效果。

（三）加强组织,制订计划

美食节活动策划一般要提前一个月以上做准备,一旦主题确定后,就要成立专门的领导小组,由主管餐饮的总经理、办公室主任、餐饮部经理、总厨师长、公关部(或营销部)经理、采购部经理、工程部经理及餐厅、厨房主要技术人员等相关人员组成,根据美食节的要求及目标,各部门要制订详细的工作计划,如食品原料的采购、设备设施的维修及购置、外聘人员及工作人员调配、宣传及营销、美食节活动的起止日期、活动场地布置、营业的方式及时间等计划,都要全面、详细、可行,要有具体完成任务的时间表,并落实到每一个部门中去,做到责任到人,检查督促,保证各种计划按时完成。

(四) 设计菜单,确保质量

美食节菜单设计得好坏直接关系到美食节举办的成败,所以菜单设计特别重要。菜单要根据美食节的经营形式,要设计多套菜单,如零点菜单、宴会菜单、自助餐菜单等,这些菜单中的菜品必须围绕美食节的主题、特点、宾客的爱好及消费水平来设计。还要考虑到厨房中的设备条件、技术力量、菜品的特色档次、成本核算等多种因素,做到美食节推出的菜品既要有特色,又要保质保量,在美食节活动举办之前要进行"试菜",明确每一份菜品的主料、辅料、调料的比例、装盛的盛器及式样,制成标准食单,要求每一个厨师、服务员都要掌握和了解每个菜品的规格及要求,并有专人检查督促,确保美食节每一个菜品质量符合设计的要求。

(五) 采购货源,做好促销

美食节菜单确定后,原材料的采购是一项很重要的工作,有些原料当地无法采购到,就要设法去外地采购,所有采购的食品原料既要保证质量,又要确保数量。根据美食节活动时间及推出的菜品,各种食品主料、辅料、调料及盛器、装饰物品等,都要备足备好,保证美食节活动期间的供应。

美食节对外界影响的大小,除菜品是否有特色以外,在很大程度上取决于我们的促销方法和宣传的力度。一般在美食节活动之前,就要有计划、有步骤地进行全面促销,如根据美食节的特点和主题,在有关报刊、广播、电视台做宣传广告,在餐厅、客房预先公告、发放宣传册、菜单等,对一些老客户进行电话联系、寄菜单等。各种宣传册、菜单、宣传词及口号的设计要有创意,既要突出美食节的主题,又要与餐饮企业的规模、档次、风格相一致,通过宣传、促销,要给客人加深印象,激励客人有消费的欲望。

(六) 科学管理,提高效益

美食节活动期间各部门要紧密配合、加强管理,餐饮部在做好餐厅环境布置、热情服务外,还要做好产品的推销工作,厨房按菜单设计要求,组织生产、保质保量、保证供应,采购部保证每天各种原材料的供给,工程部保证各种设备、设施安全运行,管理人员要加强巡视检查,发现问题,及时纠正,帮助解决,随时征求客人意见,听取反映,不断改进服务质量,保证美食节顺利进行。

在美食节活动期间,每天要进行分析经营情况,统计出每天接待的人次、人均消费水平、餐厅座位的利用率、总销售额、毛利率等。分析每天经营的变化情况,发现问题,及时提出改进的措施和方法,科学管理,争取超额完成美食节活动预定指标及效果。

(七) 认真总结,建立档案

美食节活动结束以后,要认真加以总结,全面分析美食节取得的成绩及存在的问题和原因,要从各部门的配合协作、客人反映、社会影响、经济效益、促销力度和效果、职工的敬业精神等几方面认真总结。如餐饮部要从餐厅布置、服务的质量、前后台协调加以总结,厨房要从菜单设计的科学性、销售情况加以分析，知道哪些菜品最受客人欢迎、哪些菜品客人不太喜欢，以便为下一次美食节活动及今后的经营中设计出更多深受客人喜欢的菜品。对客人反映的情况要认真进行分析，总结经验、吸取教训，提出改进问题的方法和措施。通过认真总结，做好文字资料积累并建立档案，为以后美食节的举办提供有价值的参考资料。

🔊 **特别提示**：在举办美食节期间，对一些深受客人欢迎的特色菜品、服务形式，在美食节结束后，要认真总结，并在以后餐饮经营中加以推广，形成本企业餐饮经营中的特色。

第三节　美食节菜单设计的要求与原则

引导案例

四川一家饭店老板为了使自己的餐饮火爆起来，赚更多的钱，就精心策划了一届"海外新派美食节"，重金分别从香港、澳门、台湾三地请来6名大厨前来主理厨房工作。从餐厅的布置到菜单的设计都显得富丽堂皇，宣传促销也十分到位，有关报刊及电视台提前宣传做广告，美食节开节剪彩的那天，邀请了市、厅局级领导几十名，各大小报刊记者八九名，有关老顾客、老朋友、协作单位近200多人参加了剪彩活动，整个饭店到处彩旗飘扬、锣鼓喧天、贺词高挂，全城上下成了一大新闻。头两天各界有关部门及朋友来餐厅的人不少，有邀请免费的客人，有消费打折的客人，还有花钱的客人，因为成本较高，其菜品售价相当贵，一些工薪阶层、厂矿企业、一般的事业单位不敢去餐厅消费。尽管服务态度很好，菜品有新意，原料以海鲜为主，口味以清淡为主，但当地人并不感到新奇，不喜欢这些菜品。原定美食节定为两周时间，由于食客较少，不到一周就草草收场。尽管这位饭店老板费尽心机，请来的大厨水平也很高，美食节有特色、有个性，但由于定价太高，口味不适合当地人，脱离餐饮市场的消费规律，盲目追求"洋"和经济效益，其结果反而得不偿失。所以，本节强调美食节菜单设计应掌握哪些要求和原则，怎样设计菜单，以供大家参考。

一、美食节菜单设计的要求

🔊 **特别提示**：(1)设计美食节每一个菜品时，要按标准菜谱的要求进行，明确主料、配料、调料的比例关系、制作方法、特点、装盘要求等，使每个工作人员均了解每个菜品的标准要求。(2)设计美食节菜单，应根据目标客人设计出高、中、低三种不同档次的菜单，其比例关系应根据接待对象灵活调整，尽量满足不同层次消费客人的需求。

美食节菜单设计要根据市场竞争的规律、企业的客观条件和厨师的力量、客人的需求来确定，具体要求如下：

（一）要根据市场规律设计菜单

美食节菜单设计要充分进行市场调研，掌握客人需求变化，既要考虑到客人的饮食习惯及对菜品的喜好程度，又要了解餐饮市场的前瞻性，敢为人先，满足客人求新、求变的饮食心理，使客人感到新鲜感、时代感。菜品的价格要针对不同消费水平的客人制定出相应的售价,要在保证毛利率的基础上,有利于竞争、有利于销售。

(二) 要根据企业的客观条件设计菜单

美食节菜单的设计必须根据餐饮企业的厨师力量和技术水平、食品原料供应情况、库房的储备条件、厨房中的各种设备设施、盛器等客观条件来设计菜品,如菜品设计得太多、太复杂,技术力量、原材料的供应、设备设施等条件达不到设计的要求,严重脱离企业的实际情况,尽管菜单设计得很前卫,但无法实施,从而影响美食节正常运行。

(三) 要根据供餐方式设计菜单

美食节菜单的设计要根据供餐方式来设计,一般美食节菜单针对不同人群的需求,可分为宴会菜单、零点菜单、套餐菜单、自助餐会菜单等,各种菜单要求各不一样。

1. 宴会菜单

宴会菜单是美食节中的主要菜单,十分讲究菜肴的色、香、味、形、器及营养配合,更要突出美食节中的特色菜,并根据客人消费层次的不同需求,菜单应设计出高、中、低三种不同档次的菜单,每种档次菜单设计 3~5 套供客人选择。

2. 零点菜单

美食节中的零点菜单主要满足散客的饮食需求,它不同于平时一般的零点菜单,其菜单必须是美食节中所供应的特色菜、风味菜,菜肴的品种不宜过多,档次也可分高、中、低三种。一般高档菜点约占 25%,中档菜点约占 50%,低档菜点约占 25%,这样可以满足不同需求的客人消费。美食节的零点菜单要注重菜品的原料、烹调方法、口味、价格等方面的搭配。凡是菜单上有的品种,要求现点现烹、保证质量、确保供应。所以,准备工作必须要充分。

3. 套餐菜单

美食节的套餐菜单可以减少顾客因点菜带来的麻烦,也有利于烹饪原料的采购及厨师的备料等,使菜品出菜的速度更加快捷。套餐菜单的菜品必须是美食节中的相关菜点组成,每套菜品的品种、数量、价格基本固定,为了满足不同层次客人的需求,也可设计几套高、中、低档次套餐菜单。

4. 自助餐会菜单

美食节中的自助餐会菜单必须围绕美食节的主题来设计,菜品种类有冷菜、热菜、点心、甜品、饮料、水果等。因为自助餐会菜单预先展示在餐桌上,所以,十分讲究菜品的造型、色彩及布局,要根据就餐的对象、数量及饮食喜好,注重菜品选择及搭配,尽量满足大多数客人的需求。菜品数量要有所控制,不可太多或太少,太多会造成浪费或影响菜肴质量,太少则不够吃,影响美食节的声誉。

二、美食节菜单设计的原则

特别提示:美食节菜品在围绕主题设计时,一要注重将一些精、名、特的菜品收入在菜单中,二要注重客人的饮食习惯及接受程度。

美食节菜单设计得科学与否,直接关系到顾客的消费水平及餐厅经营利润的高低,同时又是餐厅管理者对服务、烹调、促销的工作计划书,因此必须遵循以下几条原则:

(一) 菜品必须围绕主题

美食节的菜品必须围绕主题来设计菜单,它不同于一般餐厅的营业菜单,要求菜肴的品种比较齐全,而是根据主题来设计一系列的菜品,如"湖南美食节"其菜品以湖南的名菜、名点为主要内容,"随园美食节"都应以清代袁枚《随园食单》中的菜品为主,"全羊席美食节"每个菜品以羊肉为主要原料,"烧烤美食节"都是以烧烤为主的烹调方法而设计菜品,如设计出的菜品与主题不相吻合,将与主题无关的菜品编入菜单中,就会给人以受骗上当之感,也失去了美食节的意义。

(二)菜品必须富有特色

美食节的菜品必须在原料运用、烹调方法、服务方式、餐具使用等方面有独特之处,要有其他餐厅所没有或不及的一些菜品提供给客人,激起客人有欲求的愿望,并在短时间内起到轰动效应,所以美食节菜单设计要围绕主题,从菜品的构思、选料到菜肴的色、香、味、形、器的确定,在某一方面或整体上均要富有特色,不断创新。如"全鸭席美食节"还是几个老一套菜品,如"红烧鸭块"、"香酥鸭子"等,就无法吸引客人来消费,也不可能使美食节扩大影响,产生很好的效益。

(三)菜品必须控制数量

美食节菜单设计不同于平时餐厅菜单设计,它要以某一主题来设计有关系列菜品,其菜品要求每一个菜具有一定的风味特色,但菜肴的数量不宜太多或太少,必须要控制好一定的数量,如菜品太多影响客人挑选菜品的时间及决策,降低座位周转率,意味着减少餐厅的营业收入,万一某些菜品再不能保证供应,就会引起客人的不满,反而影响企业的形象;假如菜品太少,不能满足不同层次客人的需求,容易失去很多客人来消费。所以菜品数量的控制一定要根据美食节的规模、供应方式等因素来决定。如供应方式有宴会、零点、套餐、自助餐会等形式,主要菜品可相互套用,这样既突出美食节特色,又能控制菜品的数量,有利于厨房的准备工作,减少其工作量,提高工作效率。

(四)菜品必须搭配合理

设计美食节菜单时,无论是宴会菜单还是自助餐、套餐、零点菜单等都要注重搭配的合理性、科学性,要根据美食节的主题和不同客人的消费层次,做到在原料选择上要尽量考虑到贵与贱、荤与素的搭配;烹调方法上要有炒、爆、炸、炖、烧、焖、煎、烤等的变化;口味上有酸、甜、苦、辣、咸、鲜等的差异性;营养搭配上注重人体营养需求的平衡性;菜品的定价上考虑到高、中、低均有,目的是尽量满足不同客人的饮食需求,最大限度扩大菜品的销售量,从而达到美食节预定的目标。

(五)菜品必须进行成本核算

餐饮企业举办美食节一方面是为了扩大企业在本地区的影响力,宣传企业文化和精神,另一方面是为了获得更多的经济效益,所以我们在设计菜单时,要了解每一种原料的进价,知道各种涨发率或净料率,要根据每一个菜品所用的主料、配料、调料核算出正确的成本。并根据企业规定的毛利率,确定每一个菜品的售价,尽量推销菜品利润高、客人又很喜食的菜品,保证美食节期间所销售的菜品达到规定的利润率,从而取得社会效益与经济效益双丰收。

🔊 **特别提示**:举办美食节期间,在坚持美食节菜单设计原则的基础上,还要坚持每天收集客人对菜品褒贬的评价,以便及时调整菜单与经营策略。

三、美食节菜单设计

🔊 **特别提示**:(1)各种美食节菜单的菜品多少及价格高低,应根据本地区人们的饮食习惯和市场价格规律及变化作必要的调整,不可照搬照抄别人的菜单。(2)在对美食节各种类型的菜单进行设计时,每个菜品最好用中英文编注,便于中外客人阅读。

四、美食节菜单设计实例

实例1 江苏省某饭店名厨名菜回顾展美食节菜单

1. 零点菜单

菜 名	大	中	小
四喜扣肉(每块)			12元
黑椒牛排	100元	75元	50元
八宝凤翅	56元	38元	28元
冬笋鸭信	68元	48元	32元
芋头烧鸭煲	98元	78元	48元
翡翠珍珠羹(每盅)			12元
荷包鲫鱼(250克)			48元
白灼生鱼片	56元	42元	28元
黄油虾球	80元	60元	40元
虾仁珊瑚	98元	78元	48元
生烤河鳗	100元	75元	50元
脆皮黄鱼	120元	90元	60元
生敲刺参	136元	100元	68元
酥皮海鲜盅(每盅)			120元
霸王别姬(每罐)			280元
干贝时蔬	56元	42元	28元
镜箱豆腐	60元	45元	30元
干菜包子(4只)			12元
冬火蒸饺(4只)			12元
血糯拉糕(4块)			12元
芝麻凉团(4只)			12元
松子茶糕(4只)			12元
鱼汤小刀面(每小碗)			18元
香炸苹果	24元	18元	12元
奶油慕司(一份)			18元
巧克力沙勿来(每份)			12元
虾仁鲜果沙拉	96元	78元	48元
三色水果	48元	36元	24元

2. 宴会菜单

(1)每位100元(酒水除外)

　　　　八味美碟　　　　　　　　　　　　黑椒牛排

虾仁珊瑚	霸王别姬
四喜扣肉	干菜包子
芋头烧鸭煲	冬火蒸饺
荷包鲫鱼	香炸苹果
双色时蔬	三色水果

（2）每位180元（酒水除外）

虾仁鲜果沙拉	OK汁烤桂鱼
八味美羹	火腿时蔬
黄油虾球	冬笋鸭信
翡翠珍珠羹	松子茶糕
黑椒牛排	芝麻凉团
八宝凤翅	奶油慕司
生敲刺参	四色水果

（3）每位260元（酒水除外）

虾仁鲜果沙拉	霸王别姬
八味美碟	冬火蒸饺
酥皮海鲜盅	血糯拉糕
生烤河鳗	菜肉包子
黑椒牛排	鱼汤小刀面
生敲刺参	巧克力沙勿来
脆皮黄鱼	水果什锦拼盘
干贝时蔬	

注：上述零点菜单与宴会菜单中的菜品相互套用，并根据客人消费水平将菜品分为不同价格、不同档次，一方面供客人选择，另一方面减少厨房工作量，有利于美食节保质保量完成销售任务。

实例2　沿海某城市大酒店海鲜美食节

1. 宴会菜单

（1）每位120元（酒水除外）

冷菜八味碟	开洋萝卜球
翡翠海蛎盅	冬菇烩菜心
锅贴梭子蟹	虾肉蒸饺
气雾美人蛏	枣泥拉糕
蒜仔鲈鱼煲	文蛤汤面
干烧大对虾	水果拼盘
墨鱼红烧肉	

（2）每位180元（酒水除外）

八味美碟	锅贴大鲜贝
四干果	酥皮包海鲜
雪菜黄鱼羹	水煮目鱼花
生烤大对虾	豉油蒸龙俐

开洋扒时蔬	萝卜丝酥饼
文蛤山药汤	鱼汤小刀面
小笼汤包	时令水果拼盘

（3）每位280元（酒水除外）

各客冷拼	香炸龙脷鱼
四调味	清蒸梭子蟹
四干果	干贝萝卜球
奶汤珍珠圆	应时炒鲜蔬
海参捞饭	冬笋竹蛏汤
OK汁焗大虾	海鲜酥饼
美极花枝片	枣泥四方糕
锅贴黄鱼卷	时令水果拼盘

2. 便饭套餐

第一套（小400元　　中600元　　大800元）

四味小碟	冬菇烩菜心
翡翠海蛎盏	开洋萝卜汤
锅贴梭子蟹	海鲜炒饭
墨鱼红烧肉	

第二套（小600元　　中900元　　大1200元）

五味小碟	开洋扒时蔬
雪菜黄鱼羹	文蛤山药汤
生烤大对虾	鱼汤小刀面
水煮目鱼花	

第三套（小900元　　中1400元　　大1800元）

六味小碟	干贝扒时蔬
美极花枝片	冬笋竹荪汤
OK汁焗大虾	海鲜猫耳朵
锅贴黄鱼卷	三色水果拼盘
清蒸梭子蟹	

注：上述便饭套餐，根据就餐人数多少及客人需求，每套菜品价格可分小、中、大，供客人自己选择。

实例3　某城市举办"羊肉美食节"宴会菜单

1. 每桌1200元（酒水除外）

冷菜：鸿运当头（主盘）、白切羊肉、元宝羊蛋、锦绣羊肚、盐水羊肝、香露羊舌、顺风耳脆、蜜汁凤尾

热菜：富贵圆蹄、阿婆烧羊肉、芙蓉炖羊脑、金茹焗羊眼、鲍汁羊排、宫廷羊手、羊肚汤、双凤羊肉面、羊肉烧卖

2. 每桌1600元（酒水除外）

冷菜：三阳开泰（主盘）、酸辣羊心、筒卷羊肉、美味羊羔、芝麻腰花、蘸酱羊肝、虾籽羊宝、卤水口条

热菜：羊肚炖鞭花、虾球八宝酿羊蹄、荷香烤羊腩、秘制酱羊排、鱼羊甲天下、原味羊
　　　汤扒时蔬、菊花羊脑汤、羊肉水饺、羊奶蛋挞、水果拼盘

3. 每桌 10 人，2 000 元（酒水除外）

冷菜：孔雀开屏（主盘）、卤水羊肚、三色羊羔、麻辣腰花、五香口条、蜜汁羊尾、孜然羊
　　　肉、核桃羊宝、干切羊心

热菜：乌参扣羊肉、蟹黄烩羊脑、红扒羊脸、串烧羊排、明珠羊眼、鱼皮羊肉馄饨、羊汤
　　　扒时蔬、富贵羊汤、羊首酥、四喜羊肉饺、羊肉叉烧包、招牌羊肉面、水果大拼盘

实例 4 "圣诞狂欢美食节"自助餐会菜单

（每位 188 元，含酒水，约 400 人）

圣诞狂欢自助餐菜单，应根据预测的顾客人数及饮食习惯来设计菜品，一般来讲，都采取中、西菜结合的形式确定菜品，分冷菜类、色拉类、中餐热菜、西餐热菜、汤类、中式点心、西式点心、水果、酒水等。

（一）冷菜类：　1. 盐水鸭　　　　2. 叉烧肉　　　　3. 拌双脆
　　　　　　　　4. 蝴蝶鱼片　　　5. 五香牛肉　　　6. 麻辣鸡
　　　　　　　　7. 酸辣白菜　　　8. 咖喱冬笋　　　9. 蒜茸黄瓜
　　　　　　　　10. 松仁香菇　　 11. 虾子茶干　　 12. 糖醋萝卜

（二）色拉类：　1. 虾仁色拉　　　2. 土豆色拉　　　3. 水果色拉
　　　　　　　　4. 鸡色拉　　　　5. 番茄色拉　　　6. 玉米色拉

（三）中餐热菜：1. 美极大虾　　　2. 挂炉烤鸭　　　3. 黑椒牛柳
　　　　　　　　4. 咕咾肉　　　　5. 脆皮银鱼　　　6. 麻辣鸡条
　　　　　　　　7. 生烤鳗鱼　　　8. 干贝双笋　　　9. 虾仁豆腐
　　　　　　　　10. 冬菇菜心　　 11. 开洋萝卜球　 12. 炸花菜

（四）西餐热菜：1. 圣诞火鸡　　　2. 煎牛排　　　　3. 芝士鱼排
　　　　　　　　4. 烤猪排　　　　5. 炸土豆条　　　6. 生烤鱼片

（五）汤类：　　1. 厨师浓汤　　　2. 牛腱汤　　　　3. 番茄蛋汤
　　　　　　　　4. 鱼圆汤

（六）中式点心：1. 炸春卷　　　　2. 萝卜丝酥饼　　3. 枣泥拉糕
　　　　　　　　4. 小笼包子　　　5. 虾仁蒸饺　　　6. 葱油饼

（七）西式点心：1. 苹果派　　　　2. 蛋挞　　　　　3. 奶油蛋糕
　　　　　　　　4. 拿破仑酥饼　　5. 法式面包　　　6. 意大利面条

（八）水果：　　1. 香蕉　　　　　2. 橘子　　　　　3. 西瓜
　　　　　　　　4. 哈密瓜　　　　5. 菠萝　　　　　6. 葡萄
　　　　　　　　7. 苹果　　　　　8. 柚子

（九）酒水：　　1. 可口可乐　　　2. 橘子汁　　　　3. 雪碧
　　　　　　　　4. 矿泉水　　　　5. 啤酒　　　　　6. 红酒
　　　　　　　　7. 酸奶

第四节　美食节运作中的管理

引导案例

有一家三星级饭店,餐饮经营一直不景气,董事会很想改变一下餐饮部的现状,于是对餐厅及厨房进行了装潢和改造,整个环境都焕然一新,但经营一段时间经营状况还是没有得到很好的改观。后来董事会决定从外地聘请一位管理专家来当餐饮总监,这位专家来餐厅以后,作了深入调查研究,并从菜品的供应、服务的质量、管理制度、管理人员等都作了调整,尤其在经营思路上作了重要改变,以举办美食节扩大餐饮部在全市的影响力,并促进内部管理水平。经过他精心策划,加强美食节的宣传与促销,注重美食节气氛与环境布置,抓好美食节菜品制作管理,使美食节越办越好,名气越来越大,经济效益成倍增长。

为什么一家不太景气的餐饮企业通过改变经营思路、加强美食节的管理会产生如此惊人的效果,这值得我们深思。本节主要从美食节的宣传促销、环境布置、经营管理等方面加以研究。

一、美食节的宣传与促销管理

🔊 **特别提示**:做美食节宣传与促销时,其宣传内容词句要精练,易读易记,绝对不可有缺字、错别字及病句出现。

美食节主题确定后,要很好的达到预定效果,在很大程度上取决于美食节的宣传和促销,通过宣传与促销,能传播美食节的信息,营造美食节的文化氛围,吸引和诱导消费者购买美食节的餐饮产品,具体我们应抓住如下几个方面的工作:

(一) 美食节的宣传管理

美食节的宣传活动主要通过印刷传播、电子传播、人际传播及其他传播等媒介,向客源市场传递餐饮企业的美食节信息,展现美食节餐饮产品、文化气息和服务水准等。在进行美食节广告宣传策划和实施时,必须全面掌握各种传播媒介特点的基础上,根据公众的信息接受心理特性和餐饮企业的市场目标,科学地选择适用于本企业的宣传媒介,达到行之有效的宣传效果。

1. 要确定美食节的宣传思路

美食节的策划和宣传必须向程序化、规范化、艺术化、市场化的方向发展,具体思路如下:

(1) 做好美食节宣传的市场调查。要确定美食节广告目标市场和公众,就必须广泛收集公众对美食节的态度意见和需求信息,为做好美食节宣传打好基础。

(2) 制订美食节宣传的策略。宣传目标策略一般分为劝导型、传播型和促销型三大类。劝导型就是劝导说服公众消费;传播型就是向公众发布传播美食节餐饮产品和服务的信息,让他们接受信息的感染,从而成为某种信息的拥护者、消费者;促销型就是在特别节日里或特定时间内推出一系列的美食节促销活动,如赠品奖励、娱乐奖励、打折奖励等方法,目的是提示公众,刺激消费。

(3) 明确美食节宣传内容。美食节宣传内容一般分为餐饮的产品品质、消费观念、企业形象、市场定位等,如以产品品质为内容的,就要重点宣传突出美食节推出的菜品特征,从原料的新奇、烹饪工艺的精湛、色香味形的绝伦、餐厅环境的辉映等方面来宣传,宣传核心是强调产品的优势,并与竞争对手形成鲜明的对比;以消费观念为宣传内容,一般以宣传美食节产品为辅,而以宣传公众对美食节的态度、动机、兴趣和需求为主,目的是通过公众的消费观念和价值取向,引导公众消费;以企业形象为宣传内容,就要塑造餐饮特有的企业形象及企业文化氛围,目的是扩大企业在本地区的影响力,引起公众注目,吸引客人消费,一般适合于新开业或面貌一新的餐饮企业;还有的美食节以市场定位为宣传内容,要针对美食节产品特性,确定自己的公众目标,针对他们的需求和兴趣,有效地影响目标公众,如"药膳美食节"主要针对养生保健的消费群体。

(4) 注重美食节宣传的细节。美食节的广告宣传内容及作品虽然只表现为一幅宣传画、一段简短的文字描述或电视广告节目中一则美食信息,其存在周期极为短暂,但我们在策划具体内容时,要从主题、意境、文案、图画、情节、音响、背景等要素构成一个整体,无论是在产品形象还是在字体、色彩等方面都要有机统一,不能随意拼凑。并且应根据美食节广告宣传的预算金额,精打细算,花有限的经费,产生意想不到的效果。特别要注意的是在广告上别忘了打上美食节举办的时间、场所和联系方式。

2. 要选准美食节的宣传媒介

美食节的宣传主要通过各种媒介途径影响公众,媒介选择得准确与否直接关系到美食节宣传的成败,所以,我们要深入了解各种媒介的特点,掌握其各自的优势和劣势,确定宣传的媒介。另外,要选准时间、地点、方式及宣传的内容,如各种报纸、杂志、餐饮企业自行印刷的店报、宣传册子、菜单等,同时利用当地广播、电视、网站等媒介宣传。媒介的选择要根据美食节主题、规模、时间、经费等情况,尽量选择传播快、权威性高、影响范围广、公众接触程度高的媒介,要从视觉、听觉、动觉及感觉全方位宣传美食节的餐饮产品、服务设施及环境、服务姿态和氛围等形象,目的是扩大影响、招徕客人,满足消费者的需求。

3. 要做好美食节的户外宣传

美食节的户外宣传也是传播信息的重要媒介之一,一般餐饮企业利用户外广告牌、灯箱、彩旗、热气球、条幅、在交通工具上招贴美食节广告等方法来宣传,如户外广告牌、灯箱在餐饮外围较醒目的区域、人流量大的市民广场、交通要道、公共汽车站和地铁依靠站、过街天桥及城市标志性建筑等地方做上美食节的宣传,这种主题鲜明、色彩鲜艳的广告容易给公众留下深刻印象,让人一目了然;又如在餐饮企业境内用充气的拱门、彩旗、热气球及各种条幅做上美食节的宣传,给企业户外披上节日的盛装,营造一种热烈、隆重、欢迎的气氛;再如利用出租车、公共汽车等交通工具张贴一些美食节广告宣传,既成为一种流行性媒介,又宣传了饭店的名称,使公众记住餐饮企业美食节主题特色,诱导客人来消费。这些户外宣传方式,优点较明显,相对费用少,内容直接,公众易记准。其不足之处是往往受天气、时空的限制,辐射面小,有一定的局限性。

(二) 美食节的促销管理

美食节的促销工作在做好广告宣传的基础上,更要注重人为的有效的促销活动,做好店内、电话、通信、赠品等方面的促销工作,具体应做到如下几点:

1. 掌握店内促销的要领

店内促销要有以"顾客为本、顾客至上"的指导思想,要树立优良的服务态度,餐厅每个员工对客人要做到礼貌、体贴、关怀、诚实、尊重,仪表仪容要整洁大方,不要浓妆艳抹、珠光宝气,举止要文明,态度要和蔼可亲、机敏灵活,要微笑服务;客人提出的问题要做到有问必答,对美食节推出的菜品要了如指掌;要创造良好的卫生环境,各种餐具清洁卫生,严格消毒,地面、桌椅、厨房光洁整齐,卫生间、餐厅周围要干净,无异味、臭味,空气新鲜;要营造高雅的就餐氛围与情调,根据美食节的主题内容,通过精心设计、布局、装饰,从餐厅布置、音乐、服饰等方面设计出与众不同的情调及气氛,如异国情调、民族风情等。

2. 掌握电话促销的技巧

电话促销是餐饮企业惯用的推介手段,我们必须掌握好促销的艺术和技巧,热情做好各项工作,使可能的顾客成为美食节中的忠诚的顾客。在接电话中要给对方有种亲切可信、态度和蔼可亲的感觉,做到不厌其烦,对顾客所关心的美食节的主题内容、菜品质量、服务、价格、特色销售等问题,要有问必答,谈话必须简短而明了,并要劝诱对方品尝美食节的产品和享受热情的服务等。如是打出去的电话,必须事先安排好理由,搞清对方的姓名、职务、称呼、要讲的主要问题,千万不可涉及私人的事务,以免造成反客为主的情势,如果顾客需要说什么时,千万不可打断他的话,打电话时,有关美食节的资料必须随手可查到,以便对方提出问题能立即提供答案。讲话要清晰,不要太快,要开门见山,不可绕圈子,措词要正确、简洁、有条不紊。讲话要亲热,声音不宜太大或太小。要选准打电话的时间,千万不能在客人午睡、开会或工作繁忙的时候打电话,影响客人休息及工作,对方也无心听取你的促销内容,因而也达不到促销的目的。

3. 掌握通信促销的方法

通信促销的优点是能精确地针对某些特定的对象及老顾客而收到一定的效果,是其他促销方式无法做到的一点。通信促销通常包括通知、节日祝贺函、菜单、明信片、美食节活动的宣传卡等。通信函件的设计要写明美食节活动的内容、时间、菜肴特色及奖励办法、所需达到的目的等。要测算所需的费用,邮件的形式是信函、小册子、明信片还是餐厅广告等,其尺寸、颜色、图表、页数、字体都要精心设计。促销词要精练、有内涵,能引起读者注意,并让人感到诚实,有愿望和兴趣来餐厅消费。

4. 掌握赠品促销的策略

美食节的促销常常是利用一些赠品来吸引客人参与而带动餐厅的生意,达到促销的目的。赠品一般分为纪念用赠品和促销用赠品两大类,纪念用赠品又分为企业赠品和个人礼品,促销用赠品又分为广告赠品和附奖赠品。餐饮企业欲借赠品来实施促销活动之前,必须慎重拟定策略。首先要明确赠送礼品的目的是什么,经营策略是什么,赠品策略对象又是谁,要通过赠品促销不仅达到营业额的提高,而且能沟通顾客与企业的关系。赠品价值的高低,要同美食节经营利润高低相吻合,要正确预算,方可付诸实行。赠品的价格贵廉、礼品的低劣或精致,要视客人的消费水平及消费者受欢迎的程度来决定。赠送礼品时,以什么形式交给顾客是很有讲究的,要注重细节,如礼品的包装要精美,并附上"卡片",写上富有情感或风趣幽默的文句,把企业的诚意传达到顾客的心坎上,能使客人感动。在赠送礼品或抽奖时,尽量在餐厅内直接赠送给顾客,让客人在公众的鼓掌声中领到赠品,这样更能使顾客感受到餐饮企业对其的重视及真诚。凡是收到赠品的顾客,也会成为企业的忠诚顾客,这对推动美食节的促销起到了积极的作用。

总之,美食节的宣传与促销是互相促进、相辅相成的,宣传是为美食节促销服务,起到推动作用,而促销又对宣传具有强化作用,只要我们加强美食节的宣传与促销,美食节的气氛和效益一定会达到理想的效果。

特别提示:美食节宣传促销及促销的内容要真实一致,不可夸大其词,忽悠客人,所许诺的奖励、赠品、奖品都要兑现,否则将给企业造成不可挽回的影响。

二、美食节气氛与环境布置管理

特别提示:(1)美食节气氛与环境布置,不但要重视外在环境营造及布置,更要注重人文环境及服务环境的打造,使美食节气氛隆重热烈,内涵丰富多彩,环境幽雅舒畅。(2)在布置美食节气氛与环境的过程中,特别要注重水、电、气及各种设备、设施等方面的安全,这样才更有利于客人及服务人员的活动,加强检查督促,防止各种不安全因素伤害到客人的人身安全。

随着人们生活水平的不断提高,越来越多的消费者已不再仅仅满足于吃饱、吃好的要求,而是要"吃气氛"、"吃环境"、"吃出健康",而美食节活动不仅是以菜品、饮料为主体,还伴随着许多文化节的内涵,给客人带来了欢愉的气氛和幽雅的用餐环境,唤起不同顾客去尽情地欢聚和尽情地享受。怎样营造美食节的气氛、创造出很好的就餐环境,加强这方面的管理,是值得我们加以研究的问题。

(一)美食节气氛营造管理

美食节气氛的营造往往需要设计者具备充满幻想而又需要带点离奇的想象。要根据美食节的主题,善于捕捉美食潮流、流行时尚,展现经典,善于洞察不同人群的精神需要,灵活应变,要根据不同的餐厅格调及面积,采用不同的设计形式,做到动态与静态相结合、光与声相结合、装饰布置学与餐饮学有机结合,并将美食与民族、历史、宗教、文化、艺术等有机地糅合在一起,使客人在一景一情、五彩缤纷、风格迥异的美食节活动中得到切身的精神享受。如我们设计主题为"锦绣江南自助餐美食节"时,餐厅内设计出古色古香的江南小屋、小桥流水,播放一些"江南小调"的背景音乐,自助餐台上布满精美的江南美味佳肴,盛器注重个性,摆放突出层次,配以调光的射灯,使菜点展示更具备了美感和质感,加上服务员穿上江南妇女的蓝布小花或紧身旗袍的服饰,微笑为客人提供分菜服务,这种良好的气氛,一定会引人注目,增加食欲,有助于美食节的推广传播,吸引顾客消费。由于美食节主题、经营形式、规模大小等方面的不同,在营造美食节的气氛时不能一概而论,要灵活多变,富有特色;也不可照搬照抄别人的做法或胡思乱造、随意发挥,要根据美食节的主题、形式、规模和菜肴饮品、服务方式等进行精心策划,加强管理,使美食节气氛热烈,内涵丰富,有一定的深度和广度。

(二)美食节的环境布置管理

在经营美食节的运行中,不仅要注重菜肴的色、香、味、形等方面的管理,而且要为客人创造舒适、雅致、美观的就餐环境。要从美食节的主题出发,根据不同民族文化思维模式和审美情趣的差异,尽量考虑到从民族风情、异国情调、色彩搭配、灯光强弱、物件的摆放等方面进行巧妙设计,使其营造出一种巧夺天工、自然而纯朴、幽静雅致的用餐环境。还要针对消费人群的职业结构、年龄差异、性别不同、婚姻状况、经济收入、文化修养、国籍种族、政治宗教、风俗习惯等人文背景和消费行为特征进行环境的设计,既要考虑到人群的普遍性,又要考虑其个性需求,从而把餐厅内外的空间环境进行精心设计,细致入微地反映和体现美食节的主题,形成幽雅的就餐环境,影响和辐射宾客的心境和情感,调动宾客来餐厅消费的欲望,并给宾客留下深刻的印象。

环境的布置并不是局限于灯箱、彩灯的流光溢彩,美食节的标志横幅及各种宣传图案文字、彩旗到处飘扬,而是要将美食节有形的气氛与菜点饮品、服务方式、服务特色、服务程序、宣传促销等工作组成一个有机的整体,还要不断加强这方面的管理及检查。如各种宣传的横幅、图案等文字不应有差错,要整洁;灯箱、彩灯不应勿明勿暗;服务员的工作服不应缺少纽扣,破旧不干净,要求服饰最好与美食节主题相映衬;各种餐具、饮具不应有缺口、破损,餐厅台面布置和装饰设计要同美食节的主题、销售形式相适应,感觉优雅、得体;菜品不应有变质、变色、变味等现象;服务程序不能杂乱无序,缺乏服务意识;背景音乐不应使客人心烦意乱,要格调高雅,使客人心境愉悦;美食节的娱乐活动不应喧宾夺主,要在弘扬美食的同时传播文化、陶冶情操,两者相得益彰,为美食节起到推波助澜的作用。

所以,在美食节期间,我们要全面营造出一种幽雅舒畅、别具一格的美食节的气氛和环境,对每一环节进行精心设计,加强管理,并检查督促,让每一位顾客在这一环境中充满欢乐,尽情地享受。

三、美食节菜品制作管理

🔊 **特别提示:**(1)在制作美食节菜品过程中,必须分工负责,责任到人,加大检查力度,把问题处理在萌芽状态。(2)美食节期间,客人多,要求高,需要初步加工及初步熟处理的烹饪原料多,必须妥善保管,一旦变质、变味,绝对不能使用,以防食物中毒。

美食节的菜品制作和销售服务是办好美食节的重要一环,具体我们应当抓好如下几方面的工作:

(一) 菜品制作前的管理

根据美食节的主题及要求,在菜品制作前必须组织货源,落实人员,加强培训,保证菜品质量。

1. 组织货源

要根据美食节的菜单,预测所需的各种原料的数量和质量,要求预先进行涨发加工,保质保量,同时做好各种盛器、设备及装饰品的清洗、购置工作,确保美食节期间的各种货源供给。

2. 落实人员

美食节的菜品制作可分冷菜、热菜、点心、水果等,这些都必须落实到每一个部门及人员。若是外聘的技术人员,一定要在举办美食节之前到达,要熟悉场地,明确任务,确保美食节的正常运行。

3. 加强培训

在美食节菜品制作之前,必须对厨师、服务员加强培训,明确每个菜品的主料、配料、调料的比例、数量、质量及特点。无论是外聘人员还是企业的职工都要进行现场培训、试菜,并请有关专家、食客品尝菜品,提出意见,再进行改进。要求每个服务员对所推出菜品的用料、制作流程及特色等都要了解,便于推销产品。

4. 保证质量

通过培训,使每一个操作人员都要知道每个菜品的操作程序、加热方法及时间,菜品的温度、色、香、味、形及盘饰的具体要求,确保菜品的质量。

(二) 菜品制作中的管理

为了保证美食节的顺利进行,必须加强菜品制作中的管理,如卫生管理、质量管理、成本核算管理等。

1. 卫生管理

首先要重视厨房的卫生工作,如地面、墙面、厨具、冰库、冰箱等设备设施都要保持清洁卫生,各种生熟原料要分开存放,防止交叉污染,引起食物中毒;还要重视各种餐具的清洁卫生,所有餐具都要严格清洗消毒,避免因消毒不严而污染菜品;再要重视餐厅所有工作人员个人卫生,严格执行食品卫生法的有关规定,上班期间工作服应整洁,不得有留长发、留长指甲、吸烟、随地吐痰等不良习惯,保证食品卫生万无一失。

2. 质量管理

美食节每一个菜品的质量要始终如一,要制订标准菜谱,规范菜品的数量、形状、色泽、口味、质地等质量标准体系,严格按操作程序、规范要求执行,并加大检查力度,做到菜品色彩自然而鲜艳,注重菜品各种色彩的搭配;口味正宗而富有特色,注重客人口味的喜好与变化;外形美观而清洁,注重菜品造型与点缀;菜品的温度、数量、质地等都要严格按标准菜谱的要求来检查,加强质量管理,保证菜品质量。

3. 成本核算管理

菜品在制作过程中要严格控制菜品的成本,每一份菜品,应按标准菜谱的要求,从原料的加工、烹调、装盘等几方面加强成本核算,各种烹饪原料在加工、涨发、初步熟处理时要注重每种原料的涨发率、净料率。在保证菜品质量的同时,尽量降低损耗,提高利润率,在烹调时注重菜品的分量、用料比例,装盘时,每一菜品不可忽多忽少,要严格核算每一菜品的成本、售价、毛利率,保证每一菜品应有的利润率。

(三) 菜品制作后的管理

菜品制作后,主要加强厨房卫生、食品原料、产品售后的管理工作。

1. 厨房卫生管理

菜品制作后,要全面清扫厨房,从地面、炉灶、各种炊具、餐具、设备设施等都要全面清洗干净,冰箱、冰库要加强整理,保持整个厨房干净整洁。

2. 食品原料管理

菜品制作后,对剩余的各种原料、调料、食品及装饰点缀的用品要及时清理,妥善保管,做到剩余的原料要分别放入冷藏设备中保管,各种调料用后要进行整理,分别保管,多余的菜品、半成品、装饰点缀用品要整理保管好,合理使用。

3. 产品售后管理

菜品制作后,要对当天菜品出品情况加以总结,根据客人对菜品质量的反馈情况,全面加以分析,了解到哪些菜肴客人比较喜欢,哪些菜肴销售不理想,事后必须调整改进。另外,对厨房在运作过程中存在的问题、前后台协调配合等情况加以总结,要发扬成绩,纠正问题,保证正常运行。还要做好美食节次日的原材料的采购、人员的调配、各种准备工作计划安排,确保美食节菜品越做越好。

四、美食节资料与档案管理

美食节从策划到整个运作过程中,自然形成很多有价值的资料,这些资料不仅倾注了餐饮企业员工的智慧及心血,而且是餐饮企业的宝贵财富和资源,为以后企业推销产品、扩大知名度提供了详细的资料,为下期美食节组织管理提供了宝贵的经验,为管理层的决策提供了科学的依据。所以我们必须做好美食节资料的整理与档案的管理工作。

(一) 美食节资料整理的内容

美食节因主题、餐式、规模等不同,其各种资料的具体内容有很大的差异,一般美食节的主要资料有如下几个方面需要加以整理:

(1) 美食节策划主题的原始资料及广告宣传等方面的内容。

(2) 美食节活动期间所有的菜单、原材料的采购计划及供货情况。

(3) 美食节活动期间,所有邀请宾客或预订各种宴会及订餐人的姓名、电话号码、传真、书信等资料。

(4) 美食节活动期间所有拍摄的录像、照片资料、日常播放演奏的乐谱及乐曲的名称等。

(5) 美食节活动期间开展各种配套活动的文艺演出、服装表演、国画、书法、抽奖活动等方面的文字资料,活动的效果、价格标准等方面的资料。

(6) 美食节活动期间各种绿化和鲜花装饰布置情况。

(7) 美食节期间宾客的各种信息的反馈意见,如赞誉词和馈赠、感谢的资料,建议、批评等的资料。

(8) 美食节活动中工作人员及邀请的工作人员的名单、班次安排情况、工作计划、总结、汇报方面的资料。

(9) 美食节活动期间突发事件和应急处理的情况记录。

(10) 美食节期间总结会议的实况,主要的经验,存在的问题,被表彰的人员、事迹等方面的资料。

(11) 美食节活动期间各种活动的收支情况、菜品成本核算、盈利情况、各种设备设施购置及维修等方面的资料。

(二) 美食节资料的档案管理

美食节资料管理主要为下期举办美食节提供相关的材料,以便把美食节活动办得更加完善。为餐饮企业推销产品提供客史资料,以便有针对性地开展营销活动。为开展餐饮活动给相关领导的决策提供科学依据等。所以美食节档案的管理是一项非常重要的工作,具体应做好如下几方面的工作:

(1) 建立美食节档案,做到落实到人,专人管理。

(2) 对美食节所有的文字资料,摄像资料,各种计划、报告、客史资料等进行汇总、归类、分析、整理。

(3) 运用现代先进技术将各种资料输入电脑、U 盘、光碟中,妥善保管,防止丢失。

(4) 认真做好美食节档案的评估、总结工作,从而肯定成绩,找出不足之处,使档案材料更加完善。

🔊 **特别提示**:(1)美食节各种资料要分类整理,妥善保管,为以后举办类似的餐饮活动提供参考资料。

(2)美食节的各种档案材料必须专人负责,定期检查,防止文字、图片资料霉变,电脑、录像等资料因保管不当而丢失。

本章小结

1. 本章较全面地阐述了美食节的特点和种类,懂得美食节形式多种多样,活动方式变化多端,组织管理细致周密,社会影响范围广泛。了解到餐饮企业通常举办的美食节主题类型,有利于不断开拓、挖掘新的美食节主题,吸引客人消费。

2. 对美食节策划的方法与步骤有较明确的表述,可根据餐饮企业自己的客观条件,抓住一切有利时机,举办各种美食节,并懂得举办各种美食节的具体步骤,尽可能做到举办每一届美食节都有条不紊,办得非常成功。

3. 美食节菜单设计的要求和原则有一定的规定,懂得怎样设计美食节菜单,并掌握一些规律,列举一些美食节菜单,供大家参考。

4. 强调美食节的运作管理,尤其在美食节的宣传与促销、气氛与环境、菜品制作及档案管理等几方面作了详细叙述,有利于培养学生举办美食节的工作能力和管理能力。

5. 通过本章学习,使学生了解美食节和举办美食节的思路、方法、运作能力及管理能力,有利于美食节内涵及效果得到提升。

检 测

一、复习思考题

1. 美食节的特点有哪些?举例说明。

2. 分述美食节的常见种类有哪些。

3. 策划美食节的方法与步骤有哪些?

4. 美食节菜单设计的要求有哪些?应掌握哪些原则?

5. 怎样抓好美食节的宣传与促销工作?

6. 怎样营造美食节气氛?环境布置应做好哪几方面的工作?

7. 分述美食节菜品制作管理应抓好哪几方面的工作。

8. 试述怎样做好美食节的档案管理。

二、实训题

1. 根据美食节菜单设计的要求和原则,请设计一张"中秋花好月圆美食节"自助餐会菜单,具体要求如下:

(1)对象:当地居民

(2)人数:500人

(3)标准:每位120元(含饮料、啤酒)

(4)菜品:

冷菜类	12个	色拉类	10个
中餐热菜	16个	西餐热菜	6个
汤类	4种	中式点心	6种
西式点心	4种	水果	6种
各种饮料	6种	啤酒	2种

2. 根据美食节策划的方法和步骤,结合当地餐饮企业的竞争态势,请你策划一届美食节,要求主题新颖,构思巧妙,并写明举办美食节的具体步骤及美食节宴会菜单一份。

第六章 主题宴会的设计

本章导读

本章主要介绍主题宴会特征及分类,设计的原则、要求、方法及发展趋势等。餐饮企业在经营活动中,为了突出宴会的特色,营造宴会的氛围,往往根据目标顾客的饮食需求,策划出不同类型的主题宴会,刺激顾客消费,希望获得最佳的经济效益。主题宴会设计水平的高低,是衡量餐饮企业管理能力与管理技能的重要指标,也是餐饮管理者必须要掌握的一门技能。

第一节 主题宴会的特征与分类

引导案例

北京某一饭店牡丹苑中餐厅以 2013 年底贺岁电影《私人订制》为契机,在 2014 马年即将来临之际推出了"私人订制年夜宴"主题宴。饭店相关负责人对北京商报记者表示,之所以称为"私人订制年夜宴"是因为今年的年夜宴价格从 1 888 元到 5 888 元不等,共分为 5 个档次,客人可以根据自己的需求选择不同价位的年夜宴,以满足不同类型的客源群的需求。

饭店相关负责人还对北京商报记者表示,在这几档里,其菜品很多,有玛卡炖野山鸡、清蒸石斑、鲍汁扣辽参、芝士炖鹿肉、子孙满堂、松鹤延年、锦长福禄、竹报三多等等,都是饭店名厨名师精心烹制的不同种类的菜肴,相信顾客一定很喜欢。消息一发布,不到一周时间,"私人订制年夜宴"全部预订暴满,产生了很好的社会效益与经济效益。

一、主题宴会的特征

主题宴会与一般性的宴会设计有所不同,主题宴会一般根据宴会的主题内容,在餐厅环境的布置、台面的设计、菜品的制作及服务方式等方面都有很高的要求和特征:

1. 主题宴会设计的单一性

主题宴会,顾名思义就是围绕一个主题而设计的宴会,这种宴会只能突出一种文化特色,围绕这一主题,从原料的选用、制作方法、造型特色、环境设置、服务形式等方面都要强化这一主题的内涵,突出这一主题的个性与特点,来吸引最佳的市场人气,否则无法达到预计的效果。

2. 主题宴会设计的差异性

不同的主题宴会在设计中有较大的差异性,如设计农家菜为主题的宴会,在菜肴上要突出绿色、环保、原生态的乡土风味,在餐厅布置及台面设计上要有乡土气息。而以人文史料类为主题的宴会,要查阅大量的文献资料,在菜品的构成、台面的设计、服务的形式等方面尽量恢复历史的本来面貌,给人一种穿越历史的感受。差异性越大,优势就越明显,成功率就越高。

3. 主题宴会的综合性

主题宴会的设计,涉及的工作方方面面。如场景布局、台面安排、菜单设计、菜品制作、接待礼仪、服务规程,以及灯光、音响、卫生、保安等都要围绕宴会的主题来设计。因此,要求宴会设计人员应当具有多方面的文化素养和多学科的综合知识,还要有一定的实践经验,能应对各方面的工作,从而达到最佳的效果。

4. 实施过程中的细致性

实施主题宴会设计时,必须对宴会设计的每个环节进行认真研究、周密安排。如从原料的采购、菜肴的确定、场面的布置、服务的方式、营销的形式、媒体的宣传及突发事件的处理等方面都要考虑周到,每项工作都要分清职责,落实到人,发现问题及时纠正,工作做到万无一失,因为主题宴会的运行是一个系统的工程,哪怕是某个细小的差错,也会导致整个主题宴会的失败。

二、主题宴会的分类

随着现代宴会发展的多元化趋势,可供选择的主题宴会甚多。在选择确定主题宴会之前,必须深入调研,既要考虑饮食的文化内涵,又要考虑到目标顾客的饮食兴趣,不只靠标新立异来吸引顾客。而缺乏客源的市场基础,很难达到理想的效果。所以我们必须根据顾客的需求,分清主题宴会的类别,掌握各类主题宴会的特点,精心策划,认真设计。根据各类宴会的特征,大体可以分为如下几类主题宴会:

(1) 以地域、民族类为主题。如东北宴、岭南宴、巴蜀宴、蒙古族风味、维吾尔族风味以及泰国风味、日本料理、阿拉伯风味、意大利风味等主题。

(2) 以人文、史料类为主题。如乾隆宴、大千宴、东坡宴、梅兰宴、红楼宴、金瓶宴、三国宴、水浒宴、随园宴、仿明宴、宫廷宴、孔府宴等。

(3) 以原料、食品类为主题。如镇江江鲜宴、苏州螃蟹宴、安吉百笋宴、云南百虫宴、西安饺子宴、海南椰子宴、东莞荔枝宴、漳州柚子宴等。

(4) 以节日、庆典类为主题。如以春节、元宵节、情人节、儿童节、中秋节、圣诞节以及饭店挂牌、周年店庆等为主题而策划的宴会。

(5) 以娱乐、休闲类为主题。如歌舞晚宴、时装晚宴、魔术晚宴、影视美食宴、健身美食宴。

(6) 以营养、养生类为主题。如健康美食宴、美容食品宴、药膳食品宴、长寿美食宴、绿色食品宴等等。

图 6-1　以餐具为主题的青花瓷中餐台面设计

图 6-2　以节日类为主题的情人节中餐台面设计

图 6-3　以庆典类为主题的奥斯卡西餐台面设计

图 6-4　以地域类为主题的意大利西餐台面设计

第二节　主题宴会设计的原则和要求

引导案例

　　南京某一家饭店,为了吸引顾客消费增加饭店收入,总经理要求厨师长策划一主题宴会,其时间必须在一周内完成。由于时间紧,厨师长没有深入调查研究顾客的饮食需求,从他朋友那边拿来一份已举办过的主题宴会计划书,略作修改交给了总经理,总经理也没有认真地审阅,就交给餐饮部经理去实施。由于主题不突出、文化内涵不明显,客人对这一主题没有新鲜感,加上在实施过程中不认真,结果尽管大家花了很多精力、财力,而收到的效果却很不理想,既没有扩大饭店声誉,经营后还亏损很多。

一、主题宴会设计的原则

1. 突出主题的原则

　　在设计主题宴会时,必须突出宴会的特色,如以节日活动为主题的宴会,要围绕节日的特点,将大众化与个性化有机地结合,如合家团聚宴、重阳长寿宴、圣诞狂欢宴等等。如婚宴的目的是庆贺喜结良缘,设计时要突出吉祥、喜庆的主题意境。如生日为主题的宴会,要突出吉祥、长寿的含义,给顾客留下深刻的印象、美好的回忆。

2. 特色鲜明的原则

主题宴会设计贵在特色,如以地域文化为主题的宴会,必须利用本地区的特色原料、独特的烹调方法、人文特点来设计,并在菜品上、酒水上、服务程序上、娱乐上、场景布局上与台面设计上等方面表现出来,形成独特的风格,如敦煌宴、西安饺子宴等。

3. 安全舒适快乐的原则

主题宴会在活动中要突出安全、舒适、快乐的原则。安全是第一位的,在用电、用火、食品卫生、服务活动等方面防止有不安全因素的发生,避免顾客遭受损失和伤害。舒适是每个顾客所需求的,我们要创造优美的环境、清新的空气、适宜的温度、可口的饭菜、悦耳的音乐、柔和的灯光,这样才会给赴宴者带来舒适感觉。在服务中树立良好的服务态度,运用高超的服务技巧,不断满足顾客的服务需求,使他们在快乐的氛围环境中享受用餐。

4. 美观和谐的原则

主题宴会设计是一项创造美的活动。宴会场景、台面设计、菜品组合乃至服务人员的容貌和装束,都包含着许多美学的内容。主题宴会设计要突出美的设计,各项设计工作要使就餐者在美的环境中得到欢心和快乐,给顾客留下深刻的印象和回忆,从而扩大饭店声誉,达到顾客再次来店消费的目的。

5. 效益最佳的原则

主题宴会设计从目的来看,可分为效果设计和效益设计。前四个方面是围绕效果设计提出的。从效益角度来看,主题宴会设计师一方面要力争让宾客的各种需求达到超值、避免浪费,力求性价比最高的效果,从而达到良好的社会效益;另一方面要严格控制成本,加强成本核算,加强管理,保证饭店合理的盈利,从而达到很好的经济效益。

二、主题宴会设计的要求

现代许多餐饮企业的经营管理者已越来越意识到,主题宴会的设计不能只注重菜品质量、服务质量,而更要注重主题宴会的文化内涵,做到精心策划,精心设计,形成独特的风味和特色,才能在本地区、本行业中独树一帜。具体要求如下:

1. 主题宴会设计要突出文化内涵

主题宴会设计不仅仅是一个商业性的经济活动,在设计主题宴会及经营的全过程中,始终要贯穿着文化的特征和内涵,这是主题宴会设计的根本。如以某一类原料为主题的宴会设计应将某一类原料的个性特点,从原料的营养价值、生理功用、烹制方法、装盘艺术等方面给予介绍,使人们对这一原料全面了解。如四川有一家餐厅,将某一种原料以主题宴会形式推出,并与戏曲结合起来,如贵妃醉酒、出水芙蓉、火烧赤壁、盗仙草、凤还巢、蝶恋花等,这一创举使每一个菜都与文化紧密相连。服务员在端上每一道戏曲菜时,都会恰到好处地说出该道菜戏曲曲目的剧情与趣味,给客人增加了不少知识及雅兴,收到很好的效果。所以主题宴会的设计,不仅要有特色而且要围绕主题挖掘文化内涵、寻找主题宴会的亮点,在产品的制作、服务的方式等方面均有文化的气息,这是最重要、最具体、最花精力的一个过程,也是重要的一环。独特的主题,选用独特的文化亮点,宴会的主题设计自然就会获得圆满的成功。

2. 主题宴会设计要善于开拓创新

主题宴会的设计不能照搬照抄其他企业的做法,应根据自己企业的经营特点,开拓创新,捕捉主题,精心策划,形成自己的特色,才能吸引顾客的消费欲望。如江苏南京某一饭店,以固城湖螃蟹为原料,打造以"螃蟹"为主题的宴会,策划者紧紧围绕螃蟹的养殖方式、产品特点、历史掌故等内容,打造具有鲜明特色的螃蟹宴,菜品有"透味醉蟹"、"子姜蟹钳"、"蟹黄鲍鱼"、"四喜蟹饺"等,从冷菜、热菜、点心到汤均是螃蟹制成,可谓食蟹大全。在服务上也根据食客需求,提供食螃蟹的各种工具,便于客人食用,同时还提供护袖、围裙、手套等,防止蟹汁溅在客人身上。在环境布置及宣传上,利用各种资料、电子宣传栏、各种媒体等方面均围绕螃蟹宴大做文章,使螃蟹主题宴策划得有声、有色、有味,吸引了大量的客人来店消费,产生了很好的社会和经济效益。

3. 主题宴会要注重环境的装饰

主题宴会确定后,除菜单、菜品精心设计外,还要根据饭店设施及主题宴会的特点,进行装饰布置。如横幅、标语、广告、展板、餐厅的台布、餐具、员工的服饰等方面进行包装,形成一种浓厚的主题宴会的文化氛围。在服务过程中,注重服务的形式和细节,明确服务的程序及标准,做好活动项目的组织与衔接,使各种活动为主题宴会服务,使客人在浓厚的主题宴会文化中品尝美味佳肴,享受良好的服务和优美的环境。只要我们经常推出不同风格的主题宴会,经常给客人带来全新的饮食品质和就餐环境,就能不断刺激顾客的消费欲望,从而促进餐饮业快速发展。

第三节 主题宴会设计的作用与方法

引导案例

2012年,教育部联合国家旅游局在山东旅游职业学院举办了首届"中餐主题宴会台面设计"比赛,全国28个省市代表队参加比赛。本次比赛各地代表经过精心设计,集美丽、创意、技能于一体,参赛选手们奉献的各具特色、独具匠心的主题创意作品令人称赞,这些主题餐台同时也是参赛选手文化、智慧的大成之作。此次比赛为推动我国旅游职业教学和提高餐饮企业的服务水平起到了积极的作用。

一、主题宴会设计的作用

1. 计划作用

主题宴会设计方案就是宴会活动的计划书,它对宴会活动的内容、程序、形式等起到了成败决定性作用。举办一场主题宴会,要做的事情很多,从环境的布置、餐桌的排列、台面的布局、灯光音响的设置、菜品设计、酒水服务等涉及到餐饮部甚至酒店其他部门和岗位,必须要加强协调,如果事前没有一个计划,就很可能在工作中出现漏洞,造成质量事故。

2. 指挥作用

主题宴会设计方案一旦通过,就像一根指挥棒,指挥着所有宴会工作人员的操作行为和服务规范,从设计方案到实施的过程。对于生产和服务过程而言,就是具有高度约束力的技术性文件。各相关岗位要根据主题宴会设计的规定和要求做好各项准备工作。如原材料采购要按计划进行,保证原材料品种、数量和质量要求,按时购进;对于切配而言,要保证每个菜品的切配质量要求,数量不能过多或太少;对于烹调而言,要保证每一道菜肴的烹调方法、味型、成菜标准、造型样式符合设计要求。台型、台面设计,餐厅的环境布置、服务员的分工负责、服务标准和要求,都要围绕主题宴会设计和要求进行。

3. 保证作用

主题宴会设计方案实际上也是一个产品质量保证书,是检查和衡量产品质量标准的说明书。怎样把宴会设计实施方案中每一个细节工作都落实到实处,需要各岗位协调配合,各负其责。各岗位应按照设计要求严格实施,做到万无一失,主题宴会的生产和服务过程的质量才会得到保证。

4. 创造作用

主题宴会设计的过程,事实上是一种创造,设计者必须根据宾客的需求、外埠的条件、酒店的设备设施、人力资源与技术条件,对主题宴会进行精心策划。从宴会的场景、台型、台面的布置,宴会菜单的确定,服务程序及标准的制定,对外宣传促销等都要进行统筹规划,并创造性地拟定出详细的计划和实施方案。所以主题宴会实施过程中的成败,主要取决于设计方案是否有创造性和科学性、是否赢得客人的欢心和刺激客人的消费欲望。

二、主题宴会设计的程序

主题宴会的设计,必须在掌握大量信息的情况下,经过深入调研、认真分析,确定主题,制定设计方案,经过反复论证并付诸实施,具体设计程序如下:

1. 深入调研

在设计主题宴会之前,必须深入调查研究,一要掌握顾客的饮食需求及饮食心理,了解他们喜欢吃什么菜肴,是生猛海鲜,还是农家菜肴;是喜欢吃外国菜肴,还是喜欢吃地方风味。另一方面要了解在本商业圈内的餐饮企业近期开展哪些主题宴会活动,顾客的欢迎程度怎样,然后根据各种信息,结合本企业的经营特点,捕捉举办主题宴会的灵感。尽量不要与本地区同行策划的主题宴会相同,差异性越大,优势就越明显。

2. 认真分析

经过深入调查研究后,对先前获取的信息进行认真分析,并根据本企业的设备设施、技术力量、企业所处的地理位置和在餐饮行业中的知名度等客观因素,拟定主题宴会的名目。如是以特产原料为主题,还是以节日活动为主题;是以食品功用为主题,还是以地域文化为主题等。这些都要进行认真分析、反复比较,有创意地设计主题宴会。

3. 制定草案

制定草案应根据拟定的主题宴会,进行认真的策划。从原料的采购、设备设施的添置、主题宴会文化的包装、媒体的宣传、技术人员的聘请、本企业内部职工的分工及成本预算等都要精心设计,形成主题宴会的草案。

4. 修改实施

主题宴会的草案形成以后,必须组织相关部门的负责人、技术人员、有关专家、职工代表对主题宴会的草案认真讨论、提出建议、认真修改。如有必要可征求一部分客人的意见。经过反复修改、论证,形成某一主题宴会的实施性的文件,将实施性文件发至相关部门,认真贯彻执行,适时检查督促,了解落实情况,发现问题,及时纠正,保证主题宴会在实施中取得成功。

三、主题宴会设计的方法与案例

主题宴会的设计方法,在掌握上述的主题宴会设计的特征、原则、要求及程序基础上,必须根据本地区、本企业的情况结合当今的饮食"流行潮",精心策划,形成特色,不断满足顾客的饮食需求。现举主题宴会案例两则:

(一)宫廷皇帝宴

北京是我国古都之一,可称帝皇之城,又是现今我国政治、经济、文化的中心,去北京旅游的中外客人每年成千上万,北京某一饭店抓住北京历史文化的特点,打造"宫廷皇帝宴",确定这一主题宴会,他们查阅了大量的资料,了解到过去举行宴会的各种资料,组织者对宴会的场景、服装、菜肴的组成、餐具的运用、服务的形式、席间的娱乐等进行了精心策划,使客人身临其境。有一次欧洲一个大型旅游代表团去北京,住在该饭店,该团全体人员参加"宫廷皇帝宴",那天晚上该饭店餐厅灯火辉煌,鼓乐齐鸣。200多位旅客身着饭店统一发的"唐装"簇拥着中国皇帝打扮的旅游团长,走进富丽堂皇的餐厅。当这位团长乘着八抬大轿沿着红地毯登上宝座时,全场掌声雷动,将宫廷皇帝宴活动推向高潮。为在这里参加宫廷皇帝宴活动的客人提供了想象的空间,享受过去中国皇帝一样的生活,极大调动来宾的饮食兴趣和激情。

这次"宫廷皇帝宴"策划者不仅将宴会厅装成金銮宝殿,同时还将农村的舞龙、花轿请进宴会大厅,席间不仅表演中国的地方戏,并让宾客都来参与选"妃子"游戏。宴会后,外宾还饶有兴致地跳中国秧歌舞,既了解了中国文化,又品尝了中国美食。此举不仅扩大了饭店的声誉,而且也收到了很好的效益。

(二)养生黑色宴

随着人们生活水平不断提高,消费者除了讲究菜肴美味可口以外,还对菜品的营养保健功能提出了新的要求。上海某一宾馆餐饮部就顺应人们对美食新的需求,他们查阅了大量的资料、请教专家学者,对黑色食品营养价值及对人体生理上的功用做了研究,决定适时推出"养生黑色宴"为主题的宴会,并进行大力宣传。他们选取了市场上能买得到的所有黑色食品原料,如黑木耳、黑芝麻、黑蚂蚁、蝎子、乌鸡、黑鱼、乌参、泥鳅、花菇、发菜等,然后请宾馆名师精心策划,反复斟酌,合理搭配,组合成黑色宴会菜谱,其菜品主要有:蚂蚁拌芦笋、椒盐泥鳅、黑芝麻大虾、油炸金蝎、葱烤海参、虾子大乌参、蟹粉黑豆腐、灵芝炖甲鱼、黑枣扒猪手、黑豆凤爪汤、黑枣汤、酒酿圆子、黑米蛋炒饭等菜肴。"养生黑色宴"一推出,深受广大食者欢迎,每天顾客盈门,宾馆营业额不断上升。后来该饭店还打造了"养生红色宴"、"养生黄色宴"等系列养生宴,均收到很好的效果。

第四节 主题宴会的发展趋势

引导案例

随着国民经济的不断发展、科学技术的不断进步,人民生活水平不断提高,民众对饮食的需求有了新的要求。从过去吃饱、吃好,逐步向吃得营养、吃得健康方向发展;从过去举办宴会讲排场、摆阔气,逐步向勤俭节约、反对浪费、注重文化、讲究特色方向发展。尤其主题宴会的发展趋势将朝着如下几个方面发展:

一、菜肴讲究营养化

现行宴会的饮食结构已发生了很大的变化:从过去重荤轻素转为荤素并举;从过去重菜肴轻主食转为主副食并重;从过去猎奇求珍转为欣赏烹饪技艺与品尝风味并行。人们饮食喜欢既实惠又富有营养的菜肴,喜食低胆固醇、低脂肪、低盐的食物。过去仅从菜肴的色、香、味、形的角度来衡量宴会优劣,现在已不能满足顾客需求了。主题宴会食物结构必然朝着绿色、保健、环保、营养化方向发展。食物的营养价值将成为衡量主题宴会食品质量的一条重要标准。

二、运行讲究卫生化

主题宴会的食品卫生越来越受到重视,尤其在食物原料、就餐方式、环境卫生等方面更为讲究。分餐制、自助式的就餐方式是社会文明的标志,值得提倡。因此分餐制、自助式就餐势在必行,其他的如宴会上吸烟、唾液横飞地劝酒、盛情的布菜等不卫生、不文明的习惯都将被摒弃。

三、组配讲究节俭化

传统的宴会重"宴"而轻"会",强调原料稀贵、菜肴丰盛、数量越多越好,而且以菜肴酒水的贵贱和多少来衡量办宴者盛情深浅,结果导致浪费惊人。现代宴会菜点设计要去除传统的弊端,力戒追求排场,力求讲究实惠,本着去繁就简、控制数量、节约时间等原则来设计制作宴会菜点。勤俭节约、反对浪费会被更多的社会各阶层人士所接受。

四、操作讲究精细化

无论在菜肴的制作上,还是在服务上,一切以客人为中心。菜肴做到粗料细作,细料精做。原料选用侧重普通化,制作工艺提倡简洁化,菜品突出多文化,菜品质量强调标准化,服务更加人性化,服务项目多样化。

五、设计讲究特色化

设计讲究特色化是指主题宴会不但要具有地方风情和民族特色,还要反映本酒店、地区、城市、国家、民族所独有的饮食文化、地域文化、民族特色,使主题宴会呈现精彩纷呈、百花齐放的局面。还要吸取西方及其他国家的饮食文化及风味特色为我所用,如海鲜宴、湖鲜宴、法国风味宴、意大利特色宴等。

六、品种讲究多样化

在经济日趋发达的现代化社会里,宴会的形式越来越多,正确和合理打造主题宴会,有利于人们之间思想、感情、信息的交流和饮食文化的发展。主题宴会种类呈多样化是大势所趋,即宴会因人、因时、因地而宜,适合各种不同的客人需求而出现各种各样的主题宴会。

七、场面讲究美境化

随着人们价值观的改变和社会生产的高速发展,人们不仅对宴会食品的要求高,对服务及环境气氛的要求也越来越高。饭店能否吸引宾客,给顾客留下难忘的印象,与就餐的环境和气氛有密切的联系。举办主题宴会时,精心设计宴会环境,可使顾客在享受美味佳肴和优良服务的同时,还能从周围的环境获得相应的感受。因此,宴会的美境化趋势主要是指在宴会厅的布置、场面气氛的渲染、时间节奏的掌握、空间布局的安排、餐桌的摆放、台面的布置、花台的设计、环境的装点、服务员的服饰、餐具的配套、菜肴的搭配等等,都要紧紧围绕宴会主题来进行,力求调动一切可以调动的因素,努力创造理想的宴会艺术境界,保持宴会祥和、欢快、轻松的旋律,给宾客以美的艺术享受。

八、饮食讲究趣味化

宴会的趣味化趋势是指在注重宴会服务质量的同时,越来越注重礼仪,强化宴会情趣,体现中华民族饮食文化的风采,陶冶情操,净化心灵。过去美国有一餐厅将剧场搬进餐厅,形成餐饮剧场,客人品尝可口食品的同时欣赏美妙的歌舞表演,物质和精神同时得到满足。类似的经营形式目前在我国也已比较普遍。现代的宴会在进食时放音乐、观看舞蹈表演或提供其他形式的艺术欣赏已成为常事,盛大宴会上有时还边吃边看娱乐节目的表演。音乐、舞蹈、绘画等艺术形式都将成为现代宴会乃至未来宴会不可缺少的重要部分。

九、制作讲究快速化

随着社会发展的节奏越来越快,人们对宴会的饮食时间要求缩短,上菜的速度要快,宴会菜品的数量要适量,质量要提高,主题要突出。随着菜肴道数的减少,上菜速度的加快以及各种宴会形式的精简,中西结合宴会增多。宴会所使用的原料或某些菜肴,会更多地采用集约化工业化的生产方式,制成半成品或成品,加速菜肴制作的速度,使宴会制作时间过长的弊端得到控制。

十、形式面向国际化

主题宴会的形式逐步向国际标准靠拢,同国际水平接轨。当今世界许多国家,特别是现代化科学文明发达的国家,其宴会观念也趋于现代化。他们举办宴会,是重在"会"上,即着重创造一个与交往目标相称的宴会氛围,着重利用宴会这种特定的聚会方式,表达礼仪和进行交流。而对宴会食品则强调适量、精美和显示特色为主。随着东西方烹饪文化的交流,西方文明、现代化的宴会观念必将对中国传统宴会产生深远的影响,这是改革开放的必然结果,也是迎合各国旅游者、商务客人市场需要的自然选择。烹饪文化的国际交流会给中国烹饪文化的发展带来新的活力,各国间相互的融会贯通会对人类的相互理解、合作以及世界和平发挥积极的作用。

本章小结

1. 通过本章学习,能较全面了解主题宴会设计的特征与分类。
2. 懂得主题宴会设计的原则和要求。

3．掌握主题宴会设计的程序与方法。

4．知道主题宴会今后的发展趋势。

一、复习思考题

1．主题宴会设计的特征有哪些？可分为哪几大类？

2．主题宴会设计时应掌握哪些原则和要求？

3．试述主题宴会设计的作用、程序与方法。

4．简述主题宴会的发展趋势是怎样的。

二、实训题

根据你所学的主题宴会的设计知识，结合本地区的情况，设计一份以地方风味为主题或以节日庆典为主题的宴会。要求从菜单的制订、环境的布置、对外营销宣传、主题宴会举办等各个环节写一份计划书。

第七章 宴会台型的设计

本章导读

本章主要介绍中式宴会、西式宴会及大型宴会台型设计的种类、方法及设计中的注意事项。每种宴会台型设计都有各自的方法和要求，因此要求宴会台型设计人员不但要掌握各种宴会台型设计的方法和关键，还要具备中餐服务、西餐服务、宴会服务设计、宴会的组织与实施等方面的能力。要能根据不同类型客人对宴会场地的要求，设计出有个性、有主题的宴会台型，使宴会的台型设计达到较高的水平，体现出酒店的服务水平。

第一节 中式宴会台型设计

引导案例

某市政府在一家星级饭店举办中式宴会招待外国友好人士，邀请的中外客人约50人。饭店餐饮部十分重视这次接待工作，尤其对餐厅的布置及餐桌台型进行了精心设计。为了表达欢迎和友谊，宴会设计者将5张餐桌组合成花瓣形的台型，客人一进餐厅，好似沉浸在花卉之中，使人心旷神怡，兴趣盎然，加上宴会期间良好的服务，得到了客人及市政府领导的一致赞扬，大大提升了饭店的声誉。所以，宴会台型设计的好坏，直接关系到宴会的成败，我们必须认真研究，全面掌握各种中式宴会台型设计的种类、方法及关键。

一、中式宴会台型的种类

中式宴会台型设计除了掌握台型设计的含义及要求外，还必须掌握中式台型布置形式。

（1）三桌宴会可排成"品"字形或者竖"一"字形，餐厅上方的一桌为主台。如图7-1、图7-2所示。

（2）四桌宴会可以排列成菱形，餐厅上方的一桌为主台。如图7-3所示。

（3）五桌宴会可以排成"立"字形或梅花形，餐厅上方的一桌为主台。如图7-4、图7-5所示。

（4）六桌宴会可以排成"金"字形或五瓣花形，"金"字形顶尖一桌为主台，五瓣花形中间为主台。如图7-6、图7-7所示。

（5）七桌宴会可以排成"土"字形或六瓣花形，"土"字形顶尖一桌为主台，六瓣花形中间一桌为主台，周围摆六桌。如图7-8、图7-9所示。

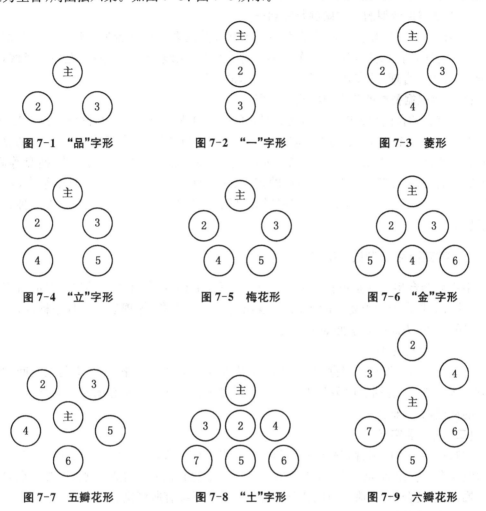

图7-1 "品"字形　　　　图7-2 "一"字形　　　　图7-3 菱形

图7-4 "立"字形　　　　图7-5 梅花形　　　　图7-6 "金"字形

图7-7 五瓣花形　　　　图7-8 "土"字形　　　　图7-9 六瓣花形

上述各台型是一些常见的台型，实际操作中可根据桌数、宴会厅的形状灵活变化，形成多种多样的台型，给人一种美的享受。

二、中式宴会台型设计的方法

🔊 **特别提示**：多桌宴会的台型布局要遵循因地制宜、突出主桌、整齐有序、松紧适宜的原则。

（一）要根据餐厅的形状设计好相应的台型

中式宴会一般使用圆桌台面，台型的排列要根据桌数的多少和宴会厅的大小及实际情况安排。多，不能挤，少，不能空旷。各桌台型应统一，主桌可以例外。对不规则、不对称的宴会厅，由于门多，有柱子，可通过台型设计，尽量避开和改变餐厅建筑中的不足，设计出与餐厅形状相适应的台型。

（二）要根据台型的变化选好主桌的位置

无论餐厅台型如何变化，都应突出主桌的摆放。一般主桌的位置视餐厅结构、门的朝向、主体墙面(或背景墙面)等因素而定。主桌应设在面对大门背靠主体墙面(指装有壁画或加以特殊装饰布置,比较醒目的墙面)的位置。

(三) 要根据台型的要求做到整齐划一

台型设计一般按宴会厅形状的大小及赴宴人数的多少设计台型。整个宴会台型的排列应整齐有序,间隔适当,合理布局,左右对称,桌脚一条线,椅子一条线,花瓶一条线,做到台型漂亮,布局合理,整齐划一,给人一种艺术的享受。

(四) 要根据餐桌的多少科学组织台型

一般宴会的台面直径以 1.8 m 为常见,通常坐 10 人,主台的台面直径略大,一般为 2 m 或 2.2 m,台面直径越大,坐的人数就越多,主台座位设计时不宜太拥挤,要比一般的宴会餐桌宽松一些,以便主要宾客入座活动方便一些,也便于服务人员上菜、分菜、换盘等服务。我们在设计宴会台型时,应根据餐桌的多少、主台面直径的大小,进行科学组合,如摆成"器"字形、"立"字形、"金"字形、"主"字形等,形成有个性、有特点的台型,给人一种焕然一新的感觉。

三、中式宴会台型设计的关键

中式宴会台型设计是根据主办人的要求、餐厅的形状、餐厅内的装修布置的特征来进行的,其目的是合理利用宴会的场地,表现出主办者的用意,体现宴会的规格标准,方便服务人员的服务,为此必须掌握如下关键:

(一) 台型要美观

中餐宴会台型设计应根据餐厅的形状和大小及人数的多少来安排,桌与桌之间的距离以方便客人进出,有利于服务员上菜、斟酒、换盘为宜。在整个宴会餐桌的布局上,要求有一定的造型,美观整齐。

(二) 主桌要突出

中餐宴会大多用圆台,餐桌在排列时,要突出主桌位置,一般主桌应放在面向餐厅大门能够纵观全厅餐饮活动情况。主要宾客活动空间要比其他餐桌宽敞一点,还要注重对主桌的装饰,主桌的台布、餐椅、餐具、花草等也应与其他餐桌有所区别。

(三) 餐桌要选准

根据客人的多少及要求,合理地选择餐桌的尺寸。餐桌有直径为 1.5 m 的圆桌,每桌可坐 8 人左右;有的直径为 1.8 m 的圆桌,每桌可以坐 10 人左右;还有的直径 2～2.2 m 的圆桌,可坐 12～16 人;如主桌人数比较多,可设置特大圆餐桌,每桌坐 20～24 人。根据宴会主题的设计,是否考虑摆放转盘,如不放转盘的特大圆桌,可在桌子中间摆放鲜花等作为装饰。

(四) 服务要讲究

重要宴会或高档宴会为了讲究卫生和提高档次,可考虑采用中餐西吃的服务方式,即所有餐饮服务都在工作台上进行,然后逐一分给客人。大型宴会除了主桌外,所有餐桌应编号,桌号牌应放在客人从餐厅的入口处就可以看到的位置,客人亦可从门口告示牌上的座位图知道自己的位置,如图 7-10 所示。宴会厅也可安排服务人员在门口进行引导。

图 7-10 餐桌摆放实况

🔊 **特别提示：**宴会前要根据客人举办活动的主题、人数、规模、宴请标准进行台型设计。不同的主题、人数、规模，在台型设计上应该有很大的差别，不能千篇一律，没有变化。

第二节 西式宴会台型设计

引导案例

某省政府领导准备在一家五星级饭店用西式宴会招待在本省工作的外国专家及中方代表共计 100 人，委托秘书帮助落实宴请事宜，秘书根据领导的意图，很快作了安排，并给本市一家五星级饭店领导再三强调西式宴会的标准、要求及重要性，饭店领导也十分重视本次接待工作，专门委托本饭店高级宴会服务师负责本次西式宴会台型设计。设计者根据宴会厅的装饰风格、就餐人数及主人要求，进行了精心设计。待领导及外国人一进西式餐厅，感到十分惊讶，西式台型竟设计得如此漂亮，感到不可置信，他们以为是请外国餐饮专家设计的，经饭店领导一介绍，省领导立即表扬，要求接见一下这位高级餐饮服务师，并表态以后省政府宴请外国人均可放在该饭店举办。因此，台型设计水平的高低，直接关系到饭店的声誉及经济效益。

西式宴会台型设计与中式宴会台型设计有根本的区别，尤其在餐桌的形式、西餐摆台使用的餐具（如刀，叉，勺）、酒具、烛台等与中式宴会相比有较大差别。如图 7-11 所示。为此，我们在设计西式宴会台型时要根据场地、宴会厅的装饰风格、参加宴会的对象、人数多少、采用何种服务方式等因素进行精心设计，这样才能达到预定的设计效果。

图7-11　西餐摆台实况

一、西式宴会台型设计的种类

🔊 **特别提示**：西餐宴会的餐台一般使用小方台或长方形台拼接而成,餐台的台型和大小可根据就餐的人数、餐厅形状和顾客要求安排,如20人左右的宴会一般可摆成"一"字形的台型或"T"字形台型;40人左右的宴会可排成"L"形台型或"N"形台型;60人左右的宴会可排成"M"形台型。

(一)"一"字形台型

适用于人数多的大型宴会主桌使用或人数较少的西式宴会厅包间内使用。"一"字形台型可分为圆弧形与长方形两种,圆弧形"一"字形台型适用于豪华型单桌的西式宴会。按西式宴会的习惯,正副主人坐在"一"字形台型的两头,主要客人坐在他们的两边,为了体现主人与客人不同,主人的餐位是圆弧形的。而大型宴会的主桌,如摆成"一"字形台型,主人与主要客人是坐在长桌的中间,宜选用长方形的"一"字形台型。如图7-12、图7-13所示。

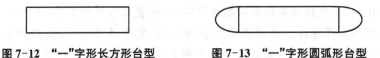

图7-12　"一"字形长方形台型　　　　图7-13　"一"字形圆弧形台型

(二)"U"字形台型

"U"字形台型有圆弧形与方形两种形式。搭台要求是横向要比纵向短(面向餐桌的凹处)。适用于主客的身份要高于或相同于主人。主要部分摆放5个餐位,体现主人对主客的尊重。餐桌的凹口处,是法式服务的现场表演处,便于主客的观看。如图7-14、图7-15所示。

图7-14　"U"字形圆弧形台型　　　　图7-15　"U"字形方形台型

（三）"E"字形、"M"字形台型

搭台要求，横向要比纵向短（面向餐桌的凹处），各个翼长度要一致，适宜人数比较多的餐桌。按西式宴会的习惯，主人坐在竖着的中间，客人坐在主人的两边和横着的位置。如图7-16、图7-17所示。

图7-16　"E"字形台型

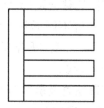

图7-17　"M"字形台型

（四）"T"字形、"回"字形台型

主要根据宴会厅的形状与宴会来宾的人数多少而选定。主人坐在中间的位置，客人从主人位置的两边依次往下排列就坐。如图7-18、图7-19、图7-20所示。

图7-18　"T"字形台型

图7-19　"回"字形台型

图7-20　"回"字形台型实况

（五）星形台型、教室形台型

这两种台型适合大、中型西式宴会。如图7-21、图7-22所示。

图7-21　星形台型

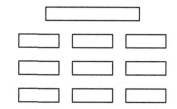

图7-22　教室形台型

二、西式宴会台型设计的技法

西式宴会台型大都采用正方形、长方形、圆形等不同餐桌的组合，因此，根据西式餐厅内空间的大小，决定餐台尺寸的大小，可以充分利用拐角、墙壁、柱子灵活设计，同时台型设计还要考虑到美观、方便等因素。

（一）利用西餐宴会规则设计台型

西餐宴会台型设计应根据宴会的规模和出席的人数分别选择相适应的台型，如"一"字形、星形、回形等，做到主桌或主宾区位置突出，客人进出通道宽敞，有利于客人进餐和服务员服务。

（二）利用不同的餐台及形状设计台型

利用长桌、圆桌等不同形状及大小的餐台进行有机的组合、巧妙的拼装、合理的搭配，形成不同形状的西式台型，既合理利用餐厅面积，又满足客人就餐要求，做到餐桌摆放整齐、横竖成型、斜对成线。

（三）利用花草植物及屏风分割区域

如果在一个宴会厅中分成几个功用的区域，如签到台、演讲台、音响、聚光灯等的宴会，可用花草植物及屏风进行巧妙的分割区域，使设备的配置安装与整个宴会厅餐桌摆放协调，整个宴会厅布置做到环境美观舒适，设备清洁卫生，使用方便，台型设计与布置有利于客人就餐及便于服务人员服务，餐桌摆放与工作台安排整体协调。

三、西式宴会台型设计的关键

（一）西餐宴会台型设计要与餐厅的装饰风格相适应

西餐宴会台型种类较多，不同风格的西餐厅餐台布置也不同，必须进行精心设计。

（二）设计布置要体现档次的差别

利用台布颜色和餐具质地、插花等桌面装饰来区分主桌和非主席的区别、一般西式宴会和高档西式宴会的差别。

（三）台型设计与服务方式相适应

采用不同的西餐服务方式，台型设计有较大的差异，如法式西餐要求餐厅灯光可以调节、服务通道要通畅、台型设计要宽敞些。

第三节 大型宴会台型设计

引导案例

某公司选择在某高星级酒店举办新产品发布会，该酒店宴会厅为圆形的设计模式，餐饮部为了提高接待及管理水平，组织相关部门进行专业培训，培训内容牵涉到宴会台型设计的方法和注意事项。现培训即将结束，要求参加培训的人员根据该酒店宴会厅的形状设计出300人参加的中式大型宴会台型图，并根据场地、人数、主办单位的要求，同时考虑突出主题、突显台型、突出氛围以达到主办单位的要求。

一、大型宴会台型的种类

🔊 **特别提示**：大型宴会设计时要根据宴会场地大小、人数或主办单位的要求进行设计，设计要新颖、美观、大方，并强调会场气氛，做到灯光明亮。通常要设讲台，投影屏幕、麦克风等要事先安装调试好，花草植物装饰布置要求做到美观。此外,吧台、礼品台、贵宾休息室等视宴会厅情况灵活安排,要方便客人用餐和服务员为客人服务,整个宴会厅要协调美观。

大型宴会一般参加人数多、场面豪华、要求高、工作量大,通常有特定的主题,如国家元首或政府官员为了庆祝国家重大事件而举行的招待会,欢迎或欢送国际友人来华访问等举办的大型的宴会。在民间为了庆祝婚礼、寿辰或纪念个人重大事件,邀请很多亲朋好友来参加而举办的大型宴会,一般在 16 桌以上,要使宴会有条不紊的举行,首先要根据参加人数的多少及主人的要求,结合宴会厅的形状设计好台型,具体按宴会的形式及性质来划分,大体分两大类型:

(一)桌餐式宴会台型设计

正宗的中式宴会一般以桌餐为主,如国宴、正式宴会及民间婚宴、寿宴等。大型中式宴会,由于人数多、桌数多,在台型设计时,应根据餐厅的形状及人数的多少进行精心设计,通常先确定主桌位置,然后确定前四桌的主要宾主的位置,其他餐桌可按顺序依次排列,可排成正方形的台型,也可排成长方形的台型及其他几何图形的台型等。如图 7-23、图 7-24、图 7-25、图 7-26 所示。

图 7-23 大型宴会台型婚宴实况

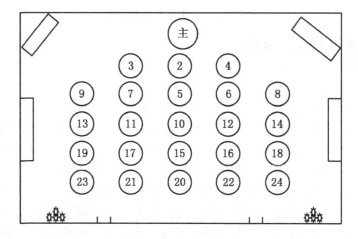

图 7-24 大型宴会台型

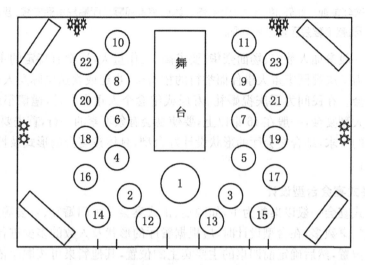

图 7-25　圣诞歌舞宴会台型

图 7-26　大型宴会台型实况

（二）非餐桌式宴会菜台台型设计

常见的冷餐酒会、自助餐宴会、鸡尾酒会等均是从西方引进的宴会，其形式与中餐宴会有根本的区别。不设餐桌、座位，所有菜肴、酒水、点心、水果、餐具及酒具在开宴会前全部陈列在菜台上，宾客站着进食，客人根据自己的喜好，可多次取食。为了显示宴会的档次，菜台台型设计十分讲究，一般根据参加宴会人数多少、餐厅的形状及餐厅内是否有柱子等因素进行巧妙的组合。如人数较多，可分几组布置菜台台型，各种菜点、酒水等分别放置在各组菜台上，其品种都是一样的，这样便于客人取食，防止拥挤。也可按冷菜、热菜、点心、酒水、水果等分别放置在各菜台上，客人按需到各菜台取食。菜台台型可根据餐厅形状及大小和参加人数灵活排成多种台型，如餐厅内有大柱子，可围着柱子排成"O"字形台型；还可根据宴会厅形状排成"H"字形、"S"字形、"Z"字形等台型。如图 7-27、图 7-28、图 7-29、图 7-30 所示。

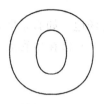 

图 7-27 "O"字形菜 台台型

图 7-28 "H"字形菜 台台型

图 7-29 "S"字形菜 台台型

图 7-30 "Z"字形菜台 台型

二、大型宴会台型设计的技法

大型宴席由于人多、桌多，投入的服务力量也大，为指挥方便，行动统一，应视宴席的规模将宴会厅分成主宾席区和来宾席区等若干服务区，在设计台型时应掌握如下技法：

（一）大型宴会设计要满足主宾活动的需要

台型设计应充分利用现有的经营场地，根据场地大小、形状决定餐台的摆放，要求整齐美观，各区域要紧凑、合理。主宾席区一般设置五桌，一主四副。主宾餐桌位要突出主宾与副主宾餐桌位，同时台面要略大于其他餐桌。来宾席区，宴席的大小可分为来宾一区、来宾二区、来宾三区等。大型宴席的主宾区与来宾席之间应留有一条较宽敞的通道，其宽度应大于一般来宾席桌间的距离，如条件许可至少不少于 2 m，以便宾主出入席间通行方便。

（二）大型宴会设计要满足服务的要求

台型设计应便于提供相应的服务，要留出方便客人进出的通道以及服务通道，划分主宾区域和服务区域。

（三）台型设计要与其他的服务设施相配合

大型宴会要考虑设置讲台和麦克风，灯光、背景板的设置，鲜花植物的装饰。工作台要靠近主桌，以及分区域设立工作台和酒水台。

（四）台型设计要考虑特殊情况下的疏散

大型活动可能会发生某些意外，如火灾等，因此靠近安全通道的餐台及靠近出入口的餐台安排要少，台型相应宽松些，除此之外的地方可以摆放紧凑一些。一旦发生意外，便于客人疏散。

三、大型宴会台型设计的注意事项

（一）注意宴会台型的合理

宴会餐桌安排应做到合理、美观、大方、整齐，其布局的一般顺序是"中心第一，先右后左，近高远低"。"中心第一"是指布局时要突出主桌或主宾席。主桌放在宴会厅中心，主桌的台布、餐椅、餐具的规格应高于其他餐桌，主桌的装饰也要有别于其他餐桌。大型宴席的主桌桌面可大于其他来宾席桌面。大型宴席的主桌与来宾席之间应留有一条较宽敞的通道，其宽度应大于一般来宾席桌间的距离，以便宾主出入席间通行方便。"先右后左"是按国际惯例而言的，即主人的右席地位大于主人的左席。"近高远低"是针对被邀请的客人身份而言的，身份高的离主桌近，身份低的离主桌远。

（二）注意合理使用宴会场地

宴席如安排文艺演出或乐队演奏,在安排餐桌时应为之留出一定的场地。如有乐队伴奏或文艺演出的情况下,其位置安排有两种方法:一是将乐队及文艺演出安排在主宾席两侧,二是将乐队及文艺演出安排在主桌的后方。

（三）注意餐桌的编号

大型宴会除了主桌外,所有餐桌应编号,号码架放在桌上,使客人从餐厅的入口处就可以看到。客人亦可从宴会厅门口的座位图知道自己桌子的号码和位置。座位图应在宴会前画好,宴会的组织者按照宴会图来检查宴会的安排情况和划分服务员的工作区域。而宴会的主人可以根据座位图安排客人的座位。但任何座位计划都可能出现额外客人,要留出座位。一般情况下应预留 10% 的座位,不过,事先最好与主人协商一下。

（四）注意设置工作台

大型宴会餐桌旁均要设置工作台,主桌要专设工作台,其余各桌可酌情设立适量的工作台。工作台的摆设距离要适当,便于服务员操作,一般放在宴会厅四周。

本章小结

1. 通过本章学习,能较全面地了解中、西式宴会台型设计的种类和方法。
2. 能清晰的知道中式宴会台型设计、西式宴会台型设计和大型宴会台型设计的关键。
3. 能够掌握中式宴会台型设计、西式宴会台型设计和大型宴会台型设计的技法。

检　测

一、复习思考题

1. 试述中、西式宴会台型在设计中有什么区别。
2. 大型宴会台型设计的种类有哪些? 请举例说明。
3. 试述大型宴会台型设计的注意事项。
4. 西式宴会台型设计和中式宴会台型设计的关键有哪些?

二、实训题

1. 某省长宴请美国政府代表团一行,中外客人共50人,餐厅面积约150 m²,餐厅形状为长方形,中间无柱子。请按中式宴会的要求设计台型,要求台型布置合理、组合美观。

2. 某宾馆接待一批英国旅游考察团,共32人,要求在宾馆为团员举办生日宴。已知该宾馆西餐厅是圆形的,面积约100 m²,请按西式宴会设计台型。

3. 某饭店大型宴会厅面积约1 000 m²,长方形,中间无柱子,安全通道共有四处,有一客户要求在该餐厅举办婚礼,共360人参加,要求主桌坐20人。根据餐厅形状、参加人数及主人要求,请设计360人参加的婚宴台型,要求台型排列有序、布局合理、左右对称、整齐划一。

第八章 宴会台面设计

本章导读

本章主要介绍了中餐宴会、西餐宴会和冷餐会台面的设计和装饰的基本要求。要求宴会台面设计者必须了解宴会的主题、特性、菜单和宾客特殊需求的同时,还需懂得美学和进餐礼仪习惯等知识。通过本章的学习,要求在掌握宴会台面设计的基础上,能够较全面地掌握中、西宴会台面设计的基本技能,在设计中、西宴会台面时能融会贯通,敢于创新,使客人在享受到美食的同时,还能感受到宴会台面美景,使人心旷神怡、心情愉悦。

第一节 宴会台面种类与设计要求

引导案例

有一家新开张的四星级饭店,宴会厅装潢得富丽堂皇,别具一格,加上菜肴很有特色,吸引了很多客人光顾,生意越做越红火。但是,随着时间的推移,顾客反而逐渐减少,总经理感到有问题,召集中层干部开会,分析其中原因,并发放调查表,征求老顾客对饭店经营的意见。经过调查得知,顾客减少的主要原因,一是宴会服务不佳,二是服务形式没有变化,尤其在台面设计中,不管什么主题宴会,变化不大,缺少新意和特色,不能满足客人求新、求变的心理。后来,总经理要求宴会部一方面提高宴会服务质量;另一方面,注重宴会厅环境的布置,并要求对不同的餐别、不同的主题宴会,要设计出不同的台面,使客人一进宴会厅,就感到台面设计有特点、有新意,与众不同。经过宴会部全体员工的共同努力,宴会服务的质量大大提高,使过去流失的老顾客又重返饭店消费,新顾客也纷至沓来,使宴会部营业额越做越高。

优雅大方的就餐环境、布局合理的台型和实用美观、富有创意的宴席台面都是成功的宴会不可或缺的重要因素。宴会的台面设计取决于宴会的主题、就餐的形式、菜肴的特色、场地的要求、风俗习惯和客人的特殊要求等。

一、宴会台面的种类

宴会台面由于宴请的目的、形式、菜肴特点和特殊要求的不同而不同,常见的台面有:

(一) 中餐宴会台面

中餐宴会台面可以根据不同的宴会规格、服务形式和宴请性质等分为如下几类:

1. 传统中式宴会台面

传统中式宴会台面一般以圆桌面和中式餐具进行摆台设计,在圆桌中央放转盘或在圆桌中央摆设花台等。

2. 中餐西吃的宴会台面

以长条桌和中西餐具结合的摆台设计,所有的菜肴一般用西餐美式服务的方法提供,又称为各客式服务,每道宴会菜肴都在厨房或在工作台边桌上分派装盘直接端给每位客人。

(二)西餐宴会台面

西餐宴会台面用于西式菜肴服务。常用的桌子有方形、长条形、椭圆形、圆形和 U 形等,台面摆放的是以西式餐具为主,如金属刀、叉和勺及葡萄酒杯、烛台、装饰盘、面包盘、菜单、胡椒盅、盐盅和各种装饰物品等。

(三)冷餐酒会台面

冷餐酒会也是西式宴会的一种形式,有西式冷餐酒会、中式冷餐酒会、中西合璧冷餐酒会,分坐式和立式两种。中西合璧冷餐酒会提供的中西冷热菜肴,品种丰富,供客人选择菜肴的余地大。因冷餐宴会的规格和就餐性质不同,台面设计也不同。如立式冷餐酒会只摆放食品台,不摆放客人就餐台面;而坐式冷餐酒会除了摆放食品台外,也要摆放客人就座台面,台面以摆放西式餐具为主,也可以配中式餐具。

二、宴会台面设计的基本要求

宴会台面设计既要充分考虑到宾客用餐的需求,又要考虑到宴会的主题形式及人数多少等因素。

(一)根据宴席的主题和规格进行设计

宴会台面设计应突出宴会的主题,如寿宴、婚宴、圣诞节、情人节、回归宴、谢师宴等。不同的主题对台面的色彩和装饰要求都不同。

同时台面设计还应考虑到不同宴会规格,根据宴会规格的高低决定餐位的大小、服务的形式、餐具的选择等。

(二)根据宴会菜点和酒水特点进行设计

宴会台面用具的选择应根据宴会菜点和酒水特点来确定,如中餐宴会享用中式菜肴的餐具有筷子、骨碟、汤碗、调味碟、筷架等;西餐宴会享用西式菜肴的餐具有与菜肴相配的头盘刀、头盘叉、汤勺、主菜刀、主菜叉、牛排刀、甜品叉、甜品勺等;饮用不同的酒水应选择不同的酒具,如香槟杯、啤酒杯、红葡萄酒杯、白葡萄酒杯、烈性酒杯、鸡尾酒杯、冰水杯等。

(三)根据进餐礼仪进行设计

宴会台面设计,应充分考虑到交往礼仪,如正确选定主人和主宾的餐位,选定不同的餐巾花,按照国际惯例安排宾客座位;另外还应尊重宾客的民族风俗和宗教信仰选择台布、台裙、餐巾的颜色和鲜花等。

(四)宴会设计应考虑服务形式和安全卫生

不同规格的宴会菜肴服务形式也不同,如在中餐宴会可以在转盘上分菜、服务桌上分菜、各客式分菜等,西餐宴会有美式服务、俄式服务、英式服务和法式服务等。

宴会台面设计还应考虑安全卫生的因素,在摆台时要注意操作卫生,并确保选用的餐具都是安全卫生的,如餐具没有缺口并经过消毒等。

第二节 宴会摆台与装饰

引导案例

某酒店又将迎来一年一度的圣诞节,如何确定今年的主题呢?去年是音乐主题,今年确定了当年最卖座电影《蜘蛛侠》主题,圣诞节活动主会场周围环境布置突显美国大片《蜘蛛侠》的诸多场景,服务员着蜘蛛侠服装、戴蜘蛛侠面具,做的是中西结合的自助餐。来宾被布置的场景、精心准备的节目和中西结合的美食深深打动,活动取得了圆满成功,此举也使此酒店以后每年的圣诞活动都备受欢迎和瞩目。

一、中餐宴会的摆台与装饰

(一)中餐宴会摆台的基本技能

中餐宴会摆台的基本技能主要包括摆放桌椅,铺设台布,铺设装饰台布、放转盘或围桌裙,摆放餐具等。

1. 摆放桌椅

中餐宴会一般选用圆形台面,根据宴会人数的多少和宴请规格选用不同直径的台面,宾客所占的圆弧边长一般为60 cm、舒适为70 cm、豪华为85 cm,圆桌的直径有1.6 m、1.8 m、2 m、2.4 m不等,应根据宴会的不同规格及人数,适用不同的圆桌,其计算公式是:

$$圆桌直径 = \frac{(60 \sim 85 \text{ cm}) \times 宾客人数}{3.14}$$

摆放时注意四条桌腿正对大门的方向,避免主人碰撞桌腿。

中餐宴会选用的椅子一般为高靠背的中式餐椅,摆放时可以采取三三两两式或均匀对称式餐椅摆放方式,见图8-1、图8-2。

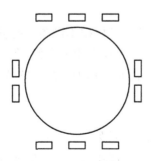

图8-1 三三两两桌椅摆放式

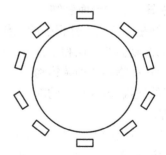

图8-2 均匀对称桌椅摆放式

2. 铺设台布

台布颜色的选择应符合宴会的主题,同时要检查是否整洁无破损和熨烫平整。

台布可选择主位或陪同与翻译位铺设,先将折叠好的台布从中线处打开,用双手抓起,采用撒网式或抖铺式的方法抛向桌面,轻轻回拉至居中,使台布中缝凸面向上,直对正、副主人位,要求台布铺设平稳、四面下垂均匀等。

3. 铺设装饰台布、放转盘或围桌裙

为了变化台面,根据需要可以选择与台布颜色不同的装饰布,铺放在台布上或围桌裙以美化桌面。

根据需要摆放转盘,将转盘竖起,双手握转盘,用腿部的力量将装盘拿起,滚放在台面中心,要求转盘底座、转盘和餐台圆心重合。

4. 摆放餐具

餐具的摆放因地区不同、饮食习惯不同和宴会规格不同而有一定的差异,但万变不离其宗,只有细小的差别。下面只是其中一个范例介绍(见图 8-3):

(1) 骨碟定位:根据中餐宴会规格的要求,从主人位开始,顺时针方向依次摆放骨碟,保证碟与碟之间距离相等,离桌边 1.5 cm。

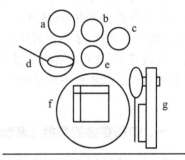

图 8-3 中餐宴会餐具的摆放

说明:a. 水杯 b. 葡萄酒杯 c. 烈酒杯 d. 汤碗汤勺 e. 调味碟 f. 骨碟和餐巾 g. 筷架、筷子、分勺和单独包装牙签

(2) 摆放筷架、筷子、分勺、汤碗、汤勺、牙签和调味碟等:在骨碟的右侧摆放筷架、筷子、分勺和单独包装牙签,筷子离桌边 1.5 cm 并与骨碟纵向直,分勺和牙签平行,在骨碟正前方 1 cm 处摆调味碟,调味碟左侧 1 cm 处摆汤碗和汤勺,勺柄朝左。

(3) 根据宴会客人需求摆放饮料杯,如同时摆放饮料杯、葡萄酒杯和烈性酒杯,应从左至右依次摆放饮料杯、葡萄酒杯和烈性酒杯。

(4) 摆放餐巾花:根据中餐宴会的主题和宴会的规格选择餐巾花,可以选择盘花、杯花或餐巾环花。

(5) 摆放公共用具:根据需要在台面上摆放席位卡、菜单、插花、公共餐具、分菜用具、台号、烟灰缸和火柴等。禁止吸烟的宴会厅应不提供烟灰缸和火柴。在主人和副主人位的正前方摆放公共餐具,在正副主人位处放菜单。高规格宴会提供每人一份菜单,插花摆放在餐台中心位置,大型宴会台号要面向宴会入口,方便客人入座。

(二) 中餐宴会的台面装饰

台面装饰是一项艺术性很强的工作,要求宴会设计人员根据不同类型的宴会的主题规格、餐厅布局及宴会的场地和主办方的要求,灵活设计出多姿多彩的台面,在餐桌上可以用各种鲜花、绿色植物和各种装饰物品装饰台面,使整个台面达到美化舒适的效果,以烘托宴会热烈美好的气氛,体现宴会的隆重。

1. 观赏坛

一般 14 人以上的大圆桌用观赏坛代替转盘,如花坛、雕刻坛等。花坛的大小要根据桌面的大小而定,放置在台面中心。摆放时先用草叶作一圆形的底衬,再把绿叶整齐地覆盖在上面,形成一个带有坡度的圆形绿色坐垫,然后再将不同鲜花穿插摆放,形成均匀美丽的花坛。花坛装饰的另一种方法是在台面中心摆放一个插好鲜花的花盆或花杯,再以其为中心摆放花草,用矮小的碎叶作垫底,再用较长的枝叶盖住花盆向外延伸,最后在花坛上面点缀鲜花,在布置花坛时注意花的色彩与种类,做到搭配得当。

雕刻坛可以摆放用萝卜、胡萝卜等材料雕刻的各种形状、不同颜色的动、植物等造型，如孔雀开屏、丹凤朝阳、春色满园等，周围再衬以花草。

高档宴会为了烘托气氛，观赏坛还可以使用黄油雕、冰雕和干冰，雕品可以根据各种主题活动的宴会雕刻各种形状，如奥运主题的五环、和平主题的和平鸽和中秋主题的嫦娥奔月等等。

2. 盆花及其他装饰

一般十人桌的宴会台面多在转盘上摆放盆花，有些在宴会台面的转盘上摆放一些工艺品，如金鱼缸内有活金鱼在游动等，但必须简洁精美，如摆放瓶花注意花色和种类的搭配，花形应饱满而多姿多彩，盆花底部应以装饰布或花草等进行修饰，不能露出花盆。如是工艺品，装饰应有新意、有特点、干净卫生，给人一种艺术美的享受。

（三）中餐宴会的席次安排

中餐宴会的席次安排应根据宴会的性质、主办单位或主人的特殊要求、中餐宴会礼仪规格和当地风俗习惯进行精心安排。具体应掌握如下原则：

（1）主桌主人的座位通常正对宴会厅大门，副主人与主人相对而坐。见图8-4。

（2）中、大型宴会一般餐桌主位可以正对大门，也可面向主桌。见图8-5。

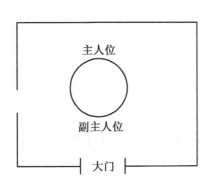

图8-4 主人位与副主人位座位席次安排

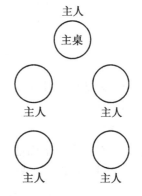

图8-5 中、大型宴会一般餐桌主位席次安排

（3）主人的右左两侧分别安排主宾和第二宾的座次，副主人的右左两侧安排第三和第四宾客的座次，主宾和第三宾的右侧位安排翻译的座次；另外主人的左侧也可以安排第三宾，副主人的左侧可以安排第四宾，其他座位是陪同席等。见图8-6、图8-7。

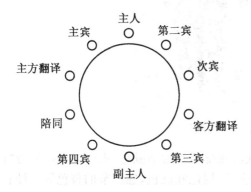

图8-6 主人与主宾等客人的席次安排(1)

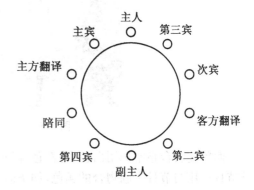

图8-7 主人与主宾等客人的席次安排(2)

二、西餐宴会的摆台与装饰

（一）西餐宴会摆台的基本技能

西餐宴会餐具的摆放应根据宴会的形式及菜单，不同的宴会形式及菜肴使用的金属餐具不同，如法式蜗牛配蜗牛夹和蜗牛叉；牛羊排类菜肴应配牛排刀和餐叉；鱼类菜肴配鱼刀和鱼叉等。

1. 摆放桌椅

西餐宴会一般采用方形桌、半圆形桌和长方形桌拼成的各种形状的宴会台面，如长方形、椭圆形、回字形和U字形等，也可以选用圆形餐台进行西餐宴会。如六人的西餐宴会可选用1.2 m×2.4 m的长方形桌面。见图8-8。

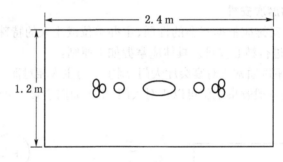

图8-8　西餐宴会长方形桌面

西餐宴会一般选用带扶手的沙发椅，宽敞舒适。椅子摆放在餐位正前方，餐椅边离台布下垂面1 cm为宜。

2. 铺设台布

西餐宴会一般在台布下面铺设防滑、吸音、吸水和触感舒适的法兰绒桌垫，大小与餐桌面积相同，台布直接铺在法兰绒垫布上。见图8-9。

图8-9　台布铺设在法兰绒垫布上

西餐宴会台布常选用白色、香槟色、浅灰色或淡咖啡色等素洁颜色，也可以根据西方特殊节日选用与节日主题吻合的颜色，如圣诞节的金色、绿色和红色，感恩节的黄色等。铺长方形台时，应站在餐台长边一侧，两手将台布横向打开，中缝凸面朝上，送向餐台另一侧并轻轻回拉至中缝居中。数块台布中缝重叠,台布下垂部分均等。西餐宴会还可以根据宴会主题性质选择台面装饰布点缀桌面。

3. 摆放西餐餐具

西餐宴会摆放餐具严格根据西餐宴会的菜单。餐具摆放的一般原则是用头盘的餐具摆放在左右最外侧,汤勺在右侧,最后用主菜的用具放在靠近装饰盘的最里侧,左手边放各种餐叉,右手边摆放各种餐刀和汤勺。面包盘放在装饰盘的左侧,并需配黄油刀,在装饰盘的上方摆放用甜品的餐具,甜品叉头向右,甜品勺头向左平行摆放,在餐位的右上侧从左向右依次摆放冰水杯、红葡萄酒杯和白葡萄酒杯。

(1) 摆放装饰盘:装饰盘又称看盘,从主位开始,按顺时针方向摆放定位,盘边离桌边1.5 cm。

(2) 摆放餐刀餐叉:从餐盘的右侧由里向外依次摆放主菜刀、鱼刀、汤勺和头盘刀,在装饰盘的左侧由里向外依次摆放主菜叉、鱼叉和头盘叉,除鱼叉向前突出23 cm外,其他刀、叉、勺把平齐,刀锋朝左,纵向互相平行,距桌边1.5 cm。

(3) 摆放甜品叉勺:在装饰盘的正前方由下向上摆放甜品叉和甜品勺,叉把朝左和勺把朝右。

(4) 摆放面包盘、黄油碟和黄油刀:在头盘叉左侧1 cm处摆放面包盘和黄油刀,使面包盘和装饰盘横向直径在一条直线上或盘边离桌边1.5 cm。在面包盘右侧四分之一处摆放黄油刀,黄油刀锋向左,在黄油刀尖延长线上摆放黄油碟。

(5) 摆放杯具:餐刀延长线上1 cm处摆放冰水杯,再从左至右依次摆放红葡萄酒杯和白葡萄酒杯。三杯在一斜直线上,与桌边呈45°角,杯肚相差1 cm。

(6) 摆放餐巾:选用盘花和餐巾环花直接摆放在装饰盘上。

上述(1)~(6)见图8-10。

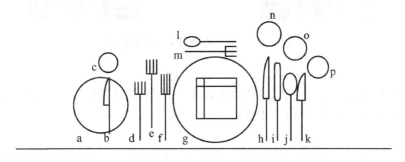

图8-10 各种西餐餐具摆法

说明:a. 面包盘 b. 黄油刀 c. 黄油碟 d. 头盘叉 e. 鱼叉 f. 餐叉
g. 装饰盘 h. 餐刀 i. 鱼刀 j. 汤勺 k. 头盘刀 l. 甜品勺 m. 甜品叉
n. 冰水杯 o. 红葡萄酒杯 p. 白葡萄酒杯

(7) 摆放公共用具:根据宴会人数配放插花、烛台、胡椒盅、盐盅和菜单等,菜单可以每人配一份,其他用品按四人配一套摆放在餐台中缝位置上,方便客人取用。

(二) 西餐宴会的台面装饰

西餐宴会台面以长方形为主,台面装饰既要考虑宴会主题,又要考虑长台的特点和主办方的要求摆放花草和装饰物。见图8-11。

图 8-11 西餐宴会摆放花草和装饰品的实况

1. "一"字形台面

一般是用绿叶在长台的中间摆一长龙,在距离餐台两端大约 40 cm 处分开,各向长台的两角延伸 15 cm 即可;然后在绿色上摆插一些鲜花或花瓣,但要注意鲜花的品种与色彩的搭配。见图 8-12。

图 8-12 "一"字形西餐宴会台面实况

2. 花坛花环混合式

在餐台的中间先摆好一个花坛,两边再以花环相连,如果餐台较长,则除了在中间设一花坛外,还可在两侧对称摆放两个小花坛。

3. 花簇

西餐宴会除了在台面中间摆放花坛和装饰外,还可在每位宾客的餐位左侧摆放一个小花簇,以供宾客取用。宾客入座后,可将花别在左胸前或插在西服小袋中。

4. 主题装饰

高档西餐宴会为了烘托气氛,在基本花草装饰的基础上,还可以有选择地进行主题装饰。

欧美的节日宴会根据节日的不同,餐桌台面的装饰物也各有特点,如 2 月 14 日情人节的玫瑰花、巧克力和贺卡;春分月圆后的第一个星期日复活节的彩蛋、小鸡、小兔子和鲜花等,见图 8-13;5 月和 6 月的母亲节和父亲节的贺卡、鲜花和小礼物;10 月 31 日万圣节的千奇百怪的面具和南瓜掏空后的"杰克"灯及各种糖果等;11 月第四个星期四的感恩节的玉米、南瓜和水果等,见图 8-14;12 月份圣诞夜和圣诞节各种西餐宴会可用各种圣诞饰品来装饰台面等。

图8-13　复活节用西餐宴会彩蛋装饰台面实况　　图8-14　感恩节西餐宴会台面装饰实况

　　还有很多各种主题的宴请活动,可以创意地用各种用品装饰台面,如冰雕、黄油雕、干冰和艺术品等。

　　另外还可以在宴会席面之外采用多种形式烘托宴会的主题和气氛,如大型宴会可以采用主桌后面的背景板、宴会厅入口处可设展示台、宴会厅天花板的布景和工作人员服装富有特色的穿戴等各种手段表现主题。

（三）西餐宴会的席次安排

　　西餐宴会的座次按照西方的礼仪、宴会的性质、人数等因素酌情安排。家庭和朋友聚会,参与者比较熟悉,气氛活跃,不拘形式,为了便于交谈,一般男女宾客穿插落座。

　　(1) 如果参加宴会的双方各有几位首要人物,第一主宾要坐在第一主人的右侧,第二主宾坐在第二主人右侧,次要人物向两侧依次排开。

　　(2) 如果双方首要人物偕夫人赴宴,法式坐法是主宾夫人坐在第一主人右侧,主宾坐在第一主人夫人右侧,见图8-15。英式坐法是主人夫妇各坐两头,主宾夫人坐在男主人右侧第一位,主宾坐在女主人右侧第一位,其他男女穿插依次坐在中间,见图8-16。

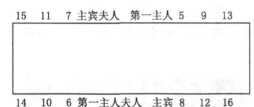
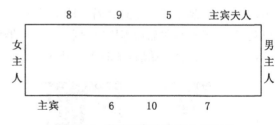

图8-15　法式西餐宴会主人与主宾　　　　图8-16　英式西餐宴会主人与主宾
　　　　　及其客人席次安排　　　　　　　　　　　　及其客人席次安排

　　(3) 如双方各自带翻译,主人翻译坐在宾客左侧,宾客翻译坐在主人左侧。

　　(4) 大型宴会需要分桌时,餐桌的主次以离主桌的远近而定,右高左低;以客人职位高低定桌号顺序,每桌都要有若干主人作陪;每桌的主人位置与主桌的主人位置方向相同。

三、冷餐酒会的设计与装饰

　　冷餐酒会一般有陈列食品的食品展台和客人就餐的餐台。两者的摆台和装饰要求有很大差异。

（一）食品台的设计与装饰

冷餐酒会食品台的设计是将各种菜肴食品及装饰物品在开宴前全部摆放在餐桌上供客人选用。一个经过精心设计与装饰的食品台,可以增加宾客的食欲,给宾客带来艺术的享受。

食品台的设计应首先考虑各种菜肴食品的种类和数量、盛菜所用的器具、食品台所需用的装饰品、各种用品所需占用的空间等;其次,还要根据参加冷餐酒会的宾客人数来决定食品台的数量,通常人数较少的冷餐酒会可以只设一个食品台,将菜肴、甜品和水果等都摆放在同一食品台上,在人数较多的情况下,则要考虑将开胃菜、冷菜、热菜、甜点及水果等分别摆放在不同的食品台上,也可以分为多组食品台,方便客人按饮食习惯选取食品。食品台的形状可以根据餐厅的形状进行设计,一般有长方形、口字形、椭圆形、圆形、半圆形、S形和L形等。

另外,食品台的设计要讲究艺术性,食品台的拼搭一般分两至三层,使之具有立体感。最上面一层用于装饰,可以选用各种艺术品、鲜花、干花、冰雕、黄油雕和其他物品等,见图8-17。这些装饰品可巧妙而恰当地穿插在菜肴之间,起到美化的作用。选用与宴会主题和宴会厅色彩协调的桌裙围住食品台,既可以美化食品台又可以遮挡桌腿。下面两层一般用于摆放食品菜肴等,在摆放菜肴、甜品等食品时,既要考虑方便宾客取菜,也应注意美观,一般是根据开胃品、冷菜、汤类、热菜、点心、水果等分段放置,布置时要注意从菜肴的荤素、色彩、口味等诸方面进行合理搭配;各种热菜的保温锅应保持清洁光亮,摆放合理美观;各种菜肴装盘要美观,富有艺术感。每款菜

图8-17　冰雕装饰实况

肴都要配有适合的取菜用具,如勺、叉或夹,取菜用具应用垫盘摆放在菜肴前,方便客人取用,菜肴调味品靠近所配的菜肴并附取用的勺。在布置食品台时,要留出适当的位置摆放取菜餐盘、汤碗和甜品盘等用餐盛器,各种盛器要摆码放整齐,见图8-18、图8-19。数量准备要充足,冷餐会开始后,随时需要补充。

图8-18　冷餐酒会食品台实况(1)

图8-19　冷餐酒会食品台实况(2)

（二）餐台、服务台的布置

（1）立式冷餐酒会餐桌的布置：在宴会厅四周摆设一定数量的小圆桌或小方桌，桌上摆放牙签、餐巾纸、烟灰缸及其他用品等；也可在宴会厅内准备一些餐椅供宾客使用。为了方便客人就餐的同时饮用饮料，立式冷餐酒会可提供杯托夹，饮料需用高脚杯盛放，方便客人挂杯使用。

（2）坐式冷餐酒会餐桌的布置：根据宾客的人数安排餐桌及餐椅，餐台可以使用圆形或长方形都可以，餐台上根据冷餐酒会的规格和提供哪些服务决定摆放哪些餐具，如头盘刀、头盘叉、汤勺、主菜刀、主菜叉、餐巾、面包盘、黄油刀、甜品叉、甜品勺和饮料杯等，各种餐具可按西式宴会要求摆放，如冷餐酒会饮料由工作人员提供斟倒服务，则在餐桌上应提供饮料杯；如果饮料是自己到饮料台自取，则无需在餐桌上摆放饮料杯，可在饮料台上摆放一些饮料杯，供需饮者自取。餐桌上装饰同西餐宴会，并配备一定数量的胡椒盅、盐盅、牙签盅和盆花等。

（3）主宾席的布置：有的冷餐会因有贵宾参加而需要重点服务，则需要安排贵宾席，根据规格和宾客的要求提供相应的宴会服务，如斟倒酒水、服务头盘等，席面也要根据不同的需求配备相应的餐具用品。

本章小结

1. 通过本章学习能较全面地了解各种宴会台面设计的种类及设计的基本要求，在台面设计中知道应注意哪些问题。

2. 通过本章的学习能够较全面地掌握中餐宴会摆台的基本技能与装饰要求，懂得宴会主人与客人的席次安排。

3. 通过本章的学习能清楚地懂得西餐宴会摆台与中餐宴会摆台在餐具与台面装饰上的区别，掌握西餐宴会主人与客人的席次安排。

4. 通过本章的学习能较全面地了解冷餐酒会台面设计的要求，掌握菜台布置的技巧与方法，使冷餐酒会台面设计符合就餐形式及客人的需求。

检 测

一、复习思考题

1. 宴会台面的种类及设计要求有哪些？

2. 中餐宴会摆台的基本技能包括哪些内容？

3. 中餐宴会台面装饰一般采用哪些方法？

4. 西餐宴会铺设台布应注意哪些问题？

5. 怎样设计冷餐酒会食品台？

二、实训题

1. 请设计20人就餐的中餐宴会的台面，主题是中秋团圆宴会，并请详细说明设计思路及方法。

2. 请设计8人西餐宴会台面，主题是感恩节，要求详细说明设计思路，并画出示意图。具体菜单如下：

田园沙拉　　　　奶油蘑菇汤　　　　烧火鸡　　　　黑森林蛋糕

3. 某汽车制造公司60年庆典，举办冷餐酒会，参加人数是100人，冷餐酒会标准是150元/人，主桌20人。请设计菜单，并画出台形、食品台和台面的示意图。

第九章 宴会服务

本章导读

本章主要要求了解中餐宴会服务的类型与特点,概括了宴会形式的多样性、宴会标准的多层次性、宴会经营环节的复杂性。良好的宴会服务是一门学问,服务人员必须掌握大量的专业知识和娴熟的操作技能,灵活地运用各种服务程序与标准,使宾客从消费中得到享受。本章内容翔实、操作性强,酒店工作人员在理论学习过程中,必须密切联系工作实际,反复实践,不断完善,掌握工作程序,从而体会到服务是一门学问、是一门艺术,从而使服务水平得到进一步的提高。

第一节 宴会服务类型与特点

引导案例

刚刚从旅游学院酒店管理专业毕业的小顾被正在试营业的某准四星级酒店录用了,上班的第一天,恰逢宴会预订接待了一场会议,会议的主办方要求在会议结束后举办一次宴请,因参加宴会的有许多外籍专家和学者,故举办方要求宴会的形式必须考虑中西合璧。餐厅经理是一位曾在政府招待所工作过的老师傅,但对于西餐却一窍不通,更不知道中西合璧宴会怎样服务。这时,小顾在学校所学的知识终于可以发挥了,他主动承担了为这次宴请任务的策划,并对餐厅服务员进行专业知识方面的培训⋯⋯

一、宴会服务的类型

由于宴会举办的形式、目的、规模不同,宴会服务的类型也不一样。具体可分如下几种类型:

(一)按规格来分

可分为国宴、正式宴会、便宴等。

(二)按进餐形式来分

可分为站立式宴会与设座式宴会。

(三)按宴会内容来分

可分为中餐宴会、西餐宴会、中西合璧宴会等。

(四)按举办宴会目的来分

可分为欢迎宴会、答谢宴会、一般宴会等。

除此之外,在我国民间还广泛地流行着各种形式的餐饮聚会,如婚宴、寿宴、生日宴会、年夜饭、满月酒、谢师宴等。

二、宴会服务的特点

宴会是餐饮产品销售的一种形式,随着酒店业的发展,服务也日趋完善。其自身的特点越来越明显,聚餐化、规格化、社交化、礼仪性是其突出的四大基本特征,其种类复杂,档次区别大,服务方式也各不相同。按宴会菜点的质量、规格,可分为高档宴会、普通宴会、素食宴会等,总体上可以概括为以下几个方面的特点:

(一)宴会服务形式的多样性

宴会服务有普通宴会、高档宴会、中式宴会、西式宴会、中西合璧宴会等。

图 9-1　中餐厅与宴会包厢

1. 普通宴会

宴请方式比较简单,常用肉类、禽类、水产类、蔬菜类等一般原材料制作的菜品组成的宴会。要求整体服务及菜肴要保证质量,这种宴会经济实惠,常用于团聚、庆祝、饯行等普通聚餐形式。

2. 高档宴会

场面要求喜庆而气派,菜品通常选用山珍海味或土特产为原料,经厨师精心烹制而成,餐厅环境布置策划周密、高雅华贵。菜单预先确定,餐具考究,常伴有文艺娱乐演出,服务方式优质而灵活多样,规格层次较高,如婚庆、庆功宴、生日/祝寿及商务性高档宴请等。还有会议性宴会,是将会议、商业谈判、学术交流与宴请相结合,服务档次高,菜品要求精细而有品味,此种宴请的场地常常与多功能会议厅结合使用。

3. 中西合璧宴会

这种宴会菜肴品种繁多,且中西餐相结合,菜品烹制较丰富,台型变化多样,服务方式快捷,多数表现为自助餐会、冷餐酒会、鸡尾酒会等。

(二)宴会标准的多层次性

宴会的档次是千差万别的,酒店通常依据顾客的需求与消费水平确立不同的宴会标准,按照不同消费水平,配置相应的菜单,同时提供不同规格的服务。

（三）宴会经营环节的复杂性

宴会经营不是由一个部门单独完成的，它牵涉的面很广，从菜肴的采购到验货库存，从前厅服务员的服务到后厨厨师的菜肴制作，从宴会的预定到财务的成本核算，每一个环节都贯穿着经营管理的过程。

（四）宴会消费的享受性

宴会消费的过程，也是宾客追求物质享受的过程。酒店管理者应该充分了解宾客这一心理，不断地完善菜肴与服务，让宾客始终感觉到他是受重视的，在其消费的享受得到满足时，宾客才会对酒店有所回报，从而给酒店带来较好的经济效益。

【小资料】

国宴是国家元首或政府首脑为国家庆典活动（如国庆）或为欢迎外国元首、政府首脑来访举办的正式宴会。规格最高，也最为隆重，一般在宴会厅内悬挂国旗，设乐队，演奏国歌，席间致词，在菜单和席次卡上印有国徽。其特点是出席者身份高、礼仪重、场面隆重、服务规格高，菜点以热菜为主，兼有一定数量的冷盘。

正式宴会是政府和群众团体有关部门为欢迎应邀来访的宾客，或来访的宾客为答谢款待而举行的宴会，其安排与服务程序大体上与国宴相同。宾主按身份排列席次和座次，在礼仪上要求也较严格，席间一般都有致词或祝酒，有时也设有乐队演奏席间乐，但不悬挂国旗，不演奏国歌，席间的规格也低于国宴。

便宴（非正式宴会），不拘严格的礼仪，随便亲切，多用于招待亲朋好友、生意上的伙伴等。此类宴会常于席间随意交谈，不作致词或祝酒，菜点的道数和饮料品种也不作具体规定，可酌情增减。

第二节　宴会服务程序与标准

引导案例

一家四星级饭店接待一场婚宴，原预定30桌，但待开宴前，主人提出增加到32桌，由于宴会部餐前准备工作不到位，服务人员七手八脚，将没有来得及清洗消毒的餐具急忙摆台上桌，可待正式开宴时，后补的两桌客人意见很大，发现有些餐具上有缺口，且还有灰尘。婚宴主办方坚决要求饭店对此事给个说法。经饭店管理人员努力协调，总算平息了事态。但造成了很不好的影响，同时也给饭店带来了一定的经济损失。造成这次事件的主要原因是服务人员没有按宴会的服务程序与标准去规范操作，此事值得我们深思。

一、中餐宴会服务的程序与标准

特别提示：中餐宴会对服务技能要求较高，餐厅管理者要重视四个方面的管理：(1)宴会前的准备工作情况；(2)服务人员的仪表、仪容、对客服务态度；(3)宴会服务中的规范操作、熟练程度；(4)餐后的收尾工作。

餐厅的宴会部门与客人签订了宴会合同之后,应迅速发放宴会通知单至各相关部门,餐厅接到宴会通知单后做好宴会前的服务组织工作,做到"八知""三了解"(八知是知台数、知人数、知宴请标准、知开餐时间、知菜式品种及出菜顺序、知主办单位、知收费方式、知宴请对象,三了解是了解风俗习惯、了解生活忌讳、了解特殊需要)。

除此之外还要了解宴会的性质及相关注意事项,着手做好宴会的布置、物品的准备、人员的安排、餐前检查等准备工作。具体程序与标准如下:

(一) 宴会的场地布置

宴会的组织者要根据宴请活动的形式、性质、桌数等具体要求来布置宴会场地,布置时要突出主桌,主桌的位置应设在能够纵观整个宴会场面的地方,其背面通常以屏风、壁画或花草来衬托,其他桌椅家具需围绕主桌对称摆放。

台型布置的原则为"围绕主桌,先右后左,由近至远"来设计,每桌一定要注意桌距,桌距既不能过大,也不能过小,要以方便客人入座、离席及便于服务人员操作为限,如有乐队演奏或演出,也要留出场地供其表演。

其他宴会酒吧及工作柜等依据宴会的场地空间灵活设定摆放。

(二) 宴会摆台与餐前物品的准备

宴会餐具准备与摆放工作要根据宴席菜单来安排,不同标准、不同规格的宴席其所配的餐具也有所差别。常见的宴席桌面摆台餐具有:餐位垫盘、骨碟、调味碟、口汤碗、匙羹、分羹、筷子/架、水杯、红/白葡萄酒杯、烈性酒杯、袋装牙签、烟缸、口布及中心摆饰品等。

宴会工作台备用餐具的数量、品种、名称要根据宴会菜肴的数量、宴会出席的人数来进行计算,备用餐具准备时要考虑到宴会期间临时加人或损坏时的替补,一般约多备 20%,尤其是骨碟、汤碗/匙、烟缸及玻璃器皿,将各类开餐用具摆放在规定的位置。

(三) 酒水、饮料、香烟、水果的准备

宴会的酒水、饮料、香烟、水果通常是按照宴会通知单上的要求,在宴会开始前 30 分钟摆放在工作台上,水果要清洗干净,酒瓶及饮料罐也要擦干净,随用随开,不可浪费,值台服务人员一般在开宴前 5 分钟斟好预备酒。

(四) 冷盘的摆放

大型宴会通常在宴会开始前 20 分钟摆放好冷菜,中小型宴会要视现场的具体情况而定,冷菜上早了,既不符合卫生标准,也容易被空调风吹干,影响菜肴造型。摆放冷盘时,尤其要注意菜点色调的分布与菜肴荤素的搭配摆放。

(五) 服务人员的组织与安排

大型宴会一定要统一指挥,服务工种分别由现场管理人员、迎宾员、值台服务员、斟酒员、传菜员、机动人员组成,准备阶段时管理人员必须分工明确,每位服务人员的工作区域、范围与任务要清楚,如果有必要的话,宴会开始前需要进行一场模拟演练,让每位工作人员明白自己的工作区域,熟悉他们将要做的工作,以确保大型宴会万无一失。

(六) 开宴前的检查

为确保宴会工作中少出差错,管理人员在宴会前必须对照宴会通知单上的具体要求检查,如餐桌卫生情况、安全、设备运行状况等。从桌面服务人员、传菜人员等分派工作是否合理,到餐具、饮料、酒水、水果是否备齐,从摆台规格到各种用具及调料是否备齐并略有盈余,从服务人员的仪表装束到其卫生情况是否达到标准,从宴会厅的清洁状况及餐具是否消毒,到照明、空调、音响等系统是否正常工作,均要严格检查,以消除宴会中可能出现的隐患,努力将事故的发生率降至最低限度。

(七) 宴会的现场服务

宴会现场服务程序很多,都有一定的标准和规定,必须按规则进行:

1. 迎候宾客

按照宴会通知单要求,由宴会主管人员或服务人员在宴会厅门口迎接宾客,向客人问好,微笑致意。

2. 存放衣帽

宴会规格较小,设衣帽架,安排服务人员照顾宾客卸大衣和接挂衣帽。宴会规模较大,设衣帽间,凭牌存放衣物。

3. 休息厅服务

宾客来休息厅后,服务员招呼入座,根据要求上茶、递毛巾或派酒。

4. 入席服务

宴会前5~10分钟倒好宴席规定的酒水,站在服务台席一侧等候宾客入席。宾客入席,服务人员需面带笑容,引领入席。引领次序是:先女宾后男宾,先主宾后一般宾客顺序拉椅,对年长和行动不便的宾客要优先照顾。客人坐定后,接着递香巾、铺口布、上茶,根据要求斟橘汁、啤酒或矿泉水等,最后按照要求斟烈性酒,帮助宾客除下筷套。

5. 上菜顺序

先食用冷盘,在宾客食用10分钟左右,接着上汤或热菜(也有将汤羹放在热菜以后上的),最后是点心和水果。

6. 厨房出菜速度控制

如上菜过慢,造成空盘或菜冷汤凉;上菜过快,宾客吃不好和有被催促的感觉。管理者要现场监督,灵活掌握上菜时间与速度,这样才能保证菜肴的质量、色泽及温度。当主人和主宾临时即席致祝酒词时,需和厨房联系,控制出菜的节奏,如遇大型宴会,则要有专人协调,统一上菜,显示规格。

7. 服务方式的糅合运用

根据宴会规格、出席人数和主办单位要求,选用转盘服务或分餐式服务。上菜时,服务员要先看一下菜单,记下菜点品名和风味特点,以备询问。撤下前一道菜的骨碟时,需立即换上干净骨碟或汤碗。食用需要用手直接拿取的菜点时,要跟上小毛巾。上带有配料的菜点时,应先上配料后上菜。

8. 斟酒要求

酒水要勤斟勤上,每上一道菜后,要视情况斟一遍酒。在宾客干杯和互相敬酒时,应迅速拿起瓶到桌前准备添酒。在主人和主宾讲话前,要注意观察每个宾客杯中酒是否已满上。在主宾席服务的服务员,在宾主离席讲话时,要立即斟上一杯酒,放在垫好口布的小托盘里托起,随后侍立一边,当讲话结束时,迅速送上,使之能举杯祝酒。当讲话的主人或主宾到其他桌子祝酒时,服务员要同时托着红酒和烈酒随其后,随时为其斟用,当宾主祝酒回到座前时,要照顾其入座。

9. 宴会结束前后的服务工作

当宴会将结束时,服务员要把工作台上的餐具、酒水归置好,然后退到桌边等候宾客起座。当宾客起身离座时,应为其拉开坐椅,疏通走道。当宾客步出宴会厅时,要视情况目送或随送至宴会厅门口,不要在宾客刚起身还未出宴会厅时便忙于收台。在宾客离席后,要检查台面是否有未熄灭的烟头,宾客是否有遗留物品。收台时的顺序为:先收口布、小毛巾,然后是玻璃器皿,最后是瓷器。

10. 宴会服务中的注意事项

当主人和主宾在席间讲话或举行国宴奏国歌时,服务员要停止上菜、斟酒,迅速退至工作台外侧肃立,不要走动,也不要三三两两聚在一起交头接耳。在服务过程中,走动脚步要轻快,动作熟练敏捷,拿取物品要注意轻拿轻放。斟酒服务时,不要把酒水滴在客人身上。席间如有事或电话告诉客人,要略欠身,低声细语,不可大声喊叫,干扰其他宾客,如身份较高的主宾或主人,应通过主办单位的工作人员或翻译转告。

二、西餐宴会服务的程序与标准

🔊 **特别提示**:西餐宴会服务与中餐宴会服务在服务的细节上存在着较大的差别,尤其在菜单的结构、烹调方式、服务要求、用餐习惯上较为突出。

西餐宴会服务方式大都起源于欧洲贵族家庭,经多年演变,才在餐馆中使用,目前流行的服务方式通常分为:英式、美式、法式、俄式、大陆式,但具体的服务程序与标准大同小异。

图 9-2 西餐厅和西餐摆台

(一) 宴会前的准备

1. 任务分配

宴会餐厅管理人员制定好每个宴席的编号,将宴席编号的餐桌固定为一个区域,然后按区域分配给各服务员,服务员便将宴席编号用在客人的账单上,方便上菜和结账。服务区域分配方法因宴席种类而异,通常是两个服务员为一组,一人负责前台,一人当助手,这样始终保持前台服务区域内至少有一人值台,不会出现"真空"现象。

服务员与客人的比例根据服务的要求和宴席种类不同,较难有一个固定的比例。一个经验丰富的服务员能够照料、接待更多的宴会客人,服务质量也高,新来的服务员和见习服务员一般先担任助手或被分配到接待量较轻的宴会,以便在为少量的客人服务中有一个取得经验的机会。

宴会服务任务分配一般在服务员签到后自行从告示栏中了解,宴会部管理人员作特别的交代。服务员接到自己的宴席任务分配后,要了解本宴席的客人是否有特别要求,是否是 VIP 客人,严格按餐厅管理人员的吩咐做好宴会前的准备工作。做后台宴会服务工作的服务员通常相对固定,如:餐具室、洗涤间等。应按宴会工作程序在规定的时间内完成宴前的准备工作。

2. 宴会厅的准备工作

宴会厅的工作人员应按下列步骤进行铺台准备工作:

(1)宴席餐桌的准备。宴会厅服务员应在开餐前检查其工作区域,检查场地,将宴会餐桌定位,同时检查餐桌的稳固性。摆放餐具前,要用在清洁剂和温水的溶液里浸泡过的抹布擦洗餐桌,检查是否有足够的座位,并擦洗桌面,清除有黏性的地方。

(2)宴席餐桌台布的准备。选择合适的尺寸,台布平时的摆放应按照规格大小分开存放。台布的颜色有白、黄、粉红、红和红白格子的,以白色最为普通。一般来说,一个宴席只选用一种颜色的台布,配以其他辅助色彩给予点缀。宴席台布又分为圆桌台布和方桌台布,方桌台布以每边下垂约 40 cm 为宜,台布的边正好接触到椅子的座位,宴席长台通常是用方桌拼成。铺大圆桌的台布时,台布的四角下垂部分应相等且正好盖住桌子的四个脚。

(3)宴席餐具的准备。当桌垫和台布合适地铺好后开始摆台,按宴席菜单要求摆放垫盘、碟子、餐刀、餐叉、特种餐具、餐巾和玻璃杯等。餐具的具体摆法取决于宴席采用何种服务方式和宴席上什么样的饭菜。

摆台时要用干净的托盘端出瓷器、玻璃杯、餐具和餐巾等,不要图省事而用手抓或洗涤筐这些不卫生、不规则的操作。摆台时,瓷器要拿其边沿,拿玻璃杯的底部和杯脚,刀、叉、勺拿把柄,并对餐具进行检查,把破损和不干净的餐具挑出来,退回洗涤间。许多宴席规定玻璃杯在宴前应倒扣在台上,但要注意玻璃杯只能倒扣在干净的台布和垫子上,在宴会开始前,将所有的杯子正过来,否则会给人宴席仍未准备好的印象。

摆台后,必须仔细检查一次,确保所有桌面的用品都干净、齐全,并按照规格摆放,检查蜡烛是否已换上整的,灯具是否处于正常的使用状态。

(4)宴席餐具柜的准备。一桌宴会至少要有一个餐具柜,餐具柜用于储藏服务设备,放在靠近服务宴席区的地方,便于工作人员取餐具、台料等用品。收台时,值台服务员把换、收回的脏餐具放在托盘里暂时搁在餐具柜上,由助手负责送到洗涤间。服务员在宴会开始前将各种餐具、调料和服务用品领来储存在本宴席区域的餐具柜中,不同的宴会种类,餐具柜储存物是不一样的。

大多数宴会通常包括:

新鲜咖啡/茶壶及加热器。

冰壶和冰块夹,干净的烟缸和火柴。

干净叠好的餐巾,各种台布等,各种刀、叉、匙等餐具。

宴席菜谱、盐瓶、胡椒盅、色拉油和其他调料。

各种固体饮料、柠檬茶等。

儿童用的桌垫、菜谱、围嘴和餐具。

特种菜的餐具和用具,如柠檬压汁器、吸管、海味叉等。

饮料杯,杯垫等。

账夹和服务托盘,各种瓷器、银器和玻璃杯具等。

（二）熟悉宴会菜单

1. 了解宴会菜单的内容

工作人员在接待宴会前必须熟悉当天的宴会菜单,因宴会菜单是根据宴会的不同形式而不断变化的,菜单的变化一是为了适用于不同的宴会客人,二是由原料或菜肴的变化以及不同宴会标准成本所致。

2. 知道宴会菜肴的结构

服务人员要了解宴会菜谱、食品原料知识,当顾客对宴会菜肴知识所知无几时,需要帮助解释。根据客人的饮食习惯和就餐顺序,一般菜单按下列顺序排列:

冷热头盘、色拉、汤、鱼和海鲜,主菜(牛排类)、蔬菜、甜品、饮料。

头盆有冷热之分,又叫开胃品类,包括蔬菜、果汁、水果和海味类等。

主菜包括:牛排、羊排、海鲜、家禽、肉食和特色菜。

多数宴会菜单安排通常有冷头盘或热头盘、汤、色拉、主菜(在牛排、羊排、海鲜、家禽、肉食和特色菜中进行选择)。

（三）熟悉西餐菜肴的烹调方法

常见的西餐宴会烹制方法有烘、煮、焖、炸、烤、烩、汆、爆、蒸、炖、煨等。

如:烘——在烘炉中,用小火慢慢加热,直到原料成熟;煮——在100℃的沸水中制作,水泡会不断上升到水面,并随之分解,特点是汤菜各半,汤宽汁浓,口味新鲜;焖——将经过炸、煎、炒或水煮的原料,加入酱油、糖等调味汁,用旺火烧开后再用小火长时间加热成熟的烹调方法,焖的特点是制品的形态完整,不碎不裂,汁浓味厚;炸——在灼热的食油中炸煎制作,有的用少量食油嫩煎,也有的在大量的热油中深炸;烤——将经过腌渍或加工成半熟制品后,放入以柴、煤、碳或煤气为燃料的烤炉或红外线烤炉,利用辐射热能直接把原料烤熟的方法;烩——将加工成片、丝、条、丁的多种原料一起用旺火制成半汤半菜的菜肴;汆——采用沸水下拌,一滚即成的一种烹调方法;爆——将脆性原料放入中等油量的油锅中,用旺火高油温快速加热的一种方法;蒸——在蒸汽中蒸熟;炖——在足够的水中小火炖制;煨——在汤水非沸似沸的条件下用文火慢慢地煨煮。

（四）掌握西餐菜肴的加热时间

宴会菜肴的加热时间长短取决于厨房的设备、菜肴本身的烹制时间及加热方法。正确掌握烹制时间,可帮助服务员在不同情况下控制宴会上菜的速度。常见菜肴的加热时间有所不同,如鸡蛋沸水下锅7分钟左右成熟;鱼10～15分钟;牛排(一英寸厚)半生熟10分钟,适中的15分钟,熟透的20分钟;羊肉排20分钟;猪排15～20分钟;野味30～40分钟;炸鸡10～20分钟;蛋奶酥35分钟。

有些菜肴可根据宴会需求预测,事先做好,叫"预制食品",当宴席需要时,在微波炉中加热,只需几分钟甚至几秒钟即可。有些菜肴要反复试验,掌握加热成熟的各种控制参数,保质保量,满足宴会上菜的需要。

（五）菜肴的配料

西餐宴会的每道菜肴均需与配料相配后方可上桌食用,其大部分配料搭配都有一定的规律,这就要求服务人员正确掌握常用的菜肴配料知识,如鱼菜配"V"形柠檬片;鱼和海鲜类配鞑靼调味汁;汁中含有琢碎的熟蛋黄、碎酸菜、橄榄油、干葱粒等;汉堡包配番茄酱和泡菜;牛排配牛肉酱汁;热狗配芥末汁酱;土豆薄煎饼配苹果酱;薄煎饼配糖酱、蜂蜜;色拉配调味汁(三种以上供选择);面包配黄油;烤面包配黄油、果酱;汤配咸苏打饼干;龙虾配澄清的黄油;主菜配欧芹以增加色彩;咖啡配牛奶和糖;茶配柠檬切片和糖;烤鸭配薄饼、葱和甜酱;煎炸的鸡鸭等配椒盐和番茄酱;需要用手帮助食用的菜肴如螃蟹、龙虾等要配洗手盅,即在洗手盅里倒入五成温水,放入少许柠檬片、菊花瓣等。

图 9-3　西餐菜肴

(六) 宴会前的短会

服务员已基本完成各项准备工作,宴会即将开始前,管理人员负责主持短时间的餐前会,其作用是:

(1) 检查所有服务人员的仪表仪容,如头发、制服、名牌、指甲、鞋袜等。

(2) 使服务人员在意识上进入工作状态,形成工作气氛。

(3) 再次强调当天宴会的注意事项,重要客人的接待工作,提醒宴席宾客的特别要求。

(七) 宴会开餐服务

(1) 引领客人到桌。安排、引导宴席宾客就座,通常由管理人员、专职引座员负责,这样一方面让宴席宾客感到受欢迎,对宴席服务留下美好的印象,另一方面可以迅速引领、安排宾客坐下,避免宾客堵塞通道,使宴会大厅客人的流动量得到较好的控制。

(2) 招呼客人入座。如果引座员安排他们入座,招呼的服务员要先向客人问候。当服务员正在招呼宾客时,可能会有新的宴席客人被领到其宴会服务区域,这时应先去招呼一下这批新到的客人,告诉他们很快就会去照料他们,这样,客人们将会赞赏你对他们的关注,从而不会感到受到冷遇。

(3) 通知厨房准备出菜。当宾客陆陆续续到齐后,服务人员按照宴会菜单,通知厨房准备出菜。每席宴会菜肴上菜时一定要对清宴会编号,服务员服务时,必须使用一点技巧,记录特殊需要客人的特征,如头发颜色、服装、性别等,然后按照逆时针方向进行服务,这样可以确保上菜的准确性。另一种方法就是宴会厅统一规定某一朝向,然后记住某一特征客人,按逆时针方向进行上菜,这样也可以达到同样的效果。宴会菜单中含有牛排或羊排时,一定要记清每位宾客对牛排、羊排的生熟程度要求,按上述的方法,逆时针进行上菜。

【小资料】

常用牛排、羊排的生、熟程度及特殊要求,应预先征求客人意见,如:

生(Rare)

半生(Medium Rare)

适中(Medium)

八成熟（Medium Well）

全熟（Well Done）

烤土豆配酸奶油或黄油，鸡蛋的嫩、老程度，选用什么蔬菜配菜，什么时候上咖啡等。

特别提示：宴席菜单的英文通用缩写，切勿随意简化，一般常用的宴会菜单缩写有：

Chicken——Ch	Butt Steak——Butt Stk	Rare——R
Medium——M	Well Done——W D	Thousand Island Dressing——1000 D
French Dressing——Fr D	Hamburger——Hb	Coffee——Cof

（4）正确回答客人用餐中的询问。服务员应当正确了解酒店的基本情况，如本酒店其他餐厅的营业时间、电话号码、菜肴特色，本宴会厅菜单的各种菜肴知识、制作方法等。工作人员具备丰富的专业知识，圆满地回答宴席客人的任何酒店方面的问讯，有助于服务人员与客人建立良好的关系，有利于帮助客人对宴会留下好的印象。当服务员遇到难题不能马上回答时，应主动请求领导，不要胡乱作答。

（5）推荐宴会中相应的食品。成功推荐食品，既能使客人满意，又能为酒店增加收入。推荐要根据宴会举办方预先确立的宴会标准，灵活、针对性地推荐，并掌握推荐食品的技巧，如：进餐前——推荐鸡尾酒；主菜——配色拉及适当的酒水饮料；主菜后——推荐甜品和餐后酒；推荐食品时不能让客人感到你是在为餐厅利润推荐，应当使客人感到服务员站在他们的立场上为他们提供服务，并根据不同的客人有针对性地推荐，如对比较计较账单金额的客人，就应建议便宜的特色菜；对搞喜庆活动的客人，要加强酒水的推销；对儿童则应建议小份额的菜肴或儿童菜单；对节食的客人则更应投其所好地提供建议。推荐时应多用建议性的语言，不要问"你要什么"等，如"请问要鸡尾酒吗？""喜欢甜品吗？"这种问法客人回答可能是"不要了"、"不用了"，应用"吃牛排来一瓶红葡萄酒怎么样？"或"您喜欢苹果冰淇淋还是草莓冰淇淋？"等等。

（6）准确掌握上菜时间。在宴会开餐之后，服务员应根据宾客用餐速度的快慢情况，灵活掌握上菜时间，服务员在整个宴会服务过程中，在客人与厨房之间，起一个联系人的作用，当客人正慢慢地品尝鸡尾酒和冷菜时，可将宴会主菜菜肴的出菜速度放慢，或略为保留一会儿，这就要求服务员充分了解主菜菜肴所需要烹制时间的长短，从而灵活地控制出菜速度。服务员也要根据当时厨房的忙、闲程度来决定，忙时提前出菜，闲时则迟缓出菜。正确掌握出菜时间，必须要在实践中学习、磨炼和不断总结经验，努力做到既不让客人等菜，又不至菜出得太快而使客人感到有催赶之意。

（7）宴会菜单送入厨房的注意事项。在几场宴会同时开始举办时，宴会菜单由厨师长统一分配给厨师烹制，有的厨房根据开宴的时间顺序，用电脑控制出菜的速度。也有的厨房里有一个能转动的轮盘挂上一个个夹子，服务员按宴会开始时间的先后顺序，依次夹在轮盘上，厨师就按先后顺序准备菜肴。如果有计时器，在宴会菜单进入厨房后，先打上进入厨房的时间，然后交给厨师长，以便于检查控制。服务员在递交宴会菜单时应当注意如下几点：

① 遵守厨房出菜秩序，有特殊情况与厨师长商量。

② 宴会上客人有特别要求的话要向厨师长解释清楚。

③ 要与厨师紧密协作，不要大声喊叫，要互相尊重，发扬团队精神。

④ 服务员不得长时间地借故在厨房停留或与厨师聊天。

(8) 宴会厨房出菜时的注意事项。为避免发生事故,宴会厨房分设进、出两扇门,服务员在出菜时应遵守规则,并注意如下几点:

① 根据菜单核对菜肴,不要拿错其他宴会客人的菜肴。

② 搬运菜肴要稳,不要影响菜肴装盘、点缀的美观。

③ 发现菜肴有问题,自己又拿不准时,应请教厨师长。

④ 将菜盘平稳地摆到托盘上,端送至餐厅,防止汤汁外溢。

⑤ 行走时要注意保持平稳,留心周围情况,以免发生意外。

(八) 宴会上菜及台面服务

(1) 每上一道菜,按通常的礼貌都是女士和年长的客人优先。

(2) 如在一批顾客中,有主人招待他/她的朋友,则先从主人右边的贵宾开始上菜,然后按逆时针方向绕台,依次进行。

(3) 上菜不应再询问客人点了什么菜,而应从宴会订单上了解客人的菜品。

(4) 按不同的服务方式,从规定的一边上菜。

(5) 为方便客人,避免胳膊碰撞客人的可能性,采用左手从左边上菜,右手从右边上菜的方法。

(6) 端盘子时,用四个手指托住盘子的下面,大拇指搭在盘子的边沿上,避免在菜盘上留下指纹。

(7) 上菜、上点心时要将盘子放在客人面前一套餐具的中央。

(8) 开胃品是餐前食品,例如虾仁鸡尾杯、水果或鲜果汁,这种第一道菜应放在一个垫盘里,端到客人的正前方。

(9) 在上虾仁鸡尾杯等海鲜类开胃品时要给客人送上海鲜叉,也可以将海鲜叉放在垫盘的右边与开胃品一道送上。

(10) 汤可以代替开胃品先上,也可以作为第二道菜上。热汤的盛器必须加热,保持汤的一定温度。上台时要提醒客人小心烫手,带盖的汤盅上台后要揭去其盖放在托盘内带走,汤要摆在席位的正中,汤匙放在垫碟的右边。

(11) 色拉可以用小推车推到客人的台子前上,盛器一般用木制的色拉钵。上台后,要放在餐具的左边,把正中的位置留出上主菜(因很多客人喜欢与色拉同时食用)。

(12) 主菜是一餐主要的菜肴,餐具必须与所选定的主菜相对应,如吃牛排要配牛扒刀,吃龙虾要配龙虾开壳夹和海味叉,吃鱼类要配鱼刀、鱼叉等。

(13) 像牛排汁酱一类的调味品应当在客人需要的时候随时送到餐桌上,主菜要摆放在台的正中位置,并要注意将肉食鲜嫩的一面朝向客人。

(14) 甜品是最后一道食品,首先将甜品的勺或叉放正位置,甜品摆在席位正中,这时应收拾餐桌上的多余食品,为客人斟满咖啡或水,并把干净的烟缸和火柴放到餐桌上。

(15) 上饮料时,所有的饮料如冰水、牛奶、咖啡、酒水等都从客人的右边用右手送上,牛奶、红茶和咖啡杯要放在摆台的右边。

(16) 在斟咖啡、酒水等饮料时,不要从餐桌上拿起杯具或玻璃杯子斟饮料,如果要为座位很紧的一批客人斟热的饮料时,左手要拿一块干净、叠好的餐巾把客人挡住,以免客人碰到热烫的饮料盛器。

（17）在为靠墙座位的客人服务时,要站在座位的一端,先为坐在里面的客人服务比较方便,从不影响客人的一侧上菜、上饮料,通常是用左手为坐在右侧的客人上菜服务,用右手为坐在左侧的客人上菜服务,用此种方法可以避免与客人的碰撞。

（18）要方便客人,即使是打破正常的服务规矩也是应该的,如为靠墙座位的一位客人斟酒倒咖啡很别扭时,就可以从左边或拿起杯子倒。

（19）撤走脏盘子要在餐桌上所有的客人都吃完一遍菜后再进行,一般客人将刀、叉平行地放在盘子里面时,表示客人已吃完这道菜,如果对此还有怀疑,可以询问一下客人是否已吃完。在上下一道菜食前,将所有用过的脏盘子和用具全部撤下。

（20）收盘前要用右手从客人的右边撤下盘子,然后绕桌按逆时针方向顺序从每位客人的右边撤下餐具,撤盘子时,要同时收拾纸屑和刀、叉、勺、筷子等餐具。

（21）收下的脏盘子要收拾到服务台上的托盘里,以便安全地把它们送入洗碗间,操作时要轻,不要在餐桌上刮盘子里的残羹剩菜,或者将盘子堆放在餐桌上。

（22）在上甜品前,除了水杯和咖啡杯外,要把所有的不用餐具收下,并抹掉餐桌上的面包屑等。

（九）结账与收款

宴会客人结账或付餐费时,可以自己到账台付款,也可以由服务员帮助客人结账。餐厅宴会结账的方式一般有现付、签单和信用卡等。

（十）餐厅结束工作

（1）客人用餐完毕离开餐厅时,管理人员或引座员应主动向客人道谢,谢谢光临。

（2）全部客人已离开宴会厅后,各值台区域的服务员进行收台清扫工作,查找客人是否有遗忘的物品等,一旦发现有遗忘物品,及时送还客人。

（3）按照规定的要求重新布置台面,摆齐桌椅,清扫地面。

（4）擦净调料盛器和花瓶等,将转盘用清洁剂擦洗抹净。

（5）服务柜台收拾整齐,补充必备品,归还借用的服务用品。

（6）引座员整理客人意见,填写餐厅记录本。

（7）餐厅管理人员检查收尾工作,召集餐后会,简短总结,和接班者进行交接手续,交待遗留问题。

🔊 **特别提示**:无论是何种服务,服务宗旨与工作程序的原理是基本相同的,在管理过程中,一定要尊重客人各自的用餐习惯,规范操作,注重细节管理才是关键。

第三节 宴会酒水设计与服务要求

引导案例

某宾馆接待了一批16人的英国旅游团,恰逢那天是一位团友的生日,大家高兴地为她举行生日晚宴。晚宴的形式是西餐,并配喝洋酒。晚宴服务的是一位老服务员和一位刚从某职业学院毕业的新服务员,这是她第一次为西餐宴会服务,对洋酒知识的认识以及西餐宴会服务仅仅是在学校的课本上学到，可称得上是一知半解，服务过程中，老服务员去厨房取菜，新服务员在前台斟酒服务，由于对各种洋酒服务程序及要求不熟悉，再加上外语水平有限，客人很不满意。后经老服务员向宾客解释、弥补，终于得到了客人的谅解。此案例可以说明，服务人员不仅要掌握一定的西餐宴会服务知识与酒水知识，而且还要懂得如何为客人服务，这样才能让客人满意。

特别提示：酒水在宴会中的作用很大，它调节了宴会的整体气氛，增加了酒店的收益。工作人员在服务过程中一定要掌握各种酒水的特性，依据宴会的性质，注意菜肴与酒水的习惯搭配，同时也要娴熟地掌握各种酒水的侍酒服务技能。

一、酒水在宴会中的作用

从古至今，中国的酒文化源远流长，小到家庭聚餐，大到国宴，酒不仅是社交的媒介、民俗的表现形式，也是人们交流感情的一种途径，它体现了欢庆与友情，因此，对宴会所用酒水的种类及服务方式必须进行合理的设计。酒水在宴会中的作用主要有以下两点：

（一）正确选用酒水可以增强宴会饮食的合理性

酒的功能有许多，开胃、药用、助兴等，中餐宴会用酒讲究的是以食助饮，佐酒、佐食是一门高雅的饮食艺术。我国古代早就创立了一整套佐食、佐饮的理论和方法。适当地饮酒不光可以给人体提供一部分热能，而且对人体有不少有益的作用。丰盛的宴会菜肴，配以低糖、低酒精、少气体的酒水，可以让宾客保持良好的食欲，同时也增强了宴会饮食的合理性。

（二）可以增强宴会的整体气氛

中国自古就有"无酒不成席"的俗话，随着社会交往越来越多，迎宾待客、洽谈生意都离不开酒，它体现了主人的热诚和宴会的礼节，所谓"薄酒三杯表敬意"已为社会所认同，如何斟酒、敬酒、祝酒也已经是约定俗成，宴席上的"酒逢知己千杯少"大大地增强了宴会的整体气氛，所以，宴会上的酒水服务也就显得格外重要，但是，任何事情都有正反两个方面，饮酒过量也不可取。

二、常用酒水品种的特点

特别提示：白酒与洋酒的种类品种繁多，工作人员一定要掌握常用的白酒与洋酒的基本特性，了解其产地、口味、色泽、酒精度及酿酒原料组成。

（一）我国常用酒的种类

我国常见的宴会酒类一般分为白酒、黄酒、啤酒、果酒、药酒等，按酒的酿造方法来区分，又可以分为蒸馏酒类、酿造酒类、混合配制酒类。我国常用的种类：

（1）按香气特点的不同，可分清香、浓香、酱香、米香四种类型，其中酱香型是以我国茅台酒为代表，特点是酒精度低而不淡，高而不烈，香而不绝，刺激性小。白酒的香气还可分为溢香、留香、喷香三种。

（2）黄酒是以浙江绍兴加饭酒为代表，它采用上等糯米为原料，经发酵酿制而成。因酿酒时用饭量大，故称加饭酒。酒精度为18度，色泽金黄清亮，味醇厚鲜美，香气馥郁。

（3）啤酒是一种将大麦麦芽、啤酒花、酵母素和水混合发酵后进行搅拌、烧煮而获得的一种天然的、含酒精的、多泡沫的饮料,它有标准型、特种型、豪华型三种。啤酒在存放时需避光,存放时间不宜太长,啤酒存放时间太长,由于酵母素的作用,会变得混浊,不能饮用,所以,在保质期内的啤酒味道最好。

（二）外国主要酒的种类

外国主要酒有金酒(Gin)、朗姆酒(Rum)、伏特加酒(Vodka)、威士忌酒(Whisky)、白兰地酒(Brandy)等。

（1）Gin 杜松子酒。又称毡酒、金酒、琴酒。是一种由杜松子及谷物蒸酿而成的酒类,含有强烈的杜松子香味,发源于荷兰,大约 1600 年,由一位教授在进行医药研究时偶尔发现。金酒是一种以谷物为主的蒸馏酒,世界上金酒的名字颇多,荷兰人称之为"Genever",英国人称之为"Genova"或"Hollands",德国人称之为"Jenevers"。

世界金酒主要可分为两大类:一类是荷式金酒,另一类是英式金酒,后者又称伦敦干金酒。

① 荷式金酒:产于荷兰,主要产区集中在斯希丹一带,金酒几乎成了荷兰人的国酒。荷式金酒使用的主要原料有大麦、黑麦、玉米、杜松子和一些香料,先提炼谷物原酒,经过三次蒸馏后,再加入杜松子进行第四次蒸馏等工艺,便得金酒。其特点:色泽透明清亮,酒香和香料调香气味突出,微甜,酒精度为 52 度左右,适合于单饮,不宜做混合酒。

② 英式金酒:主要由英国和美国生产,英式金酒是按英国配方生产的金酒,称干金酒,由于饮酒习惯的改变,干金酒比荷兰金酒甜浓,更时兴于天下。干金酒:用食用酒精和杜松子以及其他香料共同蒸馏(也有将香料直接调入酒精内的)便获得干金酒。干金酒既可单饮,又是混合酒制作的主要酒品之一。英式金酒特点:色泽透明清亮,香气清雅,口味甘洌醇厚,劲足力大,酒精度略高于荷式金酒。

除以上两大类金酒外,其他国家还有些有名的金酒,常见的有:

Gordon's Dry Gin	哥顿金酒
Seagram's Extra Dry Gin	施格兰特干金酒
Boodles	布多恩金酒
Whitehall London Dry Gin	白宫金酒
Beefeater Dry Gin	比菲特金酒
Booth's high & Dry Gin	红狮金酒

（2）朗姆酒(Rum)。又名甘蔗酒,是用蔗糖浆发酵蒸馏而成,有透明无色、浅金黄色或深金黄色数种,通常加冰、加水或加汽水饮用或用作混合饮料的材料。朗姆酒主要生产者大多集中在甘蔗生产园里,较大的产地有:古巴、牙买加、海地、阿根廷、澳大利亚、菲律宾等地。朗姆酒有五大种类:

① 朗姆白酒(White Rum)。又称朗姆浓酒,是新酒,无色透明,甘蔗香味清馨,酒体细腻、醇厚,回味甘润,酒精度在 55 度左右。

② 朗姆老酒(Old Rum)。经三年以上陈酿的陈酒,它的酒液呈橡木色,酒香醇浓而优雅,口味精细,回味甘润,比朗姆白酒更富风味,酒精度在 40~43 度。

③ 低度朗姆酒(Light Rum)。一种在酿造过程中尽可能提取非酒精物质的朗姆酒,它呈淡白色,朗姆香气淡雅,口味近于中和纯酒精饮料,较适合于用作混合酒的原酒。

④ 朗姆当酒(Iraditional Rum)。传统型的朗姆酒,它呈琥珀色,色泽美丽,结晶度极好,甘蔗香味浓郁芬馥,口味醇厚、圆正,回味甘润。由于它色泽富有个性,人们又称之为"琥珀朗姆"。

⑤ 强香朗姆酒(Great Aroma Rum)。是一种香型特别浓烈的朗姆酒,还有一种更香的朗姆酒叫"超香朗姆酒"(Double Aroma Rum),这类朗姆酒的最显著的特征是其香气浓烈馥郁,甘蔗风味和西印度群岛的风土人情富于其中,酒精度在 54 度左右。

总之,现今市场上常见的朗姆酒有白、金、黑三种:

Bacardi Rum	百家得白朗姆
Captain Morgan White/Dark	摩根船长白/黑
Clipper Rum—Dark	耶树黑朗姆
Lemon Hart Golden Rum	柠檬棕色朗姆

(3) 伏特加酒(Vodka)。原产地是俄罗斯,历史悠久,自 1917 年十月革命后,许多工业家流亡国外,并将 Vodka 的制造秘方携带出去,于是很多国家都有生产 Vodka。Vodka 是用谷类或马铃薯发酵后蒸馏而成,是无色的液体,酒精含量很高,有些牌子的 Vodka 是加香料的,但大多数 Vodka 是清澈透明的,而且饮后不留痕迹。Vodka 酒常放在冰箱里冷冻后饮或加冰、加水,或加汽水或作为混合饮料的原料(鸡尾酒)。常见的有:Stolichnaya Vodka 苏联红牌伏特加(正宗的全部由苏联酿制装瓶,全球最受欢迎)、Moskovskaya Vodka 苏联绿牌伏特加(正宗的全部由苏联酿制装瓶,全球最受欢迎)、Krepkaya'strong 苏联黑牌伏特加(与众不同的苏联伏特加,酒精成分 56%,香与味均非常独特)、Smirnoff Vodka 皇冠。

(4) 威士忌酒(Whisky/Whiskey)。苏格兰和爱尔兰人都自称威士忌酒是他们发明的,威士忌酒是由谷类所酿造的烈酒,一般分为两种原料,一种由大麦的麦芽做原料,另一种以玉米为主要原料。此种酒类很多地方均有生产,但都无法与苏格兰的产品相比较,即使使用同等的原料、同等的器具、同等的方法,也无法制出同等的威士忌酒。此因苏格兰高原的气候和所含丰富矿物质的水源,因此,苏格兰生产的威士忌酒最为著名,而此地所产的威士忌酒才可以称为 Scotch。加拿大生产的称 Canadian Whisky,美国生产的称 Bourbon Whisky,爱尔兰生产的称 Irish whisky,其中以苏格兰威士忌酒和美国威士忌酒最负盛名,而以苏格兰威士忌酒最畅销。威士忌酒通常在一般室温中净饮,但现在许多人在饮法上加水、加冰或加汽水、苏打水或作为调配鸡尾酒或混合酒的材料。常见的 Scotch:

Single Malt Scotch Whisky	Cutty Sark
The Glenlivet Whisky	Bell's
Glen Grant Whisky	Long John
Passport Whisky	Dimple
100 Pipers Whisky	Old Parr Deluxe
Johnnie Walker Red Label	Highland Queen
Johnnie Walker Black Label	Queen Anna
Chivas Regal Royal Sault	Jack Daniel's Black Label
Chivas Regal 12 Years	John Jameson Irish Whisky
White Horse	

(5) 白兰地(Brandy)。白兰地是用葡萄酒蒸馏而成,制成后是无色的液体,然后放入橡木制成的大酒桶内,储藏五年以上始可入市面销售。储藏越久,酒味越醇,储藏期间,酒与橡木接触而成金黄色,储藏时间的长短在瓶上贴有标志,以做分别。如:一颗星:已经储藏三年的白兰地;二颗星:已经储藏四年的白兰地;三颗星:已经储藏五年的白兰地。一、二颗星的白兰地只供调制菜式时用,即所谓料酒,英文叫 Cooking Brandy,三颗星的白兰地则可供饮用,上好的白兰地是用字母代表年份:

V. O(Very Old) 已经储藏 10~12 年的白兰地

V. S. O(Very Superior Old) 已经储藏 12~20 年的白兰地

V. S. O. P(Very Superior Old Pale) 已经储藏 20~30 年的白兰地

X. O 指年份久远的白兰地,市场上叫不知年

(X. O=Extra Old=V. V. S. O. P)

白兰地储藏越久,酒越香醇,品质越高,美食家将酒注入球形的大肚杯中,双手捧杯,使体温传入酒内,散发香味,用鼻吸欣赏其高超的品质,然后徐徐饮用(净饮),开怀畅饮不可取,因美酒浪费太可惜。白兰地只有在橡木桶内才增其品质,如入瓶后,虽储藏多年,对于白兰地丝毫无助。所谓 Napoleon 是指上好的酒,并不是指拿破仑时代制成,真正拿破仑时代 1811—1815 年制成的陈酒,世上只有几瓶,不是供饮用,而是储藏家的传家宝,作为古物收藏,偶尔在拍卖市场以惊人的价格售出,买主也不是作为饮用,只是炫耀其财富罢了。

各国都有出产白兰地,唯有法国 Charente 河流域一个地区叫做 Cognac 所产的美酒,才可以叫做 Cognac。干邑(Cognac)其实是法国西南的一个小镇,也是最著名的葡萄产区,它得天独厚,无论天气、土壤都最适合葡萄的种植。因而以该区葡萄酿制的美酒都统称为干邑(Cognac)白兰地,以显示其珍贵。

干邑区共分六个种植区,葡萄最好的首推大香槟地区(Grande Champagne),其次是小香槟地区(Petite Champagne)。法国政府为保证白兰地的酒质,对于干邑的名称订下了极严的规定,只有用干邑区所产的葡萄,并在该地区内酿制的白兰地才可以冠以干邑的名称。干邑白兰地可以用作制造鸡尾酒及许多其他饮品,无论与何种酒混合,干邑始终不失其独特的原味。

另一种法国的古老的白兰地——雅文邑(Armagnac)五百年来都是在加斯肯尼(Gascony)进行蒸馏的,雅文邑白兰地通常储藏在橡木桶内绝对不少于三年。干邑除以星号多少作辨别外,常规用英文字母来表示:

E 特级 F 精美 V 充分 O 陈年 S 高级 P 浅色 X 特醇 C 干邑

常见的白兰地有:

干邑:

Remy Martin Louis XIII	人头马路易十三
Remy Martin Cristal	人头马水晶瓶
Remy Martin Extra	人头马 Extra
Remy Martin Centaure Napoleon	人头马 Napoleon

其他地区:

Grand Empereur Five Star Brand(Regular, 1/2 bottle, 1/4 bottle)大、中、小号五星金

伯爵

法国马爹利干邑白兰地：

Martini Three Star Cognac	马爹利三星
Martini Medaillon V. S. O. P Cognac	金牌马爹利白兰地
Martini Cordon Rubis	马爹利红带白兰地
Martini Cordon Noir Napoleon	马爹利拿破仑(黑带)白兰地
Martini Cordon Blue	马爹利(蓝带)白兰地

法国珍露雅邑马爹利白兰地：

Janneau Napoleon	珍露拿破仑雅邑
Janneau Tradition	珍露特醇雅邑

其他：

Augier Napoleon	奥吉尔拿破仑
Martini VSOP	马爹利 VSOP
Hennessy XO	轩尼诗 XO

特别提示：在学习洋酒过程中，一定要牢记洋酒的英文酒名及发音，翻译过来的中文因翻译者本人所在地区的乡音不同，所译的中文会有所差别，故中文仅作为参考。

三、宴会酒水的设计

宴会使用的酒水主要有白酒、葡萄酒、黄酒、啤酒等大部分含酒精成分的酒类及软饮料。由于中餐宴会与西餐不同，酒水类别很多，宴席中宾客的喜好又各不相同，因而中式宴会酒水与菜肴没有严格的固定搭配，宾客可以在酒店预先确定酒水，让酒店备好，也可以自带酒水，但无论是何种形式，酒店在进行宴会酒水设计时，需做好以下几个方面：

（1）宾客在预定宴会酒水时，宴会预订员就应该征求主办单位或个人的意见。如果宾客确定酒水让酒店预先准备，那么，酒店方要遵循"菜跟酒走"的基本法则，尽量做到按酒水的属性配菜，经宾客确认后，提前做好准备。如果宾客自带酒水，宴会预订员也应该主动向宾客介绍、推荐符合宴席的酒水品种，供宾客自己选择决定。

（2）宴会酒水设计时，要依据季节饮酒习惯来考虑酒水品种，通常情况下，冬春白酒，四季红酒，夏秋啤酒，但这仅仅是一般的规律，不是绝对的，酒水设计要以顾客为中心。

（3）宴会酒水设计要考虑到与宴会的档次、规格相协调、相匹配。对于高档次的宴会，酒品的选择应该是高品质的，普通宴会则选用档次一般的酒水，如果不遵循这一原则，低档宴会选用高档酒水，则掩盖了菜肴的丰美，如果高档宴会选用了低档酒水，则破坏了高档宴会的名贵气氛，使客人感到不够重视及热情，因此，宴会所用酒水必须要与宴会档次相匹配。

（4）宴会酒水设计要注意，勿将配制酒、药酒、鸡尾酒等作为佐餐酒水。配制酒、药酒、甜酒、鸡尾酒的成分比较复杂，其香气和口味会对菜肴的风味产生干扰作用，故不作为佐餐酒水。

（5）西餐酒水与菜式的搭配有一定的规律，这是人们长期饮食实践的总结，也是饮食习惯。总体来说，容易消化的食品(鱼、海鲜、贝类等)配白葡萄酒，难以消化的食品(肉类、禽类、野味等)配红葡萄酒，咸食选用干、酸型酒类，甜食选用甜型酒类，在难以确定时，则选用中性酒类,香槟酒可在任何时候都适合配任何菜肴饮用。

下列为常见的西餐菜肴与酒水搭配:

① 餐前酒。用具有开胃功能的酒类(鸡尾酒、软饮料)。

② 汤类。通常不用酒,如确实需要,则配以 Sherry 酒或白葡萄酒。

③ 开胃菜肴。开胃菜肴一般较为清淡,易于消化,可选用低度、干型的白葡萄酒。

④ 海鲜类。选用干白葡萄酒,冷冻后饮用。

⑤ 肉、禽、野味类。因肉、禽、野味属于难以消化的食品,其中小牛肉、猪肉、鸡肉等白色肉类最好选用酒精度不太高的干红葡萄酒,牛肉、羊肉、火鸡等红色、味浓、难以消化的肉类,则最好选用酒精度较高的红葡萄酒。

⑥ 奶酪类。一般配较甜的葡萄酒,也可以继续使用配主菜的酒品等。

⑦ 甜品类。选用葡萄酒或葡萄汽酒。

⑧ 餐后酒。可选用甜酒、蒸馏酒等酒类,也可以选用白兰地净饮、爱尔兰咖啡等。

四、宴会酒水的服务要求

🔊 **特别提示**:红葡萄酒与白葡萄酒、香槟酒在饮用温度、摆放容器等方面都有所不同,但整个酒水服务的基本程序是大致相同的。

宴会酒水服务是在宾客面前即席表演,要求操作技术娴熟,常常给宾客留下深刻的印象,其主要技术环节有以下几个方面:

(一)展示酒牌

当宾客在餐厅点用整瓶酒时,服务员在开瓶前,必须站立于主人的右侧,左手托瓶底,右手握瓶颈,酒标面向宾客,先让点酒的主人过目确认一下,证明酒品可靠,且对客人表示尊重,得到宾客认可后再进入下一步工作。

(二)冰镇酒水

通常情况下,红葡萄酒要求在室温情况下饮用,白葡萄酒、香槟酒则需要冰镇后饮用,冰镇瓶酒时需要用冰桶,桶中装入冰块,将酒瓶插入进去,注意酒标向上,再用一块餐巾布搭在瓶身上,十分钟后可达到冰镇的效果。

(三)溜杯

服务员手持杯脚,摇转装有冰块的杯子,使其产生离心力在杯壁上溜滑,直至杯壁上附上一层薄霜,以降低杯子的温度,但也有用冰箱冷藏杯具的,不过高档场合慎用或不用此方法。

图 9-4 酒水服务

(四)温烫酒水

温烫广泛用于中国的黄酒,方法有水烫、火煮、冲泡,其使用的容器有多种多样,在整个温烫过程中,许多宾客会要求在酒中放入姜丝或话梅进行火煮,那样口感更佳。

(五)开启瓶塞

开启瓶塞的工具有单杆开瓶器与双杆开瓶器两种,开启时要注意动作的娴熟与优美。一般情况下红葡萄酒有沉淀现象,故开启后需平放酒篮里,放在餐桌上。葡萄酒开启瓶塞后,如宾客要求查看瓶塞,那就将瓶塞用小碟盛之,交点酒的主人鉴别,同时服务员需用餐巾擦净瓶口的污垢,在主要饮者的杯中倒入少许酒,供其品尝,得到认可后,方可按程序斟酒,斟毕后将酒瓶放酒篮或冰桶中,然后将开瓶塞的杂物带走。

(六) 滗酒

通常情况下,陈酒都会有些沉淀物积于瓶底,为避免斟酒时的晃动产生浑浊现象,就必须用滗酒器或其他替代器具滗去沉渣,以确保酒液的纯净。

(七) 斟酒

斟酒的基本方式分为桌斟与捧斟两种。

(1) 桌斟时,左手持一块餐巾,随时擦拭瓶口,右手握酒瓶下半部,将酒瓶商标朝外,显示给宾客。斟酒时,服务员站在宾客的右后侧,面向宾客,将右臂伸出进行斟倒,身体不要碰靠宾客,身微前倾,右脚伸入两椅之间,是最佳的斟酒位置。

(2) 捧斟时,服务员一手握瓶,另一手握酒杯,站立于饮者的右方,然后向杯内斟酒,斟酒的动作应在台面以外的地方进行,将斟毕的酒杯放客人右侧,此种方法主要适合于非冰镇处理的酒品,最适合于酒会及酒吧服务。

(八) 斟酒量

应根据不同的酒类,采用不同的斟酒量,具体有如下几种:

(1) 中餐斟酒量一律以八分满为宜,以示对宾客的尊重。

(2) 西餐斟酒不宜太满,一般红葡萄酒斟 1/2,白葡萄酒斟 2/3 为宜。

(3) 斟香槟酒分两次进行。先斟至杯的 1/3 处,待气泡沫平息后,再斟至杯的 2/3 即可。

(4) 啤酒顺杯壁斟,分两次进行,以泡沫不溢为准。

(九) 斟酒顺序

斟酒顺序有一定的讲究,中餐宴会与西餐宴会有所不同:

(1) 中餐斟酒顺序是从主宾开始,按男主宾、女主宾、再主人的顺序顺时针方向依次进行。如果是两位服务人员同时服务,则一位从主宾开始,另一位从副主宾开始,按顺时针方向进行。

(2) 西餐宴会斟酒顺序是从女主宾开始,然后是女宾、女主人、男主宾、男宾、男主人。

(十) 斟酒时的注意事项

(1) 瓶口不可接触杯口。

(2) 提起瓶口时需旋转。

(3) 不可将酒水滴在客人身上。

(4) 不能左右开弓斟酒。

(5) 商标要给客人看见。

🔊 **特别提示**:在宴会服务过程中,宾客的要求是多种多样的,服务人员在掌握上述基本规范标准的前提下,要灵活运用。一切以宾客为中心,当客人提出要求时,及时给予满足,千万不能教条。

本章小结

1. 通过本章学习,能比较全面地了解宴会服务的类型与特点。

2. 能够正确辨别国宴、正式宴会与便宴的差别。

3. 熟知中餐宴会服务的程序与标准。

4. 掌握西餐宴会服务的程序与标准。

5. 懂得菜肴与酒水之间的搭配等方面的知识。

检　测

一、复习思考题

1. 试比较国宴与正式宴会的异同。

2. 中餐宴会服务的基本流程是怎样的？

3. 常见的西餐服务方式有哪几种？它们的具体服务程序有哪些？

4. 我国白酒的分类有哪些？其各种香型的白酒代表有哪些？

5. 试比较红葡萄酒服务程序与白葡萄酒服务程序的异同。

二、实训题

1. 某一饭店接待一批"寿宴"任务，共 20 桌。请根据中餐宴会的服务程序与标准，制订一份详细的宴会开餐服务的程序，并写明标准及要求。

2. 某一宾馆接待一批西餐宴会任务，参加对象是英国政府代表团一行 18 人。要求根据西餐宴会服务的要求，制订一份详细的宴会上菜、台面服务及酒水服务计划，并写明标准及要求。

管理篇

曾野篇

第十章　宴会部的组织机构与工作职责

本章导读

宴会部是饭店一个相对独立的重要的经营部门,主要任务是负责各种招待、欢庆、商务等中、西餐宴会的业务。宴会部能否有条不紊地高效运转,创造出最佳的社会效益和经济效益,主要取决于组织机构的科学性及各级管理人员和工作人员的责任心。

本章主要对宴会部机构的设置原则、设置的构架作较详细的表述,对宴会部员工的仪容仪表、基本素质有严格的要求,制定严格的管理制度和岗位职责,并进行科学的分工,使每位员工明确各自的岗位任务,做到各行其职,各负其责,从而提高宴会部的工作效率和市场竞争能力。

通过本章的学习,对宴会部管理者及每一位员工来讲,有一个清晰的认识,懂得我们应该管什么、做什么,怎样通过组织机构合理配置,发挥组织的集体效能,从而为达到或超过原定的管理目标而努力奋斗。

第一节　宴会部组织机构的设置

引导案例

某一个饭店宴会部成立不久,就举办一个大型的婚宴,共 300 人,按 10 人一桌,共 30 桌。规定每桌宴会冷菜 8 道,热菜 8 道,点心 2 道,水果拼盘 1 个。可待开宴后,有些餐桌热菜少了 2 道,有些餐桌热菜重复上了一两道菜,有的餐桌上没有吃到水果及点心,顾客很有意见,产生了很坏的影响。造成这种现象的主要原因是组织机构设置不科学、管理层指挥不当等原因,怎样改变这种现象,是我们本节研究的主要课题。

一、宴会部组织机构设置原则

宴会部组织机构设置的原则,必须根据本企业经营规模、管理模式、设施设备及管理目标,精心设计,灵活组织,目的是使宴会部组织机构严密,运行快捷高效,应急措施正确及时,上下协调和谐畅通,社会效益和经营效益不断上升。现对宴会部组织机构设置的一般原则作如下叙述:

(一) 按需设岗,科学合理

高星级酒店与大中型的餐饮企业,一般均设宴会部,根据各酒店及餐饮企业的规模大小、工作性质、组织机构的设定等因素,宴会部的职能有很大的区别,高星级酒店及大型餐饮企业,宴会部职能相对独立,工作范围有宴会的预订、宴会菜单的设计、原料采购计划制订、原料的验收、加工及保管、菜品的制作、宴会厅布置及服务、客户档案的管理等工作。有些中小型餐饮企业,宴会部隶属餐饮部管理,其职能范围相对要小一些,尽管宴会部职能范围不一样,工作侧重点不同,但是宴会部组织机构内部的设置必须根据本企业的实际情况,按需设岗,科学合理,不可机构臃肿,人浮于事,只有这样才有利于工作的开展。

(二) 垂直指挥,责权相应

宴会部工作环节多,十分繁杂,要做到工作忙而不乱、万无一失,必须要求宴会部全体工作人员齐心协力,共同努力。在组织机构设置中,必须坚持垂直指挥的原则,要求每位员工或管理者原则上只接受一位上级的指挥,各级、各层次的管理者应按级、按层次向本人所管辖的下属发号施令。这并不意味着管理者只能有一个下属,而是专指上下级之间,上报下达都要按层次去进行,不得越级,要形成一个有序的指挥链,保证组织机构内部各部门之间的沟通渠道畅通,避免员工多头指挥,克服和减少摩擦与混乱。在责权方面,要做到逐级授权,分层负责,责权相应,分工协作,以确保每次宴会都能取得圆满成功。

(三) 才职相称,人尽其才

宴会部隶属的各部门所负的责任不一样,对人才的要求有所不同,所以在确定每个岗位所需人员及任务时,应根据各员工的工作能力、协调能力、技术水平、年龄、职称等因素,因人制宜,恰当安排,做到用人所长,各得其所,人尽其才,使他们既能胜任本岗位的工作,又能充分调动其工作积极性,发挥他们的主观能动性和聪明才智,为完成宴会的各项工作目标而努力奋斗。

(四) 加强管理,精干高效

组织机构的设置必须根据企业的业务情况,充分论证,在满足管理、生产、服务的前提下,把各组织机构人员降低到最少。其人员的多少与宴会部各部门的工作职能、管理模式、经营效果等有关,机构设置时应全面考虑,尽可能减少管理层人员,不应因人设岗,而是用最少的人力去完成各项任务,做到职责明确,精干高效,减少内耗,提高饭店的社会效益和经济效益。

上述各项原则,不能孤立地运用,而是相辅相成,缺一不可,所以,在设置宴会部组织机构时,应正确运用上述原则,一切以宴会部生产、服务为中心,以提高社会效益和经济效益为目的,把不断提高宴会部的管理水平和服务质量作为工作目标。

二、宴会部组织机构设置

宴会部组织机构的设置根据宾馆、饭店餐饮部及餐饮企业的经营规模与业务重点的不同,其机构设置有很大的差异,一般分大、中、小三种,如有的宴会部相对成为一个独立的部门,也有的隶属饭店餐饮部领导下的一个部门,通常包括销售预订、服务和生产三个部分,还有一些小型饭店没有专门宴会部机构,偶尔有宴会,临时指配一些员工来完成任务。下面分别介绍不同规模的宴会部组织机构的设置。

(一) 大型宴会部

大型宴会部多见于大型的高星级酒店或餐饮企业,其经营宴会的面积大,大、中、小宴会厅及餐位数多,宴会厅的环境好,设备设施齐全,接待能力强,营业额高,宴会的组织机构分独立部门或隶属于餐饮部领导,但拥有自己相对独立的机构体系。如图 10-1、图 10-2 所示。

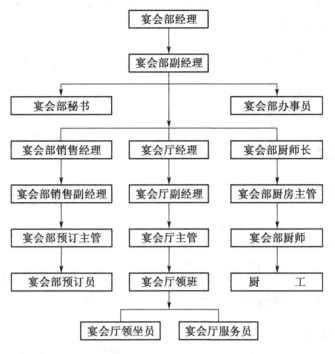

图 10-1　独立宴会部组织机构

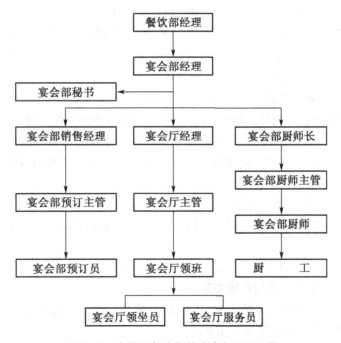

图 10-2　隶属于餐饮部的宴会部组织机构

（二）中型宴会部

中型宴会部一般都隶属餐饮部领导下的一个部门，通常设有销售预订和服务两个部门，宴会厨房工作属总厨师长统一管理，如有宴会临时指配一些技术水平较高的员工来完成任务，具体组织机构如图10-3所示。

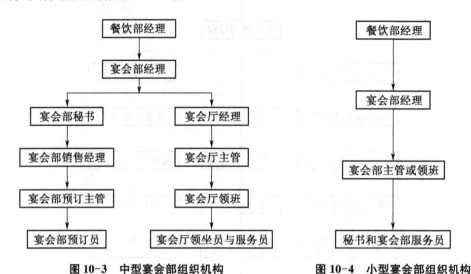

图10-3　中型宴会部组织机构　　　图10-4　小型宴会部组织机构

（三）小型宴会部

小型宴会部均属餐饮部经理领导下的一个部门，宴会部经理及其他工作人员的主要任务是负责宴会厅的销售、预订、接待及各种信息的管理工作。宴会的服务及菜肴制作等其他工作均由餐饮部经理统一安排。具体组织机构如图10-4所示。

从上述大、中、小型宴会部组织机构图不难看出，宴会部组织机构大致分为两个层次组成：

一是管理层：有宴会部经理、宴会销售经理、宴会厅经理、宴会部厨师长、宴会销售主管、宴会厅主管、领班、宴会厨师主管、领班等。

二是作业层：有宴会部秘书、预订员，宴会厅服务员，宴会部的厨师、厨工等。

两个层次的职能各不相同，管理层主要对宴会部做好各种工作计划的制订、促销，各种任务的运作管理、督导、成本控制、核算等管理；作业层职能主要是对各种宴会任务的贯彻执行，如菜肴的制作，客人服务，客人档案整理、存档、沟通及联系，宴会运作过程中的操作等。

通过宴会部组织机构图可了解到如下几方面的内容：

（1）可了解到宴会部各层次的地位、责权及相互关系。

（2）可使宴会部各员工了解到各岗位职衔、部门、管辖范围，向谁负责，如何与其他部门沟通合作。

（3）可使宴会部员工了解到自己的职能、工作目标及发展方向。

（四）宴会部组织机构设置选定方法

宴会部组织机构设置选定的方法，主要根据餐饮企业规模的大小及宴会多少来确定，具体设置选定的方法主要依据如下几方面：

1. 宴会厅接待能力的大小与使用频率的多少

无论是高星级酒店还是一些餐饮企业，在设置宴会部组织机构时，首先考虑到宴会厅的大小及多少,如宴会厅有大有小,各种宴会厅及包间较多,宴会厅使用的频率又较高,宴会部所用人就较多,分工就越细,组织机构必然较大。反之,宴会的接待能力较小,宴会厅使用频率较低,宴会组织机构设置也相应小一些。

2. 宴会部所管辖的范围与专业化程度

一般高星级饭店及一些大型餐饮企业宴会部是一个相对独立的部门,所管辖的范围较广,如宴会销售预订、宴会厨房的生产、各宴会厅的使用管理等均属宴会部管理,各种宴会的销售、服务、生产都需宴会部负责完成,组织机构相对较大。

如有些宴会部隶属餐饮部领导,宴会部运行中,所需要的人员培训、工程、财务、菜肴制作、人事劳动、采购等均由饭店相关职能管理部门负责,宴会部组织机构设置相应要小一些。

3. 宴会经营市场环境的好差与档次高低

宴会经营市场环境的好差往往取决于当地的经济发展、生活习惯、餐饮企业营销理念及经营特色等。有些餐饮企业宴会厅功能齐全,装潢新颖,经营有特色、很专业,消费者的消费水平与档次较高,用餐客人多,其宴会部组织机构相对要大一些。反之,宴会部组织机构随着市场环境变化而作适当调整。

特别提示:宴会部组织机构设置不能流于形式,要以精干高效、优质服务、客人满意为中心,既不能人浮于事,又不能有事无人做。应科学设置组织机构,充分调动每个职工的积极性。

三、宴会部人员的配备

宴会部人员的配备恰当与否,直接关系到宴会的运行管理水平和服务质量,关系到餐饮企业的名誉和经济效益,所以配备好宴会部的工作人员显得十分重要,主要要抓好如下几方面的工作:

(一) 宴会部人员配备方法

1. 根据组织机构设置要求配备人员

宴会部组织机构有大有小,但在配备工作人员时,要善于根据宴会部不同岗位的工作要求,来配备人员,如宴会销售部经理,必须善于了解市场、分析市场、开拓市场,具有较强的交际能力,再如宴会服务员性格要开朗,仪表仪容较好,具有良好的服务技能和服务意识,并有较强的敬业精神和处理问题的能力。所以,不同的岗位,需要不同的人才,我们要善于发现人才,用好人才,按照各岗位的人才需求配备人员。

2. 采用竞争上岗的方法来选择人才

宴会部每个岗位都非常重要,但因各岗位工作性质的不同,其要求也不一样。有的岗位劳动强度大,工作时间长,有的岗位劳动强度小,责任大,因此,造成有的岗位大家争着干,有的岗位大家都不愿意去干。为了挑选出合格的人才,可采用经济手段及公开竞争的方法,择优录取各岗位的人才,这样既可促进职工不断进取,又可增强其责任感,有利于人才的开发和宴会部的运转管理。

3. 运用人才互补的策略用好人才

根据人才的管理经验,把具有各种不同专长或性格各异的人员合理搭配在一起,就会产生一支最佳的团队,如年龄上有大有小、性格上有内向和外向、知识上有高有低、技能上有好有差等,经过有机的组合,使每个人各显其长,互补其短,从而既能减少内耗,又能产生很大的动力,有利于宴会部的管理。

(二)宴会部组织机构中人数的确定

1. 宴会部管理层的人员确定

宴会部管理层主要指宴会部经理、宴会部销售预订经理、宴会厅经理、总厨师长、各部门的主管领班等。在确定管理层时,首先要考虑宴会部管理模式、业务的繁忙程度、所管辖范围和人数,其次根据宴会部各岗位任务及工作特点,选择相适应的管理人员担任管理工作,宴会部管理层人员必须要有较强的专业知识和技能,有很好的组织能力和协调能力,工作中处处以身作则,并有一定的创造力,在群众中有一定的影响力和号召力。要"任人唯贤",不能"任人唯亲",管理层人员不宜太多,一般58名员工宜配一名管理者,实行垂直领导(即一级领导一级),做到分工明确,职责到人。

2. 宴会部作业层的人员确定

宴会部作业层主要指宴会部秘书、预订员、宴会厅服务员、引座员、宴会部的厨师、厨工等。宴会部作业层人员配置数量的多少,直接关系到宴会部的服务质量、管理水平,也是控制人工成本、提高经济效益的关键。所以,科学地控制作业层人员是每个管理层首先要考虑的问题,因各宴会部大小不同、服务的对象不同、饭店的档次及服务标准不一样等,在人员配备上均不一样,一般来讲应考虑如下因素:

(1)宴会部规模大小和岗位设立。宴会部规模直接关系到设置岗位的多少,宴会部规模大,相对各岗位分工细,所需的人数就多,反之则少。另外岗位班次的安排,要与人数有关,有的宴会部实行弹性工作制,宴会部繁忙时,上班人数多;宴会部比较闲时,上班人数少。而有的宴会部则实行两班制或多班制,这样的分班,有利于宴会开宴时,工作人员多而集中,保证宴会正常运转。因此,岗位班次的安排科学与否,都会影响到人数的确定。

(2)宴会部接待对象和消费水平。一般高星级酒店及大型餐饮企业的宴会部接待对象档次高,中外客人及商务客人多,消费水平也高,所以,菜肴质量及服务要求也较高,往往一桌宴会三个服务员为他们服务,即一个服务员传菜,一个服务员分菜,另一个服务员斟酒水等,因此,所需的人数相对要多一些。有的宴会档次较低,消费水平也较低,菜肴质量及服务要求不太讲究,所需人数相对要少一些。

(3)宴会部的餐位和餐座率。宴会部餐位多少及餐座率高低,决定所需人员的多少,如餐位多,餐座率高,所需的服务员及厨师就要多;反之,则少。

(4)宴会部设备设施和淡旺季节。宴会部设备设施完善程度决定所需人数的多少,如设备较齐全,机械化和电气化程度高,如厨房配有先进的切丝机、切片机、去皮机、搅拌机、智能微波炉、油炸锅、电烤箱、包饺机等,所需人数可相对少一些;反之,人员需要多一些。另外宴会旺季时用人要多一些,淡季用人要少一些。为了降低人工成本,在旺季时管理人员应预先估计好所需的临时工的数量,一旦旺季到来,可及时安排,保障宴会部菜肴质量和服务质量。

特别提示:宴会部在工作旺季时,可多用一些钟点工、实习生等协助宴会部工作人员工作,保证宴会部旺季正常运转。

综合上述各种因素,宴会部作业层人员的多少不能一概而论,应视各餐饮企业客观条件及宴会市场的变化而变化,既要高标准、高质量完成各种宴会任务,又要控制人工成本,充分调动每个员工的工作积极性。

第二节　宴会部员工的素质要求

引导案例

　　某饭店宴会部从农村招来一批服务员,经过半个月的技能培训,就急需上岗工作。有一天来了20个美国人参加他们朋友的婚宴,这些服务员第一次为外国人服务,心里很紧张,也很好奇,待客人全部入席后,服务员开始斟酒水,其中一个服务员在斟酒水时,一手托酒水盘,一手根据客人所需的酒水逐一斟上,当服务员斟到第三个客人时,左手托盘上的酒水有些倾斜,由于技能不过硬,其中一只酒瓶往一边一倒,因服务员本能的反映,把酒水一部分倒在一位客人的身上,一部分滑到地上,产生很大的声音,引起客人一片哗然,再加上客人用英语讲话,需要一些特殊服务,服务员几乎听不懂,使客人们很不满意。造成这种现象的原因很多,最主要的是服务员培训不到位、员工的整体素质不高、加上管理层安排不当等因素而造成的。本节就宴会部员工素质要求加以讨论。

一、宴会部员工仪容仪表的要求

　　仪表指人的容貌、姿态及风度等外部形象,仪容强调容貌而言,着衣打扮是仪表修饰的主要内容,要求与年龄、性别、职业、身份相吻合,与季节、场所、体型、经济条件相协调,宴会部员工的仪表仪容十分重要,无论是管理人员还是服务人员,都要讲究仪表仪容,这不但代表一个餐饮企业的形象,而且还代表一个餐饮企业的精神和文化,具体要求如下:

(一) 宴会部员工的服饰要求

　　通常一些高星级酒店及餐饮企业的宴会部其管理层与作业层穿的服饰不一样,便于客人分辨他们的身份,但不论何种服饰都要美化人体的美,增强和提高人的自身审美价值。服饰款式要富有时代气息,显现个性特征,既合身又实用,要与仪表相一致,做到"称体"、"入时"和"从俗",尤其应当服从宴会部服务工作的需要,方便操作。一般来说,宴会部员工上班时间,不宜穿牛仔裤、喇叭裤、紧身裤、超短裤、拖地长裙、大摆裙、超短裙、带水袖的戏装;不宜穿溜冰鞋、练功鞋、高跟鞋、响钉鞋、拖鞋和长筒靴;不宜戴礼帽、凉帽、花帽、风雪帽和有色眼镜;不宜围纱巾、披巾和长围巾等。所以,很多高星级酒店及餐饮企业宴会部员工的服饰一般是由企业统一设计与制作的工作服,其式样多种多样,主要根据企业的档次、经营特色、工作环境等要求,设计出与此相协调的服饰,最主要的要突出中国民族特点和酒店的经营特色,使员工穿上工作服后,既要体现出人体美,显得漂亮、英俊,又要给人一种简洁、明快、精神的感觉。不能设计出过于臃肿、暗淡、简陋的服饰。工作服还应经常洗涤,保持清洁整齐,挺括鲜亮,不能有破洞、缺纽扣、有油污等。

(二) 宴会部员工的化妆与容貌要求

　　宴会部员工上班前作适当的化妆或美容美发,能增加员工的自信,满足"爱美之心"的心理需求,也是对客人尊重的需要。但化妆与美容美发时要讲究科学,如果过于浓妆或修饰,就会影响客人的就餐情绪,如宴会部女士满脸脂膏,香水熏人,指甲长而涂得鲜红,眉毛纹得过于奇形,胸戴胸花,头戴头饰,手戴手镯与戒指,脖子挂项链,耳朵挂耳环,给人感到不是服务者,而是赴宴做客者。同时,浓烈的化妆品气味,打扮得花枝招展会分散顾客的注意力、影响力,影响食品卫生,会产生很多负面影响,应予戒除。我们提倡宴会部的女士适当的化淡妆,如抹一些粉底粉扑、唇膏、胭脂等,在自然美的容貌基础上,略加修饰,充分展现自己的先天丽姿,深受客人的欢迎。

宴会部员工发型有一定的要求,因为好的发型,能弥补脸型、头型的欠缺,使人增添几分秀色或帅气,显示其外在修养与精神风貌,也符合卫生要求。宴会部员工的发型既要考虑自身的遗传因素,又要考虑时代、季节和工作环境因素。一般要求,宴会部男士头发不盖耳,发型适合于华然式、波然式或丰便式;女士前头发不遮眼,后发不过肩;青年女士发型要简洁、微曲、稍短,中年女士可选择波浪卷发型或卷曲盘旋型等。男士不可留大鬓角与胡须、蓄狮子头、大披发;女士不要梳长辫子、披长发、做钢丝头或鸡冠头等。因为这些都会影响服务工作及菜肴卫生。

总之,宴会部员工可通过化妆及美容美发,使容貌更俊美、协调、精神,富有时代的气息和朝气。

(三) 宴会部员工的风度与气质要求

宴会部员工应具有独特的职业风度和气质。风度是指人在精神因素的作用下,其举止和装束合乎审美标准的一种体现,它是思想、性格、气质、修养的自然流露,与各自的职业、性别、年龄、文化、民族、个性有着直接的关联。宴会部员工应根据各自的相貌、衣着、打扮及巧妙的修饰,使之更趋完善,做到举止自然潇洒,姿态稳重大方,言辞简洁亲切,衣着整洁合体,待人接物彬彬有礼,注重分寸等等,不可有见人点头哈腰、猥琐庸俗、搔首弄姿、动作狂放粗野、手脚慌乱、反映迟钝的习性。

气质又是人的心灵、性格、修养、情操的外露,它依附于形体,是精神的自然显现。宴会部员工的气质应当质朴、自然、灵秀、清丽,通过环境、修养、阅历、学识等方面加以培养,规范着自己的言行,约束着自己的情感,养成正直、纯善、温柔等品格,给人一种秀气和灵气的感觉,使其品格产生美的诱惑,不可给人有种酸气、俗气、霉气、娇气、呆气和铜臭气的感觉。

(四) 宴会部员工的神态和动态要求

宴会部员工的神态和动态的优劣,往往影响到餐饮企业的文明程度与服务质量。神态主要显示人的精神、气质和目光,如每个员工有健美的体型,轻盈的步姿,炯炯有神的眼睛,灵巧的动作,愉悦的情绪,显得"仪态俊秀"、"神气十足",富有青春活力,不可有懒散、疲倦、反应迟钝、没精打采、少气无力等不良神态,这样不仅会影响服务质量,而且还将败坏餐饮企业的声誉。

动态又称姿势、动姿,是指人在活动中的方式方法,应当具有一定的规范化,这不仅是个性的一种表现形式,反映一个人的修养气质,而且还是衡量文明程度的标尺。宴会部员工动态主要包括站姿、走姿、坐姿等。

站姿,要求"站如松",身体站立时重心落在两腿中间,挺胸收腹、腰直肩平,目光平视,面带微笑,两臂自然下垂或在胸前或体后交叉,不得双手环抱胸前,也不要叉腰或是插入衣袋;走姿,要求"形如舟",步伐轻盈而稳健,上体正直,身体重心落在脚掌前部,头部要端正,颈要梗,双目平视,肩部放松,两臂自然前后摆动,面带微笑,两脚行走的轨迹应是正对前方成直线,或两条紧邻的平行线,步幅不要过大,步速不要过快,行走时不要将手插在衣袋里,也不要背着手,不要摇头晃脑;坐姿,要求"坐如钟",入座时,要轻而稳,不要赶步,以免给人以"抢坐"感。女子入席时若是裙装,应用手将裙稍稍向前拢一下,不要落座后再起来整理。坐下后,头部要端正,面带微笑,双目平视,双肩平正放松,挺胸,立腰,两臂自然弯曲,双手放在膝上。女士亦可以一手略握另一手腕。两腿自然弯曲,双膝并拢或交叠,双腿正放也可侧放(男士坐时双腿可略分开)。坐在椅子上,应至少坐满椅子的三分之二,脊背轻靠椅首。坐在椅子或沙发上时,不要前俯后仰,更不能将脚放在椅子或沙发扶手上和茶几上。不要跷二郎腿,更不要跷着二郎腿还上下跷脚晃腿,两手不要漫不经心地拍打扶手。

总之,男性应有阳刚之气,强劲、稳健、利落、有力;女性应有阴柔之美,以曲线的柔和身姿的婉约,表达出端庄、娴静、秀雅、轻捷的韵律之美。

(五)宴会部员工的用语与食禁要求

语言是人们用来表达意愿、交流思想感情的交际工具。由于宴会厅及宴会包间是一个特殊的公关场所,参宴者要进行各种社交活动,宴会部员工均与各种人群接触及进行服务,所以,用语要求比较严格。

1.语言要文雅,亲切柔和

要善于使用敬语,言词亲切,巧妙得体,语气温和,使宾客感到亲切愉快,如遇到问题,应以劝告、建议、请求、协商的口吻与宾客交谈,不可讲粗话、脏话,也不可轻佻、媚俗,更不能以命令式、训诫式的语调对宾客讲话。

2.吐词要清晰,词简意明

用词要准确,简明扼要,用语应掌握分寸,不应引起听者歧义和误解,并尽量避免使用"大概"、"可能"、"或许"、"差不多"、"你看着办"等含糊不清、模棱两可的词汇,也不要说一些"不知道"、"不清楚"、"没办法"等肯定的用语。讲话时情绪要平稳,语气语音要节制,切不可多言饶舌、喋喋不休、唾液四溅。

3.真诚朴实,表情自然

说话内容应真实,态度应诚恳,表情应谦恭,不应紧张,过于拘谨,手势与动作要自然,少用专业性、职业性用语,避免程序化、公式化腔调,防止"官话"、"套话"。要注意语言的人情味和感染力。

4.音量适中,速度平稳

说话音量应以双方都能听清为限,讲话语速不宜过快或过慢,双方交流时,不要与客人抢话头或总是打断对方的话语,否则,易影响交际,甚至使客人产生不满情绪或反感。

5.慎择语词,巧妙答问

在服务中应用敬语和委婉语,说话留有余地,不要自不量力,大包大揽,不论客人有什么要求,都不假思索全部答应,事后却无法落实而造成被动。掌握回答技巧,有些容易回答的问题应正面回答,有些不易回答的问题不要急于回答,还有在回答问题时可以幽默轻松的形式表述,要防止交谈中的尴尬被动局面。

宴会部员工在工作中不应抽烟、喝酒、吃辛辣类的菜肴。抽烟易污染宴会厅环境,有碍卫生,影响与客人说话交流,有失仪表,不利于工作等。不允许喝酒,因为酒是一种兴奋剂,很多人喝酒后面红耳赤,酒气熏人,容易引起头脑混乱、语无伦次、脚步踉跄、手舞足蹈,甚至耍酒疯,影响极坏。不允许吃生葱、生蒜、蒜苗、洋葱等辛辣类的菜,是因为这些食品在口腔中留下一股强烈的异味,与客人对话或服务时,客人闻到后很不舒服,会影响客人的情绪。

总之,宴会部员工在工作时抽烟、喝酒、吃辛辣类的菜肴,会被客人看成是不文明、不礼貌的行为,会严重影响到饭店声誉及工作。

🔊 **特别提示**:宴会部员工仪容仪表如何,直接关系到企业的形象及企业文化的层次,在日常工作中,要不断对员工加强仪容仪表的培训、考核,使员工以优良的仪容仪表展现在客人面前。

二、宴会部员工基本素质要求

宴会部的岗位很多,由于岗位的不同、管理的层次与对象不同,各个岗位员工素质的要求也不一样,在配备岗位员工时,要知道每个岗位的工作特点和要求,需要配备什么样素质的员工最为合适,只有这样,才能使宴会部运作正常,圆满地完成各项任务。下面对宴会部各个层次员工的素质提出如下要求:

(一) 宴会部经理基本素质要求

宴会部经理是本部门最高管理者,在宴会运作管理中起到核心作用,应具备较高素质要求。

1. 知识要求

宴会部经理应具备相关专业的高等院校大专以上学历或同等学力水平,并要求熟练掌握一门专业外语,懂得宴会部管理的基本原理,运用科学的方法对宴会部人力、物力和财力进行有效的管理,懂得计算机知识、宴会部市场销售与项目管理知识,熟悉主要客源国的饮食习惯、宗教信仰、风土人情,掌握宾客在宴会方面的心理需求,还要具备谈吐大方、彬彬有礼、口才流利和有较高文化修养等素质。

2. 专业要求

具有5年以上宴会管理及服务的工作经历,能根据宴会部的实际情况合理使用人才,安排员工工作,创造良好的工作环境,提高服务质量和经营效果,具有制订部门工作计划、预算及总结的能力,还要有善于指导、培养部下的能力,这种能力不仅表现在业务技术上,更重要的要表现在文化修养、品德和涵养等方面。还要有开拓、创新的能力。

3. 能力要求

具有较强的组织协调能力和人际交往能力,能对宴会的工作做到有条不紊地组织和安排,能团结大多数员工,尽心尽职地努力工作。善于协调宴会部与工程部、采购部、财务部、营销部等部门之间的工作关系,并且有良好的应变能力,能熟练的处理好突如其来的重大事件,还要有熟练的撰写各式工作报告、制定各种规章制度的能力。能圆满完成或超额完成各种经营指标,严格控制及降低经营成本,提高经营效益。

4. 身体要求

身心健康,无慢性病或传染疾病,心情开朗,精力充沛,五官端正,心理素质良好。

5. 敬业要求

具有良好的思想品质,作风正派,办事公道,诚恳待人,心胸开阔,有较强的事业心和责任感,知难而进,积极进取,不假公济私。一心扑在工作上,不断提高服务质量及经营效益。

(二) 宴会部管理层基本素质要求

宴会部管理层中有宴会销售经理、宴会厅经理、宴会部厨师长、主管、领班等,他们是宴

会部运作管理中的中坚力量,因管理层次不同,素质与能力要求又各有侧重。具体要求如下:

1. 部门经理的素质要求

(1) 文化知识。具有高等院校大专以上毕业或同等学力,或获得国家有关部门颁发的相应的职业资格证书。有一门以上外语会话能力及计算机应用能力,懂得宴会基础知识、市场营销、项目管理等方面的知识。

(2) 职业经历。应具有3年以上宴会业务管理和服务工作经验,并有宴会设备、设施的管理、宴会服务组织的能力,还有人事、财务等管理的水平。

(3) 业务能力。具有宴会的营销、管理的突出能力,还应有较强的沟通协调能力及良好的应变能力,能制订部门的工作计划、预算、总结、分析等方面的能力,还能正确地评估部下的判断能力和培训员工的教学水平。并能完成或超量完成各项工作指标,不断提出工作的新思路和新方法。

(4) 身体要求。身体健康,无传染性疾病及慢性疾病,精力充沛,有朝气,心理素质良好。五官端正,有良好的仪表仪容。

(5) 职业修养。热爱本职工作,有较强的事业心及责任感,工作中不断开拓创新,有知难而进的精神,待人诚恳,心胸开阔,善于团结他人搞好工作,业绩不断创新高。

2. 宴会部厨师长的素质要求

(1) 专业知识。具有高等烹饪专业学校以上毕业或同等学力,有获得国家有关部门颁发的相应的烹调高级工以上技术证书或资格证书。熟悉客源国客人的饮食习惯及风土人情,有较广的烹调知识及厨房管理知识。能掌握计算机应用知识。

(2) 工作经历。应具有3年以上宴会部厨房管理及工作经验,还有组织重大宴会及大型宴会的经历,对厨房基层的人力、财力、物力等方面的管理经验等。

(3) 业务水平。能熟练掌握2~3个菜系的烹调方法及菜肴制作;能科学地设计不同风格、不同档次、不同类型的宴会菜单;能针对不同客人的要求,烹调出色、香、味、形俱佳的菜肴;能不断开拓创新出新菜肴、新品种;具有管理好宴会部厨房人员、设备、生产的能力;能不断提高菜品质量及服务水平;懂得成本控制,提高经济效益,并有较强的协调能力与应变能力;有培训员工的教学能力;有一门外语会话能力。

(4) 身体素质。身体健康,无传染性疾病及慢性病,心理素质良好。精力充沛,有耐力,有活力。

(5) 敬业精神。热爱本职工作,尽心尽责,吃苦耐劳,任劳任怨。有较强的事业心,不假公济私,忠诚于事业。有开拓进取、知难而进的精神。团结他人,诚恳待人,一心一意为客人服务,为企业服务。

3. 宴会部主管、领班的素质要求

(1) 文化与专业知识。具有中等学校旅游管理专业以上学历或同等学力,有获得国家有关部门颁发的相应的中、高级以上的服务技术证书或资格证书。具有宴会基层管理与服务知识,掌握客源国宾客的饮食习惯和风土人情,了解有关菜肴的制作方法及特点,掌握计算机的应用操作知识。

(2) 工作经历与业务能力。有3年左右宴会管理与服务的工作经历,如主管有两年以上宴会领班的工作经验。具有各种宴会活动业务组织和推销能力、项目管理和处理员工之间、员工与客人、上下级之间关系的能力。能正确处理客人投诉,人际关系良好。能够科学地制订班组的工作计划。具有管理好宴会厅设备设施的能力。

(3)身体与敬业精神。身体健康,精力充沛,心理素质好,工作适应能力强。能积极带头工作,有不怕苦、不怕累、任劳任怨的工作精神,不计个人得失,责任心强。

(三)宴会部作业层基本素质要求

宴会部作业层主要指宴会部秘书,预订员,宴会厅服务员,宴会厨房的厨师、厨工等。

他们是宴会部的主要力量,因宴会部的工作专业性、技术等要求较高,各岗位的工作都有相对独立性。其人员的素质要求,既有相同之处,又有各工种的具体要求,现分述如下:

1. 共同的要求

(1)身体健康,无传染性疾病及慢性病,精力充沛,五官端正,心理健康,性格开朗、温和,仪容仪表良好。

(2)具有一定的专业知识和专业技能,熟悉宴会的运作规律和要求,精通本职业务。

(3)能严格遵守宴会部各项规章制度和涉外工作人员的有关纪律,工作认真负责,作风正派,有良好的职业道德,具有热情为客人服务的精神。

(4)能处理好同事之间、上下级之间与客人之间的关系,善于沟通,团结协作,能与客人建立良好的客际关系。

(5)工作中能吃苦耐劳,任劳任怨,不断开拓进取,责任心强,圆满完成领导交给的各项任务,并有创新精神。

2. 不同岗位人员的素质要求

(1)宴会部秘书:具有旅游管理或文秘专业大专以上的学历,或接受过国家有关部门文秘方面的培训,并获得相关资格证书,能掌握计算机操作技术。还具有一年以上宴会管理、服务或内勤工作经验,能够有效地与他人沟通,配合他人做好本部门的工作,工作思路清晰,能有条不紊地开展本职工作。

(2)宴会部预订员:具有大专以上的学历,或参加国家有关部门营销方面的培训,并获得相关资格证书。具有一年以上为用户服务的工作经验,熟悉宴会部各种类型、档次的菜肴、价格及菜肴的制作方法。懂得成本核算,掌握客人消费心理,具有较高的营销宴会的水平,态度和蔼,口齿清晰,沟通协调能力较强,工作一丝不苟,做到万无一失。

(3)宴会厅服务员:具有旅游中等专业学历以上或相当学历的文化水平,接受过有关部门的服务培训,并有国家颁发的服务岗位资格证书。有一年以上餐厅服务的工作经验,掌握宴会有关基础知识,懂得各种菜肴的制作方法、口味、特点,了解有关的地方名菜、名点的历史掌故等。能熟练地为客人上菜、分菜、斟酒水等。掌握客人的消费心理、饮食习惯、风土人情,提供针对性的服务。沟通协调及应变能力强,服务规范,姿态优美,客人对服务的满意度高。

(4)宴会部厨师、厨工:具有中等烹调专业以上的学历或接受相关烹调培训机构的培训,获得结业证书。并持有国家有关部门认可的中、高级以上的技术等级证书,有3年以上烹调工作经验,操作水平较高,熟悉、掌握宴会部各种菜肴的制作方法、成本核算、质量要求。能针对不同客人的饮食习惯、季节变化、消费心理,制作出客人满意的菜肴。

总之,宴会部员工素质的高低直接关系到宴会部的服务质量及饭店的声誉,只有不断的提高员工的基本素质,加强内部管理,才能达到理想的经营效果。

🔊 **特别提示**：宴会部员工素质的高低是衡量一个餐饮企业管理水平及企业精神的重要标志，不但要对每一个员工加强培训，更重要的是制定各种规章制度及要求，不断加强考核，实行奖罚分明，常抓不懈。

第三节　宴会部员工的工作职责

引导案例

有一家酒店宴会部在"十一"国庆节黄金周期间，工作十分繁忙，有商务宴会、祝寿宴，还有婚宴等，每天各种宴会近 100 桌，虽然大家很辛苦，但越忙越高兴，每天经济收入达 10 多万元。但有一天不该发生的事发生了，由于宴会预订员工作的一时疏忽，两家婚宴安排在同一餐厅，待两家亲朋好友前来参加婚宴时，出现了抢餐厅、抢座位现象，两家部分客人出现打架、骂人等一些过激行为，还惊动了"110"警务人员。本来是一件喜庆的事，后来变成两家终生遗憾的事，在当地造成极坏的影响。出现这些问题，主要是宴会预订员工作职责不明确，宴会部领导检查不力，待出现问题后处理不当而造成的。针对这些问题，本节主要就宴会部员工的工作职责来共同探讨。

由于各地区餐饮企业的规模、层次及业务重点各不相同，其宴会部工作范围、责任与权力也有很大差异，所以，各地宴会部内部的分工及工作职责也有所不同，但是，宴会部内部各岗位的工作职责必须要制定，目的是为了有效地组织生产、服务，保证宴会部运作正常，使每项工作都有具体人直接负责，每个人都明确自己在宴会部组织工作中的位置、工作范围和工作职责，知道向谁负责、接受谁的工作督导、自己应具备哪些能力才可以胜任本职工作。另一方面，制定好每一个岗位的工作职责，有利于管理层选择每个岗位员工的标准，也是衡量、评估及检查每个人岗位工作优劣的依据，又是在工作中相互沟通、协调的条文，是提高工作效率的有力保证。现主要介绍宴会部常见各岗位的工作职责。

一、宴会部管理层人员工作职责

（一）宴会部经理的工作职责

宴会部经理一般在饭店餐饮部经理的直接领导下进行工作，也有的饭店宴会部是一个相对独立的部门，由主管餐饮的饭店副总经理直接领导，尽管组织工作形式不同，但宴会部经理主要的工作大体相似，其责任很大，具体工作职责如下：

（1）全面负责宴会部各项行政工作，制订宴会部的各种工作计划、运作目标、预算报告、规章制度及各种营销政策等。

（2）科学设定宴会部的组织机构，制定各部门的人员编制，根据业务需要，合理组织和调配人员，提高工作效率。

（3）指导宴会部各部门加强员工培训工作，审核培训计划及课程，督导培训进程，检查培训效果，积极吸引、培养管理人员和专业人才。

（4）加强对宴会部收入情况、设备保养和维修情况、开源与节流情况等各方面进行分析,并检查工作,提高增收节支的思路及措施,最大限度地降低损耗和浪费,不断提高经济收益。

(5) 加强成本控制,审核签发物品采购、领用、各种费用支出的单据,核定各种宴会的价格,严格控制毛利率,按部门预算控制各项支出,不断降低成本支出。

(6) 根据宴会市场与客人的需求变化,不断研究各种宴会的服务程序、操作规程、质量标准,提出调整经营宴会的方式、服务标准,检查各环节的服务质量,随时分析存在问题的原因,及时提出改正的措施。

(7) 指导督促客人档案的建立工作,广泛征求客人意见,处理好客人的投诉,不断收集、整理客人的建议,提出整改的措施,与客人保持良好关系,不断提高服务质量。

(8) 积极开展市场调研和公关工作,加强宴会的销售与宣传,收集、分析本饭店竞争对手经营情况,全面分析食品原料市场的供应情况、宴会市场发展态势及消费者需求变化,采取有效措施,增强竞争力,提高销售、服务和管理水平。

(9) 做好宴会部销售经理、宴会厅经理和宴会部厨师长等工作考核,适时指导工作,提高部门管理制度、管理职责、工作任务、工作标准,并监督贯彻实施,保证各项工作协调发展,调动管理人员的积极性。

(10) 负责各种宴会活动计划、娱乐等各方面的工作方案的制订,并下达宴会部各部门,组织工作实施和检查。

(11) 做好宴会部内外关系的协调工作,取得上下级和其他部门的支持和配合。加强宴会部的消防、安全管理,确保各项工作顺利开展。

(12) 负责每周定期召开宴会部管理人员业务会议,不断开拓经营新思路、创新营销新方法,并依照市场情况,随时更新经营策略,提高服务质量,以增加营业收入,赢得好声誉。

(13) 负责宴会部所属的餐厅、厨房、办公室的物资、设备设施的管理,确保物资不流失,各种设备设施正常运转,不断降低易耗品的损耗率。

(14) 做好部门人员绩效考核工作、年度表现的评估工作,充分调动每个人员的工作积极性,做好重大宴会活动的总结及年度的工作总结等方面的工作。

🔊 **特别提示:**制订各种工作计划、规章制度时,要根据本部门实际情况,切实可行,条例不在于多,而在于可操作性,一旦形成计划或制度,必须坚决贯彻执行。

(二) 宴会部销售经理的工作职责

宴会部销售经理(又称业务经理,公关经理)一般在宴会部经理的直接领导下进行工作,主要负责宴会部的销售、对外公关等方面的工作。具体工作职责如下:

(1) 全面负责宴会部的销售及对外公关等方面的工作,制订销售计划和公关活动,承办宴会预订和客人的接待服务工作,明确销售思路及措施,确保年度宴会销售任务的完成或超额完成。

(2) 根据宴会部经营目标,针对重要客户及潜在客户的要求,有计划、有步骤地开展公关、营销活动。

(3) 注重宴会市场的信息搜集、整理工作,尤其对本饭店竞争对手经营情况及重要客户和潜在的重点客户的资料的收集、归纳,并进行认真分析,做好周、月及季度销售工作的详细报告,指导销售人员有针对性地开展工作。

(4) 根据每次销售及公关活动的情况,及时做好总结工作,评估广告及销售效果,修正营销策略,提升销售、公关水平。

(5)拜访重要客户,解决客人要求。不定期与宴会销售人员一起拜访重要客户,稳住老顾客,发展新顾客,扩大业务范围。并及时解决来访客人的要求,向客人提供必要的信息和建议,以供客人参考。

特别提示:宴会部销售经理要注重客户的资料收集及整理,掌握新老客户姓名、年龄、职务、工作单位、联系电话、消费爱好及饮食习惯等信息,建立顾客档案,经常保持联系及沟通。

(6)认真审核每天宴会预订记录及所有进出待办文件,发现宴会合约书所确认其条款内容及价目有误时,要及时商洽纠正,既定宴会活动发生任何方面的变动,都要及时填发更改单,以维持业务的正确性与时效性。

(7)检查督导每批宴会的活动及接待服务准备情况。针对宴会协议的承诺内容,协调好饭店各部门的关系,共同努力,保证各种承诺应安排兑现,确保服务质量。

(8)做好开宴前后的服务工作。在宴会开宴前恭候客户的到来,如在开宴中客人提出别的需求,与有关部门及时协调,尽量满足客人的要求,宴请活动完毕后,督导有关部门向客户发出感谢信或电话问候,收集宴会活动后客人的各种反映,加以处理或修正,争取下次有更好的合作机会。

(9)做好下属员工绩效评估工作。按照饭店有关工作奖罚条例,对下属员工每月进行一次绩效评估,进行年度绩效考核,及时实施奖惩。有计划地对员工进行培训,提高销售人员公关技巧和整体素质。

(10)认真审核宴会部各种报表、报告及文件,发现问题及时采取措施,开拓创新,提高宴会销售水平,以求达到或超过所设定的经营目标。出席上级部门及本部门定期举行的各种会议。完成上级领导交给的其他任务。

(三)宴会厅经理的工作职责

宴会厅经理(又称宴席部服务经理)一般在宴会部经理的直接领导下进行工作,主要负责宴会厅前后台区域的协调及各种宴会接待工作。具体工作职责如下:

(1)全面负责宴会厅的各种宴会的运作管理工作,做好各种宴会活动安排及服务工作。编制年度预算计划,严格控制各种营业费用的支出。

(2)制定宴会厅服务程序、服务标准及各种管理制度,每天布置各种接待任务及服务要求,不定时检查下属各时段责任区的工作,不断提高宴会的服务标准及管理水平。

(3)协调宴会厅与饭店其他部门的协作关系、宴会服务与厨房生产的关系,处理客人对餐饮的投诉、要求及建议,督导下属建立客户档案,维护良好的客源关系。

(4)加大检查力度,不定时检查工作所需器皿、布草、易耗品的库存数量,确保宴会服务所需的正常供给,检查开宴前各项工作准备情况及各项管理制度的执行情况,发现问题,及时纠正;检查宴会厅各种设备设施运行情况及各种宴会活动及娱乐落实情况,做到工作万无一失,确保各种宴会正常运作。

(5)加强日常管理,做好每日工作日志,汇总客人或员工的意外报告,督导前台工作人员结账情况,并将每天收益结果等一起上报领导及财务部门。

(6)加强人力资源管理,科学合理安排员工的作息时间,确保人力资源的配置符合业务量的需求,还须制订员工业务培训计划,督导下属有步骤、有针对性地对员工进行相关的服务技能和服务素质的培训,提高宴会的服务质量及服务水平。

（7）督导下属严格执行员工守则。讲究仪容仪表及个人卫生，严格执行服务规则，加强员工绩效考核工作，根据饭店有关的奖罚条例，对下属每月进行一次绩效评估，并及时实施奖罚，充分调动每个员工的工作积极性。

（8）督导宴会厅员工严格执行宴会部卫生制度、消防制度、防盗防偷等安全制度及各种管理制度。

（9）做好开宴前后的服务工作，督导下属员工开宴前恭候客人的到来，开宴中为客人精心服务，尽量满足客人的需求。宴请活动完毕后做好欢送工作，整理收集客人的各种信息意见，输入客史档案，重要情况及时汇报，有利于更好地为客人服务。

（10）工作中不断开拓进取。认真研究客人的消费心理和消费动态，改进服务态度，不断提高管理水平和服务质量。认真审核宴会厅各种报表、报告、支出凭证及有关文件，发现问题，及时纠正。出席上级部门定期举办的各种会议，完成上级领导交给的其他任务。

（四）宴会部厨师长的工作职责

宴会部厨师长一般在宴会部经理的领导下主持宴会厨房的日常工作，有的宴会部厨师长受饭店行政总厨与宴会部经理的双重领导。具体工作职责如下：

（1）全面负责宴会厨房的日常工作。根据宴会厨房工作任务，进行合理的分工，确保厨房各项工作能顺利运转。

（2）科学设计宴会菜单。根据预订的宴会，认真设计高档宴会菜单，审核食品原料申购单和领料单，督导验收各种物品质量和数量，指导各班组加工、烹调，保证各种宴会菜肴的结构合理科学。

（3）确保宴会的菜肴质量。开宴前全面检查各种宴会菜肴的准备情况，开宴中督导各班组按程序与标准烹制菜肴，保证出菜的质量和速度。开宴后，广泛征求客人的意见和要求，不断改革创新，满足各种宾客的需求。

（4）严格控制各项成本。抓好食品原料的进货、验收、保管工作，对食品原料的使用、贮藏、库存情况进行检查，防止原料腐烂变质及有浪费现象。按标准制作菜肴，抓好成本核算。严格控制水、电、气及易耗品用量，不断降低成本，提高管理水平。

🔊 **特别提示**：要狠抓食品原料的进货、验收、保管及烹饪的工作，严格执行《食品卫生法》，严防食物中毒，做到万无一失。

（5）每天检查和督促宴会厨房的环境卫生、员工的仪容仪表、出勤情况以及遵守规章制度的情况。

（6）全面负责宴会厨房的各种设备、设施、工具的管理，经常对一些设备、设施及工具维护保养和清洗，做到使用正常，清洁卫生。

（7）做好员工的培训、考核工作。有计划地对员工进行技术培训和职业素质培训，不断提高他们的技术水平及工作水平，做好每月及年度的绩效评估工作，根据各人工作实绩，提出奖惩意见，报主管领导审批。

（8）抓好重要宴会菜肴设计及制作工作。对一些重要宴会及重要客人的菜单，要亲自设计，亲自烹调或监督烹制，以保证菜肴质量及出菜速度。

（9）协调好宴会厨房的内外关系，做到相互帮助、团结协作、人尽其才、各尽所能、又好又快地完成各项任务。

（10）出席本部门召开的各种会议，完成上级领导交办的其他工作。检查营业结束后的收尾及交接工作,做好宴会厨房的消防、安全工作等。

（五）宴会部预订主管的工作职责

宴会部预订主管一般在宴会部销售经理的直接领导下进行工作,主要工作职责如下:

(1)主要代表饭店宴会部对外接洽宴会预订、联络等工作,并根据客户要求,逐一与饭店相关部门沟通、协调,落实客户预订宴会的有关事宜,保证所预订宴会如期正常进行。

(2)收集、整理客户有关宴会咨情的信息及反映,及时反馈相关部门,并提出宴会销售的新思路、新方法,供有关领导参考,以增加客源及业务量。

(3)督导预订部门的日常工作,及时跟进与客户签约及掌握预订金交付情况,以确定预订内容的准确性、实效性及合法性。

(4)做好宴会客户的接待工作,安排或带领客人参观宴会厅各种设施及服务功能,同时全面介绍饭店接待能力及服务理念,将重点客户及潜在客户介绍给相关人员,便于事后沟通,争取预订业务。

(5)负责或督导部下与客户沟通,进一步明确宴会的菜单及相关活动内容的细节,一旦确定,及时通知饭店相关部门积极准备,确保宴会通知单的内容全面得到落实。如宴会内容发生变化或遇到困难,应及时请示领导,采取相应的措施。

(6)检查每天各种宴会开宴前的安排情况,并保持与客户联络人的沟通,反复确认宴会活动的相关内容,做到万无一失,确保宴会顺利进行。

(7)检查督导所管辖人员的业务水平、工作态度及执行规章制度情况,有计划地给予培训,提高员工的业务水平和思想素质,做好员工的绩效考核,充分调动员工的工作积极性。

(8)出席本部门定期举办的业务会议,每日参加简报会议及各种指定的会议。每周上交重要业务的工作报告,通报宴会预订情况,每月上报宴会预订业绩总结。总结经验,纠正问题,提出工作新建议。

(9)注重宴会预订的潜在市场,不断从各种媒体、报纸杂志、贸易展览及各种会议等活动中,搜集各种信息,寻找商机,及时将信息报告有关领导,以制定应对措施。

(10)服从主管领导的指派,有计划地拜访重点客户,与客户建立良好的关系,配合饭店各种促销活动,积极促销开发新客户,增加新业务,确保或超额完成所设定的工作目标。完成上级领导交给的其他任务。

（六）宴会厅主管的工作职责

宴会厅主管一般在宴会厅经理的直接领导下进行工作,主要工作职责如下:

(1)掌握每日各种宴会安排情况,科学地向各班组分配任务,提出工作要求。

(2)督导宴会厅员工,遵照不同类型的宴会及要求,按工作操作程序,完成开宴前各项工作,如宴会厅的环境布置、室温的调试、摆台等,各项操作均要符合标准要求。

(3)检查员工仪容仪表、个人卫生、出勤情况及遵守饭店店纪店规等情况,发现问题及时纠正。

(4)有计划地组织员工培训,督导员工参加宴会部及饭店组织的业务培训,提高他们的服务操作能力及业务知识水平。

(5)负责对本服务区域内设备的维护、保养清洁的管理,对环境卫生的管理,对餐具清洁、保养及管理。

(6)处理客人对餐饮方面的投诉、要求及建议等事项,与客人建立良好的关系。出现突发事件及时向有关领导汇报并协助处理。

（7）督导员工严格遵循饭店员工手册,遵守饭店有关防火、卫生、安全等规定事项,参加员工相关活动及会议,与员工及各部门保持和谐关系。

（8）定期对所管辖的员工进行绩效评估,向上级领导提出奖罚建议,帮助员工谋求福利、安全与发展。

（9）工作中要不断开拓创新,注重客情分析,提出工作新建议,做好上下班各项工作的检查、交接工作。

（10）出席本部门定期举办的业务会议,每日参加简报会议及各种指定出席的会议,每周上交重要业务的工作报告,每月做一次工作总结,提出新的工作目标。完成上级领导交给的其他任务。

（七）宴会部厨房主管的工作职责

宴会部厨房主管一般在宴会部厨师长的直接领导下进行工作,具体工作职责如下:

（1）负责制定或审核宴会厨房各岗位的工作职责,根据厨师的技术水平及特长,提出各岗位人员安排及调动方面的建议,经宴会部厨师长审核并实施。根据每天的宴会接待任务,负责分派给各班组,并完成好任务。

（2）负责宴会部厨房中宴会菜单的设计,做好食品原料的预购工作,一般提前24小时提出所需鲜活原料的进货计划和要求,并填写或签署申购单。

（3）参与宴会菜点的食品原料采购规格、加工标准、菜点制作的程序及标准菜谱的制定,并贯彻实施。

（4）检查宴会厨房各员工做好开宴前各项准备工作,保证开宴时各菜点的规格质量、出菜程序及速度符合宴会设定的要求,并进行现场督导。开宴结束后,检查宴会厨房的清扫、安全、多余食品储藏等工作。

（5）亲自负责大型宴会、重要宴会、主要菜肴的烹调制作及组织工作,并负责把好每一道菜点的质量关。

（6）督促检查员工的仪表仪容、出勤情况、遵守《员工手册》等情况,并进行严格的考核。协调好员工之间的关系,调动每个人的工作积极性。

（7）负责宴会厨房菜肴的创新、开发和应用,定期为下属员工进行业务培训,确保宴会菜肴在市场中的竞争力。

（8）签署有关领料单、维修单、各班组的考勤表、请假单及申请单,保证饭店各项制度严格执行。

（9）抓好菜肴的成本核算,严格控制水、电、气及易耗品用量,督导下属做好厨房的各种设施维护保养和清洁工作,不断降低成本,提高经济效益。

（10）定期对下层进行评估,向上级提出奖惩建议,报主管领导审批。出席本部门召开的有关会议,完成上级领导交办的其他工作。

二、宴会部作业层人员工作职责

（一）宴会部秘书的工作职责

宴会部秘书一般在宴会部经理领导下进行工作。主要协助领导做好宴会部日常工作的正常运转,使部门工作顺畅高效,主要工作如下:

（1）整理预订宴会的详细资料，输入计算机打印后分发到相关部门，让接收人签名登记。

（2）处理每日业务文件如传真、信件、各种表格、合约、通知和所有的宴会部文件，并根据文件类别，分别进行存档、打印、整理转发相关部门或当事人。

（3）参加部门会议及有关会议，并担任会议记录。

（4）填写日常工作的有关表格、物品申购单、支票申购单等，接听、回答电话问询，有些电话需交当事人的应及时转达，若当事人不在，帮助记录留言，待后转达当事人。

（5）保存所有宴会部的各种档案，并按类归档，尤其加强客户档案管理，确保客户信息资料及时更新。

（6）帮助领导起草有关工作报告及文件、拟定报表、进行文字和数据的处理等工作。做好办公室清洁卫生，保持整齐而有秩序。

（7）负责迎送有关来访人员，问明来意后介绍有关人员共同接待，有必要时做一些记录工作。

（8）负责宴会部员工考勤汇总，统计宴会部员工有关福利及奖金领发等工作，完成领导交给的其他工作。

（二）宴会部预订员的工作职责

宴会部预订员一般在宴会部预订主管或领班的领导下进行工作，具体工作职责如下：

（1）负责对外接洽宴会及订席的业务事宜，与预订宴会的客户保持联系，了解客户的要求，尽量满足客户需求。

（2）积极与新老客户保持良好的关系，同时通过预订中心开发潜在客户。做好和充实老客户的信息资料档案，并保证客户资料档案的完整性及准确性。

（3）负责带领来访客参观，介绍本饭店的宴会厅设施设备、宴会产品、价格、宴会的服务及就餐环境等，不断促销宴会业务，争取更多的客源。

（4）根据上级领导的指派，有计划地拜访新老客户及潜在的客户，如机关、公司、院校及企业等。

（5）出席本部门每日早晚简报会议、定期举行的业务沟通会议以及其他指定出席的会议。

（6）每周上交工作重点报告，包括已确定的预订业务及有待跟踪的宴会业务，协助上级领导整理工作报告及业绩报告。

（7）注意宴会市场信息的分析工作，及时记录和整理客户意见等各种信息，并上报有关领导，以制定应对措施及改进方法。

（8）负责填写或录入相关预订信息，待上级主管核定后，再与客人确定最后的宴会安排内容与细节，并及时通知相关部门落实，准备宴会各项工作。

（三）宴会部领座员的工作职责

宴会部领座员一般在宴会厅主管或领班的领导下进行工作，具体工作如下：

（1）欢迎并引导参加宴会的客人，带领到预订的宴会厅坐席的位置。宴会结束送别客人。

（2）熟记每天预订宴会的相关信息，包括主宾的姓名、宴会厅、单位名称、参加宴会主题等。

（3）协助客人进宴会厅后脱去外衣、吊挂衣帽等,并保管好,但不包括贵重物品和现金的保管。协助客人电话找人服务,及时通知寻找的客人接听电话。

（4）了解饭店各餐厅的营业情况,随时答复客人的询问,提供热情的专业服务。

（5）利用领座客人的空余时段,协助宴会厅服务摆设餐桌及服务工作,与同事及各部门保持良好的关系。

（6）严格遵守员工手册准则,保持个人高水平的仪表仪容,以饱满的热情及气质为客人服务。

（7）服从领导的工作安排,接受相关的业务培训及会议,不断提高自己的公关能力及业务水平。

（四）宴会厅服务员的工作职责

宴会厅服务员一般在宴会厅主管或领班的领导下进行工作,具体工作职责如下:

（1）根据每天宴会预订情况,按照工作程序与服务标准,做好开餐前的各项准备工作,如台型台面设计,各种餐具、服务用具的准备等。

（2）开宴时,按照服务程序与标准为客人提供有礼貌、高效率、高品质的餐饮服务。特别对特殊病残和幼小的客人倍加关注,做好相应的服务工作。

（3）帮助客人解决就餐过程中的合理要求及相关问题,耐心听取客人的建议及投诉,如超出本人所解决问题的范围,应及时将客人提出的问题和投诉汇报上级领导,寻求解决的办法。

（4）熟悉宴会菜单内容及出菜程序,注意就餐环境的清洁卫生,保持个人高水平的仪表仪容和卫生。以饱满的热情及良好的专业技术为客人服务。

（5）在服务中与客人建立良好的关系,了解新老客户的基本信息档案,懂得他们的饮食习惯及风俗习惯,提高服务水平,争取更多客源。

（6）宴会结束后,做好台布餐巾、餐具及桌裙等送洗与整理工作,当班任务完成后,应与下一班做好交接工作。

（7）严格遵守员工手册准则的要求,做好宴会各种设备设施及餐具等保养与保管工作。执行饭店有关消防安全及卫生的规定。

（8）服从领导的工作安排,参加相关的业务培训及会议,与同事及各部门保持和谐的关系。

（五）宴会部厨师的工作职责

宴会部厨师一般在宴会部厨房主管或领班的领导下进行工作,因宴会部厨房岗位很多,有加工、切配、冷菜制作、热菜制作及点心等,各岗位的侧重点各不相同,但岗位职责有共同之处,具体工作职责如下:

（1）按照本岗位工作程序与标准,优质高效地完成任务,并符合宴会菜肴制作的质量要求。

（2）严格执行中华人民共和国食品卫生法有关条例及饭店食品卫生的有关规定,做到不制作、不储藏、不出售变质和不洁食品,确保宴会菜肴的安全卫生。

（3）每日搞好环境卫生,对各种工具、餐具等消毒,做到生熟分开,防止交叉污染,影响食品卫生。注重个人卫生,仪表仪容要符合饭店所规定的要求。

（4）遵守操作规程和工艺要求,掌握加工、切配、烹调、点缀等方面的操作关键,确保宴会菜点在色、香、味、形、器等均达到规定标准,并严格按菜单的顺序上菜,保证宴会菜肴的上菜质量和速度。

(5) 保持工作区域的卫生,做好设备设施的清洁卫生、维护和保养,确保设备设施完好率达到百分之百。

(6) 工作结束后,认真清洗工作区域的各种设备工具等,关闭有关能源阀门,如电源开关、自来水龙头开关、煤气阀门等,关锁好门窗等收尾工作。

(7) 严格遵守员工手册准则,执行饭店有关消防、安全及卫生的规定。

(8) 服从领导的工作安排,参加相关的业务培训及会议,与同事及各部门保持和谐的关系。

本章小结

1. 本章较明确地阐述宴会部组织机构设置中应掌握的原则,并根据各餐饮企业规模、档次、接待对象的不同,其组织机构按大、中、小三种类型进行设置。对宴会部人员的配备提出一些观点,可供管理者参考。

2. 随着社会的发展,人们对物质文明与精神文明的要求越来越高,作为宴会部员工每天接待大量的宾客,是代表一个饭店、一个地区的文明程度的一部分,本章用较大篇幅对宴会部员工的仪容仪表提出较严格的要求,尤其对每个员工的素质要求作了较详细的表述。

3. 为了加强宴会部的管理,无论是宴会部管理层,还是作业层人员,都制定了明确的工作职责,使每位员工明确各岗位的职责和任务,知道向谁负责,接受谁的工作督导,这既是衡量和评估每个员工的工作依据,又是提高宴会部工作高效运转的保证。

检 测

一、复习思考题

1. 宴会部组织机构设置应掌握哪些原则?
2. 怎样配备宴会部工作人员?
3. 宴会部员工仪表仪容的要求有哪些?
4. 宴会部管理层应具备哪些素质要求?

二、实训题

1. 分述中、大型宴会部的组织机构如何设置。
2. 根据自己所喜欢的宴会部的工种,简述应具备哪些基本素质。
3. 假如你当上了宴会部经理,其工作职责有哪些?如何提高自己的工作水平?

第十一章 宴会的质量与成本控制

本章导读

本章主要强调宴会在运作中应加强质量和成本控制,要根据宴会的档次、形式、服务对象的不同确定不同的质量要求及成本控制,进行有效的监督、检查、调整、分析、控制,尤其对宴会菜点和服务质量的控制,必须采取必要的措施和方法,才能确保宴会的质量,满足消费者的需求。

宴会成本控制的水平高低直接关系到餐饮企业盈利或是亏损的大事,也直接关系到消费者的利益,所以宴会的成本控制必须以保证质量为前提,而宴会的质量保证不能以增加成本来实现。因此,在宴会运作管理中,我们既要保证宴会的质量,又要加强成本控制,如果我们控制不力,抓得不严,必然会影响企业的经营效果。

本章主要抓住宴会在运作管理中的质量与成本控制的两大关键加以叙述,使学员不但懂得宴会的运作,更要注重宴会在运作中的管理,也是宴会经营必须要掌握的知识。

第一节 宴会的质量控制

引导案例

有一对年轻人,在当地一家新建的四星级酒店举办结婚宴会,宴会菜单在一周前与酒店宴会预订部进一步确定,甲、乙双方都认可签字。宴会共30桌,结婚那天亲朋好友都前来参宴祝贺,饭店生意特别好,各个餐厅都爆满,光结婚宴会就有三批,再加上十几桌商务宴、零点客人,搞得餐饮部厨师、服务员忙碌不息,十分辛苦。在开宴出菜的时候,由于服务员与厨师沟通有问题,出菜的程序发生了错乱,把"张三"婚宴菜肴端到"李四"家宴会桌上,造成"张三家"意见很大,后来经饭店领导协调,饭店只好给"张三"家补偿一个菜,尽管如此,"张三"家还是不满意,拖延了婚宴的时间,影响了就餐的情绪,也给饭店造成一定的经济损失及不好的影响。本节就这一事件一起来探讨一下,为使宴会在运作过程中确保质量,得到客人的满意,应该抓好哪几方面的工作。

一、宴会质量控制程序

宴会运作中质量的控制,就是餐饮企业在为顾客举办宴会服务过程中,必须提供符合顾客质量要求的宴会产品,而在宴会生产经营与服务过程中,依照设定的质量标准,进行监督、检查、分析、调整,使宴会正常运作,从而达到原定目标的一项行动。

宴会运作中的质量控制范围,主要包括宴会菜点制作过程中的质量控制及宴会服务过程中的质量控制等。常见的质量控制的程序可分为以下三个阶段:

(一)宴会运作前的质量控制

宴会运作前的质量控制是最为有效的手段之一,一般根据宴会举办的时间、规模、档次等要求,制订一整套的质量控制标准,如精心设计好宴会标准菜单,制订出宴会所用原料的标准采购计划,确定宴会的菜肴制作质量标准及服务质量标准等。通过宴会运作前的质量控制,使每个员工知道宴会每一环节的质量标准,确保宴会质量万无一失。

(二)宴会运作中的质量控制

宴会在运作过程中的质量控制,是保证宴会质量的重要环节。在烹调原料的采购、验收、保管、加工、烹调、装盘及服务过程中,都要严格按质量标准操作进行,要达到宴会的质量标准要求,必须分工负责、责任到人,加强检查督导、发现问题及时纠正。对一些重点客情、重大宴会活动更要注意质量控制,通过对宴会生产及服务质量检查和考核,找出影响产品质量因素的主要原因,并采取措施,加强控制,从而提高工作效率和服务质量。

(三)宴会运作后的质量控制

宴会运作后的质量控制是确保宴会质量良性循环的重要途径。宴会运作后,我们认真收集、整理各种反馈的信息,尤其对宴会质量的评价,要进行科学、客观的分析,出现问题找出原因,采取措施,及时纠正失误,为下一次宴会运作中不再犯同样的错误而努力。所以,我们必须在原料采购、加工、烹调过程中,深入了解原料的品质是否符合宴会菜品的质量要求,我们还要从顾客中收集各种意见和各种信息,如菜肴的口味、数量、温度、出菜的速度及服务态度是否符合顾客的要求,哪些必须要改正的,哪些必须要发扬,为下一次宴会运作提供经验和教训,保证宴会质量符合设计及客人的需求。

二、宴会菜品质量控制方法

宴会菜品质量的好坏,直接影响到餐饮企业的声誉和经济效益,是衡量餐饮企业管理水平高低的重要标志,也是构成宴会质量的主体,因此,我们必须抓好宴会的菜品质量,要从烹饪原料的采购、运输、贮存、加工、烹调等每一个环节加强质量控制,主要抓好如下几方面的工作:

(一)抓好菜品原料的质量控制

宴会菜品的质量优势,在很大程度上取决于菜品的原料品质的好坏,所以,抓菜品质量,首先抓好菜品原料的质量控制,其内容一般包括原料的采购、验收、储存等。

1. 原料的采购控制

为确保采购的原料符合菜品质量要求的标准,应对每一原料制订采购质量的规格和要求,如食品的品种、产地、产时、品牌、分割要求、包装、部位、规格、营养指标、卫生指标及新鲜度等。做到所有采购的原料其形状、色泽、水分、重量、质地、气味、成熟度、食用价值等均要符合宴会的菜品要求,凡已腐败变质、受污染或本身带有致病菌或含有毒素、过期、变味的原料禁止用于宴会菜品中。

2. 原料的运输控制

食品原料在采购运输过程中,要做到生、熟分开存放;有些易变质的原料应用冷藏车运输,或尽量缩短运输时间,保证不变味、不变质;对一些鲜活原料要保证空气流通,水产原料要给水充氧,确保成活率;对一些装运原料的运输车、箱及容器每次冲刷消毒,防止交叉污染。保证食品原料在运输过程中不变质、不变味、不污染。

3. 原料的验收控制

原料的验收管理是确保原料质量的关键,要制订严格的食品验收制度及工作职责,要根据采购单中所规定的食品原料,对其质量标准认真验收,如商标、产地、颜色、质地、鲜活程度、保质期、气味、规格、含水量、卫生状况等认真检查,拒绝一些变质、变味、不卫生的食品原料进入厨房或库房,保证宴会菜品原料的质量标准。

4. 原料的储藏控制

原料的储藏管理的优劣直接关系到菜品的质量,要对不同的食品原料分库保存,对不同的冰箱、冰库、库房的温度、湿度加以控制,如干货库房温度宜为1822℃,酒水库房宜为1418℃,冷藏库宜为04℃,冷冻库宜为-1520℃;还要根据食品原料存放的时间及要求,区别储藏,如需要储存时间较长的水产品、肉制品等可放入冷冻冰库中保管;储存时间较短的原料可放入冷藏库中,并根据原料的性质,控制好温度,如海鲜类控制在-13℃,奶制品与肉类控制在04℃,蔬菜食品控制在46℃等。做到所有的冰箱、冰库、干货库房摆放原料整齐、干净、通气及无虫害、鼠害。要建立一系列的原料储藏保管、进库、出库、领料制度;食品原料变质、变味及过期食品的报废制度,严格按标准、规定存放食品原料,坚持先进先出的原则,始终保持食品原料清洁、卫生、安全,符合菜品烹制的质量要求。

(二) 抓好菜品原料的加工质量控制

食品原料加工质量的好差,对菜品的色、香、味、形会产生很大的影响,因此,我们必须对原料加工的质量加以控制。

1. 注重原料的选择

宴会菜单确定后,就要根据菜单中的设计要求,对每一个菜品所用的原料,按菜品风味特点,认真选料,力求原料的品种、规格、部位等均符合菜品要求,如"八宝鸡"这一道菜,应选用一年左右而尚未开始生蛋的小母鸡,这种鸡既不老也不太嫩,去骨时皮不易破,烹制时皮不易裂;"清炖狮子头"这一道菜应选猪肋条肉,要求肥七成瘦三成为好;"炒虾仁"这一道菜应选用每500克有200只左右的虾仁为好。同时,在选择原料时,要保证原料的清洁卫生,使其符合菜品卫生要求,尽量选择一些鲜活、时令、名特产、名品牌及有特色的原料做宴会菜品的原料。对一些不符合菜品的卫生要求的原材料应严格控制,不可随意替代或勉强使用,确保菜品的原料质量。

2. 注重原料的加工质量

各种食品原料必须经过加工、涨发、初步熟处理等方法才能烹制成菜肴,因此,我们在抓好原料选择的同时,必须严格按加工规格标准、质量要求进行控制,如蔬菜类原料要除尽枯叶、老叶、泥沙、虫卵等杂质;水产品原料必须要除尽污秽血液、鱼鳃及内脏杂物,淡水鱼的鱼胆不要弄破,去鳞的鱼类鱼鳞要除尽,并清洗干净;禽、畜类加工时,必须除去毛及杂物;分档次取料时下刀要准确,形状要美观;干货原料涨发时,要掌握好涨发的程序、方法、关键,发足发透;对各种原料进行细加工时,要根据宴会菜品要求,各种形状做到粗细、大小、长短均匀整齐;初步熟处理时做到原料成熟度恰到好处、形状完整、色泽符合要求等,尽量避免因原料加工不当、不科学而影响菜品质量。

(三) 抓好菜品原料的组配质量控制

宴会菜品的原料组配是保证菜肴出品质量的关键一环。应根据菜品的风味特点，按标准菜单的要求，严格控制好每一个菜品的主料、配料、调味料的比例，不可随意组配，偷工减料，否则，无法保证菜肴的风味特点及质量的稳定，如果监督不严、检查不力，很可能影响到餐饮企业的经济效益和社会效益，因此，我们必须建立严格的菜品原料组配制度，做到菜品组配标准化、程序化、规范化等要求，使菜品的组配质量能得到有效的控制。

（四）抓好菜品烹调的质量控制

烹调是制作菜肴中的最后一道工序，烹调质量的好坏，直接关系到菜品的色泽、口味、形态、质地及宴会的质量。所以我们要根据宴会菜品中每一个菜肴特点要求，按标准菜谱的操作规则进行烹调，保证菜品的质量，具体从如下几方面加强控制：

1. 严格执行烹调规则的操作制度

在烹调菜肴时，必须严格按标准菜谱进行操作，每一个菜品都要规定主料、配料、调料的比例，操作的程序，烹调的方法，装盘的式样，色、香、味、形的要求等，并根据宴会菜品烹调的难易程度，指定不同技术水平的厨师操作。有些常用的复合调味料，可指定专人按比例统一兑汁，有些菜肴的烹调方法，加热时间制定出一整套的控制参数，烹调人员只要按标准、规则进行操作，就能保证菜品质量的一致性。

2. 严格执行烹调质量的检查制度

菜品在烹调过程中，如不加强检查、督促，很可能出现操作中的不规范性，投料量的随意性，菜品质量的波动性，所以在菜品烹调过程中，要制定严格的检查制度，对一些味差、不熟、不合产品风味特点及质量要求的菜肴不许上桌，并追查操作人的责任。对严格执行烹调操作者应给予一定的奖励。做到奖罚分明，才能保证菜品的温度、出品的速度、成品的质量符合客人的饮食需求。

3. 严格执行烹调操作的培训制度

菜品烹调的质量控制，除了要求员工严格遵守烹调操作规则，按标准菜单进行烹调，并加强质量检查外，还必须对员工经常性地加强业务技术培训，对一些新菜品、新规则及时培训，使每个烹调工作者都要知道每个菜品的操作关键和要求。事实证明，菜品质量的高低，取决于烹调者的技术水平、工作责任心及工作经验。只有不断地加强对员工的培训，提高他们的烹调操作水平和工作责任心，才能从根本上保证菜品的质量。

🔊 **特别提示：**宴会菜品质量控制必须以原料的采购、储藏、选料、加工、组配、烹调等方面抓起，做到标准化、程序化、规范化的生产，环环紧扣，一抓到底，加强检查，保证质量。

三、宴会服务质量控制措施

宴会服务质量的控制，主要从宴会厅的环境卫生、服务规范等几方面加强管理，制定各种质量标准，进行检查督导，做好培训工作。具体采取如下措施：

（一）制定宴会厅环境质量标准

宴会厅内外环境的好坏，直接影响到客人的用餐情绪，所以，我们必须制定出一整套的环境质量标准，营造良好的就餐环境，满足客人身心的需求。

1. 宴会厅外环境质量标准

宴会厅外环境，又称门面环境，一般指餐厅周围、门窗、玻璃、盆景等设施，要求宴会厅门面宽大，选用耐磨、防裂、抗震的耐用玻璃门或旋转门，装饰美观大方、舒适典雅；门前各种中英文标志牌、有关文字等内容书写正确、整齐、美观,宴会厅窗户宽大、光洁、明亮、自然采光充足良好,装饰窗帘或幕帘设计美观,门窗遮阳保温效果良好,防虫蝇、防噪音,开启方便自如;进门处各种装饰品、盆景、衣帽架等要美观、优雅,给人赏心悦目之感。

2. 宴会厅内环境质量标准

宴会厅内环境应与宴会厅的类型、菜品风味和宴会厅等级规格相适应,天花板、地面、墙面、灯具、空气质量等要符合质量标准要求。如天花板应选用耐用、防污、反光、吸音材料,安装坚固、装饰美观大方,无开裂脱皮、脱落、水印等现象;地面选用的装饰材料要与酒店星级标准相适应,无论选用大理石,还是选用木质地板、地砖、水磨石或地毡装饰,都要防污,清洁卫生,地毯要铺得平整,图案、色形简洁明快,柔软耐磨,有舒适感;墙面选用的涂料或墙纸必须是环保无异味、耐用、防刮损的装饰材料,易于整理与保洁;如墙面挂有字画、大型壁画装饰,安装位置应与画面内容相符合,坚固、美观,尺寸与装饰效果同宴会厅的档次、色彩、规格相适应,不可有破损、歪斜、不洁等现象;宴会厅各种顶灯、射灯、壁灯造型美观高雅、安装的位置合理,要突出宴会厅不同风格的灯光效果,各种服务区域的灯光光源充足,灯光照度不低于 50 Lx,光线要稳定、柔和、自然、不耀眼、看物品不失真,灯光可分级自由调节强弱。灯具安装要安全、便于维修、清洁;宴会厅的空气质量、温度、湿度、风速、噪音等要符合人体生理要求,如空气质量一氧化碳含量不超过 500 mg/m³、二氧化碳含量不超过 0.1%、可吸入颗粒物不超过 0.1 mg/m³;新风量不低于 200 m³/人·小时,用餐高峰期不低于180 m³/人·小时;宴会厅的温度,冬季不低于 1822℃,夏季不高于 2224℃,用餐高峰客人较多时不超过 2426℃,相对湿度 40%60%,风速 0.10.4 m/s,宴会厅噪音不超过 50 dB;细菌总数不超过 3 000 个/m³。

(二) 制定宴会厅设备设施质量标准

宴会厅设备设施主要包括冷暖设备、安全、通讯设备、服务设施等,要保证各种设备设施正常运作,必须制定一定的质量标准。

1. 冷暖设备质量标准

宴会厅无论采用中央空调或挂壁式空调等设备,安装必须合理,表面光洁,风口美观,开启自如,性能良好,室温可随意调节,通风良好,换气量不低于 30 m³/人·小时,空气始终保持新鲜,冷暖设备发出的噪音必须低于 40 dB。

2. 安全、通讯设备质量标准

宴会厅各种安全设备必须齐全,性能良好,如宴会厅顶壁内必须设有烟感器和自动喷淋灭火装置,并设有紧急出口及灯光显示,安全设施与器材健全,始终处于正常状态,符合安全消防标准,给客人一种安全感;宴会厅通讯设备畅通,配有紧急呼叫系统、音响系统、移动、小灵通、接收系统及电话等设备,要求音响、呼叫声音清晰,无杂音,使用方便。

3. 服务设施质量标准

宴会厅大小、风格、高中低档次配套合理,能够满足不同顾客的消费需求,宴会厅离厨房的距离不宜太远,最多距离不得超过 50 m,每个宴会厅座位数要根据各宴会厅的面积大小来确定,每个座位面积标准不低于 1.61.8 m²。豪华宴会厅还需配客人休息室,设沙发、坐椅、茶几,布置要美观舒适,设有不小于29英寸的电视机,有的有钢琴及演奏台、衣架、植物盆栽或盆景。宴会厅餐桌椅数量、式样、造型、高度要与宴会厅的风格、接待对象相适应,并备有一定量的儿童坐椅,备餐间(传菜间)橱柜、碗柜、托盘、餐具等设备用品齐全,保证备餐、上菜需要。厨房与宴会厅之间设隔墙防油烟装置。宴会厅内或附近设有公共卫生间、洗手间,设施齐全,性能良好,有专人负责清洁卫生,并为客人提供卫生间的规范服务,始终保持卫生间无异味、无蚊蝇、清洁干净,使客人方便舒适。

各种设备设施应与各宴会厅档次、风格相配套,布局合理、美观、典雅大方,要制订维修维护制度,一旦损坏或发生故障应及时维修,保证设备设施完好率达到100%,确保宴会餐厅的正常运行。

（三）制定宴会厅用品的质量标准

宴会厅用品质量的好坏直接影响到服务质量优劣,所以必须对饮食用具、服务用具、易耗品及清洁用品制定质量标准、提高服务质量。

1. 饮食用具的质量标准

宴会厅饮食用具主要指各种餐具、茶具、酒具等,各种饮食用具的品质配备应与宴会厅档次、等级、接待对象及宴会厅的风格相配套,其数量以餐桌和座位数为基础,一般宴会厅每一座位不少于三套,高档宴会厅不少于45套。主要满足洗涤、周转需求,各种瓷器、银器、不锈钢、玻璃制品、漆器等不同品质饮食用具,应种类齐全、规格型号尽量统一,不可有缺口、缺边、破损、变形、污垢等现象,贵重饮食用具要专人洗涤,专人保管,发现有破损现象,及时更换,不可再上桌使用。

2. 服务用品的质量标准

宴会厅的服务用品主要指各种台布、口布、调味架、托盘、茶壶、开瓶器等各类服务用品,服务用品的品质要与宴会厅的档次、风格、豪华程度相适应,用品配备齐全,要配套、数量充足,有专人负责、统一管理,供给及时、领用方便,发现台布、口布有破损、污染物无法洗净的要及时更换,托盘要干净防滑,调味架要天天清洗、更换调味品,保持整洁,各种服务用品要分类存放,加强管理,制定管理制度,保证质量标准。

3. 客用易耗品的质量标准

宴会厅客用易耗品主要指酒精、固体燃料、鲜花、蜡烛、餐巾纸、牙签等客人使用的各种用餐所需的消耗物品。这些易耗品应专人保管,按需配备,防止进货太多,保管不妥,有受潮、发霉、虫蛀等现象,一旦发现质量有问题,立即禁止使用,及时更换,保证客人使用安全、方便,满足客人的用餐需求。

4. 清洁用品的质量标准

宴会厅清洁用品有各种清洁剂、餐具洗涤用品、除尘除污毛巾、擦手毛巾等,各种清洁剂及清洁工具应配备齐全,分类存放,专人管理,不可有混合、挪用等现象发生,对一些高档餐具,如银器、铜器、不锈钢等器具,要用专用清洁剂及工具清洁,并指定有经验的专业人员定期洗涤,防止污痕、褪色、斑点等现象的发生,对一些有毒、有严重气味的清洗剂及洗涤工具,专人保管,防止交叉污染食品和宴会厅的空气及环境。

（四）制定宴会服务的质量标准

宴会服务质量的好坏除宴会厅的环境、设备设施、用品质量外,最重要取决于服务质量标准的高低,主要指在宴会服务过程中,服务人员的仪表仪容、服务态度、服务技艺、工作效率和安全卫生等方面是否适合和满足客人心理需求的程度。具体要求如下:

1. 仪表仪容

服务人员的衣着打扮、精神面貌是在宴会服务中首先映入客人眼帘的第一形象,能否给客人留下一个好的印象,主要取决于服务人员仪表是否端庄,衣冠是否整洁。要求每个服务人员在工作前应洗手、清理指甲,发型大方,头发清洁无头屑,整齐不零乱,女服务员头发不能披肩,不戴戒指、手镯、耳环及不合要求的发夹,不留长指甲和涂指甲油,要化淡妆,不化浓妆,不喷过浓的香水;男服务员头发不得过耳,发角不能过衣领,不留大鬓角,工作时间不吸烟、不嚼口香糖,内外服装整洁干净,不能有油渍污物,外套服装清洁笔挺,不可有破损、缺纽扣等现象,不可在服务区内梳理头发、掏耳、剔牙、挖鼻孔、修剪指甲,更不能对着食品说话、咳嗽或打喷嚏。

2.服务态度

宴会厅的服务人员接待客人时语言和蔼、举止文明大方,做到语言轻、脚步轻、服务的动作轻,热情为客人提供各种服务,并面带微笑虚心听取客人的意见或要求,主动热心地为客人服务,如帮助客人斟酒水、撤换骨碟、进行席上分菜等。

3.服务技艺

服务人员服务技艺的高低,直接关系到宴会的服务质量。一个好的服务人员,应熟悉本岗位的业务知识,掌握服务操作规程,善于把握顾客的心理,熟悉各地各民族顾客的风俗习惯,具备较强的应变能力,如向客人详细介绍菜单,上菜、斟酒时注意选择时机及方法,尤其在客人致词、相互敬酒时不宜上菜、分菜。分菜的动作要正确麻利,分配均匀,要善于察言观色,揣摩顾客的心理活动,及时为他们提供优质服务。

4.服务方式

宴会厅服务的方式,要根据不同地区、不同客人的风俗习惯,不同的宴会档次及服务对象,采取不同的服务方式,如有些顾客斟酒水不需要服务员服务,而喜欢自己相互斟酒水,表示热情友好;有的喜欢服务人员帮助他们斟酒水,显示出自己有档次。有的宴会顾客要求上菜的速度要快,最好把所有的宴会菜一次性全部上桌,显得丰富,用餐时间要短;有的顾客要求上菜速度要慢,吃完一个菜,再上一个菜,用餐时间要长一些。还有自主餐会、酒会、西餐宴会与中餐宴会的服务方式完全不一样,所以我们要根据客人的需求及服务项目的变化,其服务方式随之变化,要求最大限度地满足客人对宴会的各种物质需求和精神需求。

5.服务工作效率

服务人员工作效率的高低往往影响客人的就餐情绪,如出菜的快慢、斟酒水及时程度、客人需求服务反应速度等等,都是衡量宴会服务工作效率高低的重要指标,也是衡量宴会服务质量好差的标准,只要我们快速有效地为客人提供优质服务,不断地提高服务标准及工作效率,才能得到客人的欢迎。

总之,宴会服务质量提升,不但要营造宴会厅内外的优良环境,制订严格的质量标准,而且要注重宴会厅各种用品质量标准,满足不同层次客人的消费需求,更要注重制定宴会服务质量的标准,满足顾客的物质和精神的享受。

特别提示:宴会服务质量的控制主要一手抓"硬件"建设,一手抓"软件"建设,两手都要"硬",要制定严格的服务标准、工作程序、规章制度、检查制度,确保宴会的服务质量,不断提高。

第二节　宴会的成本控制

引导案例

某一城市一家新开的三星级饭店,宴会部每天顾客盈门,各宴会厅天天爆满,厨师、服务员整天忙得不亦乐乎,等一个月后财务报表一公布,大家十分惊讶,毛利率只有40%,如扣除人工工资、折旧费、税金、生产费用等支出,企业还亏损,领导、员工都不满意。第二月换了一个厨师长,他不但能烹调,而且会管理,懂得成本核算,顾客还是天天爆满,菜肴、服务质量还是一如既往,客人反映很好,过一个月后,财务报表显示,营业额比上月增加10万元,而毛利率达到55%。为什么两个厨师长,由于管理方法不一样,而产生的经济效益悬殊如此之大? 具体有什么奥妙呢? 本节主要围绕宴会的成本控制共同来探讨其方法。

一、宴会的成本控制范围

宴会成本分可控成本和不可控成本。可控成本又称变动成本,如宴会的菜品原料成本、饮料成本、人工成本、水费、电费、燃料费、低值易耗品费、修理费、管理费、广告和推销费用等;不可控成本又称固定成本,如折旧费、税费、贷款利息、租赁费等。但是,宴会成本控制是一个系统工程,必须对宴会成本进行全面控制,其范围主要抓住生产经营和生产要素的控制。

(一) 生产经营成本控制

1. 原材料成本控制

宴会菜点的成本,主要由主料、配料、调料组成,所以菜点原料价格的高低、涨发率及出净率的多少直接影响菜品的成本及售价,为此,我们必须抓好菜品原材料的采购、验收、入库、领发、储存等方面的成本控制,在确保菜品原材料质量的前提下,将成本降到最低限度。

2. 生产成本控制

生产成本主要指宴会在经营过程中的各种费用,如水电费、燃料费、洗涤费、广告推销费、办公用品费、交通费、公关费、邮费、器皿损耗费、贷款利息等。

3. 销售成本控制

销售成本控制主要指宴会菜品销售成本价的控制。如果宴会菜品成本价定得太高或太低,往往影响餐饮企业的市场竞争能力及盈利,所以,销售成本控制得正确与否,直接关系到餐饮企业社会影响及经济效益,是宴会成本控制的重要环节。

(二) 生产要素成本控制

在生产要素的成本上主要抓住人工成本和物品成本的控制。

1. 人工成本控制

人工成本主要指员工的工资养老金、失业金、医保金、公积金、住房补贴金及员工各种福利补助等。怎样合理使用员工、控制员工的数量、提高员工的工作能力及工作效率,是控制人工成本的有效途径。

2. 物品成本控制

物品成本控制主要指控制各种设备设施、餐具、器具的损耗率,控制各种易耗品进价成本及损耗率,如台布、口布、餐巾纸、牙签、餐桌调味品等,还有各种饮料酒水的进价控制及售价的控制。只要将物品成本损耗减到最低水平,餐饮企业的利润率自然就会增加。

二、宴会菜品的定价与成本控制

宴会菜品的定价与成本控制有着密切的关系,我们在确定宴会菜品售价时,既要考虑菜品的原材料成本、各种生产费用及同行业竞争等因素,还要考虑到宴会消费者对产品的支付能力、认可程度、举办宴会目的等因素,做到科学定价,有效控制菜品成本。

(一) 宴会菜品定价的原则

宴会菜品定价的原则要以投入的价值为基础,以市场需求为导向,以物价政策为依据,以迎合顾客消费心理为策略、以保证利润为根本,具体应掌握如下几方面的原则:

1. 以投入价值为基础

宴会菜品往往由多种原料经过加工、烹调而制成,其投入原材料的质量、价格有差异,使用的设备设施与消耗品价值有大小,服务设施及就餐环境有好差,投入劳动力及技艺有多少,想获取的经营利润率有高低,为此,宴会菜品的定价必须以投入的价值为基础,坚持按质论价的原则,对优质产品、优等设施、优良就餐环境、优质服务制定的价格就相对高一些;反之,菜品定价应低一些,这样容易被客人理解和接受。

2. 以市场需求为导向

宴会菜品定价还应根据市场的供需情况、同行竞争等因素来决定价格的高低。

(1) 根据消费群体需求定价。不同消费群体有不同的消费需求,对一些高档次消费客人,他们喜欢去高档酒店及餐厅消费,要求就餐环境好,菜品质量优,服务水平高,其菜品定价要高一些;对一些消费水平相对较低的客人,就餐环境相对差一些,菜品质量及服务一般,其菜品定价要低一些。

(2) 根据菜品原材料供求情况定价。如原材料比较珍稀,进价成本高,烹调工艺复杂,定价可高一些;反之,原材料较大众,进价成本不高,烹制工艺较简单,则定价可低一些。

(3) 根据菜品的特点来定价。菜品随着季节的变化,风味的变化,其定价应有所调整,如对一些风味、特色、时令、招牌等菜品,定价应高一些,对一些大众菜品、非时令菜肴,菜品定价应低一些。

(4) 根据市场竞争情况定价。宴会产品定价往往随行就市,根据餐饮市场的价格变化及竞争对手定价情况的变化而变化。餐饮企业为了扩大产品的销售,增强与同类企业的竞争力,制定出与竞争对手相同或接近的定价策略,保证自己的产品在激烈的市场竞争中立于不败之地,争取更多的市场份额。

3. 以物价政策为依据

宴会菜品的定价还应在国家物价政策规定的范围内确定菜品的毛利率,坚持贯彻按质论价、分等论价、时菜时价等原则,以原料成本、合理的费用、税金及利润,确定宴会菜品的售价,如果违背国家的价格政策,以次充好,物差价高,短斤少两,欺骗顾客,违背市场的价格规律,必将受到国家法律法规的惩罚。

4. 以迎合顾客消费心理为策略

宴会菜品定价科学合理,不但客人满意,餐饮企业也能获得良好的利润。为了达到这一目的,必须要不断分析客人的消费心理,绝大多数客人不希望同类宴会价格频繁上调。宴会价格数字要吉祥,收费形式要简单,给客人留足面子,在消费一定的价格内,能享受到额外的奖励和超值服务。在满足客人物质享受的同时,还要使客人得到精神上的享受,只有我们主动迎合不同客人的消费心理,宴会菜品的定价才能得到客人的认可,餐饮企业才能获得预定的利润。

总之,宴会定价除掌握上述定价的原则外,还要熟悉宴会定价的规律、计价的方式方法,才能制定和保持科学合理的宴会菜品价格。

特别提示:在坚持宴会菜品定价的原则基础上,必须正确计算每一桌宴会菜品的实际成本、毛利率、利润率,确保顾客利益与企业利益均不受影响。

(二) 宴会菜品定价的方法

宴会菜品的定价一般由宴会经营者根据本企业档次、菜品特点、目标市场及经营思路来确定,因此,常见的定价方法有多种,宴会经营者可根据自己的经营情况,亦可将这些方法灵活运用,这样有利于宴会经营符合市场的发展规律。

1. 宴会菜品价格构成

宴会菜品价格的构成由菜品原材料成本、生产经营费用、税金、利润四部分组成。其公式是:

$$宴会菜品价格 = 菜品原材料成本 + 生产经营费用 + 税金 + 利润$$

人们往往又把宴会菜品价格构成分为两大部分,一大部分是宴会菜品原材料成本,主要指制作菜品时所需的主料、配料、调料的成本;另一大部分称毛利,主要包括生产经营费用、税金、利润。亦可用如下公式来表示:

$$宴会菜品价格 = 菜品原料成本 + 毛利$$

餐饮企业在菜品定价过程中,一般以菜品原材料成本为基数,加上企业规定的毛利率幅度确定宴会菜品销售价格,所以,生产成本越降,盈利越多,反之,则盈利越少。

2. 毛利率定价法

毛利率定价法就是精确地核算出宴会菜品原材料成本和合理地确定宴会菜品毛利率后,就可以计算出宴会菜品的售价。在计算方法上,毛利率定价法可分为销售毛利率和成本毛利率两种计算法:

(1) 销售毛利率计算法。销售毛利率法又称内扣毛利率法,是以产品销售价格为基础,依照毛利与销售价格的比值计算销售毛利率,其公式是:

$$销售毛利率 = \frac{销售价格 - 成本}{销售价格} = \frac{产品毛利}{产品销售价格} \times 100\%$$

例1　某一饭店每桌生日宴售价 1 000 元,制作菜品所用去主料、配料、调料的总成本为 500 元,试求这桌宴会销售毛利率是多少?

$$销售毛利率 = \frac{1\,000\,元 - 500\,元}{1\,000\,元} \times 100\% = \frac{500\,元}{1\,000\,元} \times 100\% = 50\%$$

答：这桌宴会销售毛利率为50%。

如果我们只知道制作一桌宴会所用去原料成本价格，规定一定的销售毛利率，求这一桌宴会的售价。其公式是：

$$宴会菜品销售价格 = \frac{成本}{1 - 销售毛利率}$$

例2　某一酒店制作一桌商务宴会菜品所用去原材料成本为900元，规定销售毛利率为55%，求这桌宴会菜品售价是多少？

解：宴会菜品销售价格 $= \dfrac{900\,元}{1-55\%} = 900 \div 45\% = 2\,000(元)$

答：这桌宴会销售价格为2 000元。

又如，已知某一桌宴会销售价格及销售毛利率，求这桌宴会菜品原材料成本是多少元？其公式是：

$$宴会菜品原材料成本 = 宴会菜品销售价格 \times (1 - 销售毛利率)$$

例3　某一酒店一桌答谢宴，宴会标准每人120元，共10人参加，规定销售毛利率为52%。求宴会菜品原材料成本应是多少元？

解：宴会菜品原材料成本 $= (120\,元 \times 10\,人) \times (1-52\%) = 1\,200\,元 \times 48\% = 576(元)$

答：宴会菜品原材料成本为576元。

从上述销售毛利率定价法的各种公式来看，已知某桌宴会的售价、成本，就能计算出销售毛利率；又如已知每桌宴会的成本、销售毛利率，就能计算出宴会的售价，并了解到宴会的毛利在销售额中所占的比重，有利于核算管理，是目前餐饮企业计算宴会售价所普遍采用的方法；再如了解到每桌宴会的售价、销售毛利率，就能计算出宴会菜品原材料总成本应控制在多少元范围内，便于加强管理。

（2）成本毛利率计算法。成本毛利率计算法又称外加毛利率法，是以产品成本价格为基础，依据毛利率与成本价格的比值计算成本毛利率，其公式是：

$$成本毛利率 = \frac{销售价格 - 成本}{成本价格} = \frac{产品毛利}{产品成本} \times 100\%$$

例1　某一饭店一桌宴会的销售价是1 200元，制作菜品所用去主料、配料、调料的总成本是800元，试求这桌宴会成本毛利率是多少。

解：成本毛利率 $= \dfrac{1\,200\,元 - 800\,元}{800\,元} \times 100\% = 50\%$

答：这桌宴会成本毛利率为50%。

如果我们知道制作一桌宴会所用去的主料、配料、调料的原材料成本，规定一定的成本毛利率，求这桌宴会的售价，其公式是：

$$宴会菜品销售价格 = 成本 \times (1 + 成本毛利率)$$

例2　某一饭店一桌商务宴会用去原料成本为1 000元，规定成本毛利率为65%，求这桌宴会菜品的售价。

解：宴会菜品销售价格＝1 000元×（1＋65％）＝1 000元×165％＝1 650(元)

答：这桌宴会菜品售价为1 650元。

用成本毛利法计算售价，简单明了，经营者易计算，但不足之处是，会计在核算时，不易反映宴会销售总额中毛利所占的比重，所以餐饮企业财务人员一般不采用这种方法。

再如，已知宴会的售价和成本毛利率，要计算出宴会菜品的成本。其公式是：

$$宴会菜品成本 = \frac{宴会销售价格}{1 + 成本毛利率}$$

例3　已知一家饭店举办婚宴10桌，每桌的销售价格是1 200元(酒水除外)，规定成本毛利率为60％，求这批宴会菜品成本是多少元？

解：这批宴会菜品成本 $= \frac{1\,200元 × 10桌}{1 + 60\%} = 12\,000元 ÷ 160\% = 7\,500(元)$

答：这批宴会菜品成本是7 500元。

（3）毛利率换算法。从上述销售毛利率和成本毛利率计算方法来看，各有一定的优点，但财务部门在计算分析各种生产费用率、税金率、成本率、资金周转率等，都是以销售额为基数计算的，这和销售毛利率的计算方法是一致的，如果用成本毛利率计算，就不易计算出各种费用与销售额比例的关系，因此，成本毛利率是以成本为基数，它对于分析、检查和编制计划等很不方便。但在实际运用中，有一部分经营者还是惯用成本毛利率法计算售价，为了解决这一矛盾，也可把销售毛利率与成本毛利率互换，其换算公式如下：

$$销售毛利率 = \frac{成本毛利率}{1 + 成本毛利率}$$

$$成本毛利率 = \frac{销售毛利率}{1 - 销售毛利率}$$

例1　某一酒店商务宴会所用菜品成本为800元，售价1 480元，成本毛利率为85％，换算为销售毛利是多少？

解：销售毛利率 $= \frac{85\%}{1 + 85\%} = 85\% ÷ 185\% = 45.95\%$

答：85％的成本毛利率，换算为销售毛利率是45.95％。

例2　北京市某饭店一桌生日宴售价1 200元，菜品原材料成本为660元，销售毛利率为45％，试换算为成本毛利率。

解：成本毛利率 $= \frac{45\%}{1 - 45\%} = 45\% ÷ 55\% = 81.82\%$

答：45％的销售毛利率，换算为成本毛利率是81.82％。

3.随行就市定价法

随行就市定价法就是根据烹饪原材料的市场供应情况、价格变化、同行竞争对手菜品定价情况、节假日等因素来确定本企业菜品定价的方法。

有些烹饪原料季节性很强、品质优劣很明显，其价格自然差距很大。如春天清明节前的长江刀鱼，夏天小暑前后的黄鳝，秋天910月份湖泊中的螃蟹等原料刚上市的价格要比平时价格高出很多。另外，原材料的产地不同，养殖与野生的差异，其价格差距也很大，所以我们要根据原材料市场供求情况,合理定价,还要以竞争对手价格为依据,同类产品定价要相近或相似,否则影响竞争力;再如餐饮经营淡季与旺季、节假日等均可根据市场变化,可提价或降价,加大营销力度,扩大企业知名度。但随行就市的原则,并不是违反定价原则,在保证宴会产品总体销售毛利率不变的情况下,对部分菜品的毛利率可作适当调整。

4. 消费心理定价法

客人对宴会的消费需求多种多样,有的喜欢讲排场,要面子,宴会定价要高,菜品质量要优;有的注重实惠,宴会定价物有所值,认为宴会的价值与自己享受的价值要一致;有的对宴会菜品的定价追求吉祥如意,宴会售价的数字带有吉祥的谐音,如666元、888元、1 598元、1 988元、2 198元等。所以,对宴会的定价我们应根据客人的不同的消费心理需求及经济的承受能力,来决定宴会的价格,并注意定价的策略,满足不同客人的消费心理需求。

5. 经营策略定价法

餐饮企业为了扩大经营范围,增强市场竞争力,十分注重经营策略,讲究定价技巧,依照不同的宴会产品、消费群体、淡旺时段等因素,采用不同的定价法。

(1) 宴会新项目新产品定价法。餐饮企业对新开张的宴会厅或新的宴会形式及品种,往往根据不同情况采取市场渗透价格、短期优惠价格、市场暴利价格等经营策略来定价。如餐饮企业研制一套烧烤宴会菜单,为了使这一新的经营项目迅速打开和扩大市场,被消费者接受,其价格定得较低,目的是尽早渗透市场、占领市场,有效地防止竞争者挤进这块市场,达到长期占领这块市场的目的。再如有些餐饮企业在新开张的宴会厅或进行新的经营项目时,为了满足消费者求新、求廉的消费心理,暂时将价格压得较低,来吸引顾客消费,一旦占领市场,过了优惠期,便将宴会菜品价格恢复到正常的售价。还有些餐饮企业开发出一些新品种、新的宴会形式,而其他餐饮企业一时无法模仿或达不到本企业的经营水平时,将新产品的价格定得很高,以牟取暴利,待其他餐饮企业加入竞争的行列时,才会将新品种的价格降低到正常的市场价格。

(2) 宴会优惠价格定价法。餐饮企业为了吸引和稳定住顾客长期在本企业消费,运用价格折扣等优惠政策推销自己的产品,如团体消费优惠法,为了增加人气促进销售,对人多量大的商务宴、招待宴、婚宴等宴会进行价格优惠,免收服务费,允许自带酒水。有的企业为了鼓励一些大公司、大客户来店消费,规定超过一定的消费额,免收或奖励一定费用而达到促销的目的。还有采取累计消费优惠法,对一些顾客来宴会厅消费的次数及金额越多,优惠的折扣率越高,则得到的实惠就越多,这是鼓励顾客经常来餐厅消费的一种策略。有的餐厅还采取消费积分优惠法,消费越多,积分越多,优惠越多,如积分达到一定的分数,可奖励一定的物品或免费用餐等;另外,宴会厅根据生意淡旺程度的不同和每天消费时段的差异,也采取特别的价格优惠,如在宴会生意清淡的时段,宴会的价格要低一些,或在原有的宴会价格上打折。有些宴会厅中午生意没有晚上好,往往采取中午来宴会厅消费可打折或赠送一定量的酒水、免收服务费等一些优惠策略,从而达到吸引顾客消费的目的。

总之,宴会菜品定价的方法除上述采取的各种方法和策略外,还需根据餐饮市场的变化、竞争对手的定价情况、消费对象等各种因素,灵活运用、综合分析,确定本企业的定价方法和策略,使宴会菜品的定价更加符合餐饮市场的消费规律及客人的消费心理,提高企业的营业额和利润率。

（三）宴会菜品的成本控制

宴会菜品的成本控制，是指直接用于生产制作宴会菜品所耗用的食品原材料，在采购、验收、保管、发货、盘存等流程中加强管理及控制，在保证菜肴质量的基础上，千方百计降低菜品原材料成本，在保证宴会合理利润的基础上，相应的降低宴会价格，增强了宴会经营在市场中的竞争力。具体抓好如下几方面环节：

1. 抓好原材料采购的成本控制

宴会菜品原材料种类繁多，消耗量大，是宴会中的主要成本，所以，必须加强原材料的成本控制。

（1）建立规章制度，按计划采购。原材料采购必须建立严格的采购制度，对一些贵重物品、水产品及量大面广的各种原材料采购，每周都必须进行市场调研、询价，然后由各供货商报价，再由本企业采购委员会讨论研究，进行"货比三家"，看哪家供货商便宜、质量好、服务好、信誉好，就购哪一家的原材料。避免个别人说了算，防止进"关系户"的货，质差价高，拿回扣等现象。采购部门每天必须按计划采购，做到定量、定价、定时采购原料，没有计划，无权采购。

（2）减少中间环节，降低原材料成本。原材料品种繁多，市场价格变化多端，采购部门应尽可能将原材料价格降到最低程度，而获得质优的原料。要想方设法缩短和优化原材料的供应链，减少中间环节，如对一些量多货广的原料，可就近直接与生产单位签订合同。定点进货，如畜肉类、禽肉类等原料，直接从屠宰场、鸡鸭加工厂签订进货合同，各种水产品直接与养殖场签订进货合同。各种新鲜蔬菜可直接与菜农或种植基地签订进货合同，这样做能减少中间环节、保证原材料质量、降低原材料成本、稳定菜品的价格，有利于原材料采购的成本控制及管理。

2. 抓好原材料验收、储存的成本控制

原材料验收、储存的成本控制好坏，直接关系到宴会菜品成本的高低，应加强如下几方面的管理：

（1）验收管理。验收成员一般属成本会计组管辖，有着特殊的权利，不应与采购部、厨房同一部门，从而起着相互制约的作用。要求验收部门要有一整套的验收程序、管理工作制度、工作职责，验收员不但要对购进的各种原材料的数量进行验收，而且要认真核对原材料的规格、型号、产地、品牌、质量等与采购计划所规定的是否相符，如有不符，应拒绝收货，对一些鲜活原料、新鲜蔬菜等不应入库的原材料，除验收部门验收质量和数量外，还要由生产部门再次验收，并在单据上签字，最后由验收部门开出收货记录，才算验收完毕。如果没有收货记录，财务部不应付款。

（2）储存管理。食品原料在储存、收发、调拨等方面要不断加强管理，要制定严格的规章制度，做到不同性质的原料分别存放，注意通风和卫生，防止腐烂变质，做到原材料先进先用，防止超出保质期而造成浪费，要使用各种先进的保鲜设备和保鲜方法，不应储存不当，造成食品变质，将损失转嫁给宴会消费者。要严格执行原材料收发制度、调拨制度、盘点制度、记账制度等，做到账卡相符、账货相符、账账相符，还要做好防盗、防火、防鼠等安全工作，保证验收、储存工作万无一失，使损失降低到最低限度。

3. 抓好标准菜单的制定，加强宴会成本核算

许多宴会厅虽然销售量不少，可是利润率并不理想，其根本原因是没有设计出科学合理、经过实验证明可按规定盈利的标准菜单,许多餐饮企业虽然有宴会菜单,但没有认真进行成本核算,有的虽然进行了成本核算,但不正确或厨房工作人员常常不按标准菜单执行,而造成成本上升、利润减少。为了加强宴会菜品的成本核算,必须做好如下工作:

(1)必须制订标准菜单。标准菜单制订的主要内容,要写明每个菜肴的菜名、所用原料的名称及用量、成本价、销售毛利率、制作的步骤、盛装和点缀的要求、菜肴特点等。并写明一桌或一批宴会总成本、销售毛利率、总售价。这种宴会标准菜单的制订有利于原材料的数量和质量的控制,有利于成本的控制,有利于科学地管理。

(2)必须建立奖罚机制。标准菜单的制订,目的就是要科学地控制成本,使实际成本与标准成本差额最小或接近,要做到这一点,就必须依靠厨房工作人员,严格按标准菜单的要求贯彻执行。管理者必须加强检查督导,建立奖罚机制,对贯彻执行优秀者给予一定的奖励,对不执行者按制度实施必要惩罚,只要常抓不懈,充分发挥奖罚机制的作用,宴会成本控制应能达到预期的理想效果。

4.抓好菜品制作过程中的成本控制

宴会菜品在加工、切配、烹调过程中容易出现因对食品原料处理不当导致浪费的现象。如涨发干货原料时,由于加工工艺技术不到位,原材料的涨发率就达不到预测的水平。再如加工水产品、畜类、禽类、蔬菜等制品时,加工方法不当,工作不负责任,损耗率就大,成本就提高,在烹调过程中如果不按标准化生产,不很好地掌握好每一个菜肴的火候,就容易造成菜肴烧焦糊或菜肴未成熟,最后造成浪费,还影响饭店声誉,所以,我们必须抓好菜品制作过程中的成本管理,明确各种原料在加工过程中的"折损率"及干货原料"涨发率",做到定质、定量管理。在烹制菜品时实行标准化生产,做到责任到人,各负其责,加强检查,奖罚分明,使菜品在制作过程中将浪费及成本降到标准成本的水平,最终实现成本最优化。

🔊 **特别提示:**宴会菜品定价方法多种多样,但一切都应以餐饮市场变化而变化,不可一成不变,要不断研究客人的消费心理及消费能力,既要用价格策略吸引客人,又要根据市场规律来调整宴会价格,不断提高企业的经营水平。

三、宴会酒水的定价与成本控制

宴会酒水在宴会中占有较大的比例,往往给宴会带来一定的经济效益,如何搞好宴会酒水的定价与成本控制,就显得尤为重要。

(一)宴会酒水的定价

宴会酒水品种繁多,常见酒水可分为三大类,一类是含有酒精的各种酒类,如白酒、黄酒、葡萄酒、啤酒、各种洋酒等;另一类是非酒精饮料,如各种矿泉水、果蔬饮料、碳酸饮料、乳品饮料、茶、咖啡等;再一类是混合调制饮料,常见的有用烈酒与碳酸饮料或果汁饮料混合调制而成,如各种鸡尾酒等,这些酒水有瓶装、听装、杯装、散装等,由于产地、品牌及含酒精量的不同,价格的差价很大,宴会各种酒水的定价一般根据各种酒水的进价成本、酒店的档次、营销形式及策略等因素,确定各类酒水的毛利率及销售价格。

1.瓶装酒水的定价

瓶装酒水有含酒精的各种白酒、黄酒、葡萄酒、啤酒、各种进口洋酒及非酒精饮料矿泉水、碳酸饮料、乳品饮料等。含酒精的各种酒类因含酒精量不同,种类不同,其进价的成本差额很大,售价往往也有天壤之别。所以,不能采取统一的毛利率来定价,不过其售价也有一定的原则和规律,一般国产含酒精的酒类成本毛利率可达到50%、100%、200%、250%不等,进口的洋酒的成本毛利率可达250%、300%、400%、450%;各种非酒精饮料的成本毛利率可达到100%、150%、200%、250%不等。因各企业接待的对象不同,就餐环境不同,客人消费心理及承受能力不一样,各种酒水毛利率的多少,餐饮企业可根据多种因素,对各种酒水按毛利率的多少做出明码标价。有的企业为了满足客人求发、求吉利的心理,往往在许多酒水定价的尾数都以"6""8""9"为多,例如每瓶茅台酒售价888元、五粮液售价666元、矿泉水售价9元等。

2. 听装饮料的定价

听装饮料大多采用听式包装,属于非酒精饮料,如可口可乐、雪碧、苏打水等,这类饮料市场销售价差额不多,宴会经营者为了便于经营,往往在一定的成本毛利率基础上,以统一的价格出售。例如每听可口可乐的进价是2.10元、雪碧进价是2.30元、芬达进价是2.20元,餐饮企业根据公司规模、装修档次及客人消费承受力,可以把这类饮料的成本毛利率定为100%、150%、200%不等,即定价时把三种饮料的进价相加,求一个平均价,再加上一定的成本毛利率,则得出三种饮料的统一售价。假定三种饮料成本毛利率为200%,其公式为:

$$三种饮料统一售价 = \frac{2.10元 + 2.30元 + 2.20元}{3} \times (1 + 200\%)$$
$$= 6.60元 \div 3 \times 300\%$$
$$= 2.20元 \times 300\%$$
$$= 6.60(元)$$

3. 杯装酒水的定价

有些餐饮企业为了满足一部分客人的消费需求,经营比较灵活,将一些高档瓶装酒水开瓶后按杯出售,由于按杯出售必定有一定的损耗,另外,整瓶酒开瓶后一时未卖掉,需要保存待下次再卖,这样必定花费必要的人力,产生一定的损耗,所以杯装酒在定价时,首先要了解每瓶高档酒理论上可斟多少杯,每杯平均实际成本是多少元,然后在每杯酒成本价的基础上,再加上一定的毛利率出售。要求杯装酒水的售价要在瓶装酒的售价基础上,再加上50%150%的成本毛利率,例如,茅台酒整瓶售价888元,理论上每瓶可斟20杯,每杯再加50%的成本毛利率,每杯实际售价达66.60元。

4. 鸡尾酒的定价

鸡尾酒是一种混合酒,是按照一定的操作程序和手法,把不同的烈酒与有关饮料按比例调配在一起的一种混合酒水。鸡尾酒的定价要考虑到所有酒水的成本价格及辅料的成本价,还要考虑到服务及人工费用,所以,一般在酒水及辅料成本价的基础上,按500%的成本毛利率定价。但是由于每款鸡尾酒所用酒水及辅料在数量和价格上都有很大差别,计算起来比较繁琐,许多餐饮企业往往采取加权平均的办法,把价格相近的几款鸡尾酒列为同样售价。有的餐饮企业举办鸡尾酒会时,按参加人数收取费用,例如某酒店举办鸡尾酒会共500人,按每人一次性收取费用100元,含菜品、鸡尾酒等费用,所以鸡尾酒就不可再收费,但我们必须控制鸡尾酒所耗费的成本,使费用控制在规定的范围内,否则易亏损。

5. 果蔬饮料定价

果蔬饮料来自天然原料,营养丰富,色泽诱人,同时有些果蔬成本低廉,制作方便,易被人体吸收,深受客人喜爱,也是当今宴会上较流行的一种现制现售的新鲜饮料。果蔬饮料包括果汁和蔬菜汁两部分,又可分为天然果蔬饮料和稀释果蔬汁。由于制作方法不同,原料的成本价不同,这类饮料价格差距很大,餐饮企业一般按"一扎"或"一罐"出售,它与瓶装饮料不同,需要餐饮企业购置加工设备及工具,自己加工,自己制作,要投入一定的资金及人力,所以,果蔬汁的定价应在原材料的基础上,毛利率自然要高于瓶装饮料,一般成本毛利率控制在 200%400% 不等,例如新鲜西瓜每斤 2.00 元,共购买 10 斤,总成本为 20 元,制成西瓜汁"4 扎",平均每扎成本上升 5.00 元,按成本毛利率 300% 计算每扎售价为 20 元。

(二)宴会酒水的成本控制

宴会酒水成本控制关键是加强对酒水的采购、验收、储存和领发过程中的监控和管理。

1. 酒水的采购控制

酒水的采购不必像菜品原料那样天天进货,一般定期采购,妥善保管,需要进货的时段长短应根据流动资金的多少、进货的难易、交货的时间、销售数量的多少等因素决定采购的时间、数量、品牌、种类等。

(1)控制酒水订货数量。酒水订货量的多少,主要取决于餐饮企业在一定时期销售量的多少及流动资金、库存容积量等多种因素。一般餐饮企业酒水库存量为餐饮企业在一定时期正常使用量的 1.5 倍左右。并规定日常供应的各种酒水品种最高和最低的存货量。最高存货量如以一个月为计算,其公式为:

$$最高存货量 = 每天用量 \times 30 天 + 安全储备$$

$$安全储备 = 每天用量 \times 采购天数$$

例 1 某一酒店平均每天使用五粮液 10 瓶,采购员去五粮液酒厂购酒至到达酒店时间需要 10 天,试问该酒店五粮液最高存货量是多少瓶?

解:10 瓶 × 30 天 + 10 瓶 × 10 天 = 300 瓶 + 100 瓶 = 400(瓶)

答:该酒店五粮液最高存货量应是 400 瓶。

最低存货量实际上是订货量加安全储备量,其公式为:

$$最低存货量 = 每天用量 \times 采购天数 + 安全储备$$

例 2 某一饭店平均每天使用洋河大曲 30 瓶,采购员去购酒至到达饭店时间需要 8 天,安全储备量要保证 8 天的使用量,试问该饭店洋河大曲最低存货量是多少瓶?

解:30 瓶 × 8 天 + 30 瓶 × 8 天 = 240 瓶 + 240 瓶 = 480(瓶)

答:该饭店洋河大曲最低存货量应是 480 瓶。

餐饮企业对各种酒水数量的控制,目的是防止有些酒水有一定的保质期,易变质,造成不可食用而浪费,另外,酒水存货量太大,必然积压资金,占用仓库,增加人力管理成本,影响企业的盈利,所以,管理者应根据本企业客人消费的档次及需求,选用一些客人喜欢的酒水品种及品牌,既要限量进货,又要保证供应,同时还要库存一些高档次的名牌酒水,满足高消费客人需求,但必须控制存货量。

（2）控制酒水的质量。餐饮管理不但要控制酒水的数量,还需注重酒水质量的控制,一要防止假冒品牌的酒水进入酒店,二要防止接近或超出保质期的酒水进入酒店,要选准进货商家,最好选一些信誉好、中间环节少的大公司进货,在条件许可的情况下,有些酒水直接去出产地批发,这样既保证酒水质量,又能减少中间环节,降低成本。

（3）制定采购制度。采购酒水必须按制度执行,一般负责酒水保管人员,每月底要填写库存报表,反映各种酒水的库存量情况,并提出采购酒水品种建议和要求,填写请购单或订购单,必须写明订购单位、供货单位、订货日期、送货日期及订购的品种、产地、等级、规格、包装形式、容量、商标名称、购买数量等内容。经过有关管理工作人员审批后,一式四联,分别送各部门,第一联送采购部,第二联送财务部,第三联送验收员,第四联酒水库存室保存,没有订购单及领导批准任何人不得随意采购酒水。

2. 酒水的验收控制

采购酒水的货物到达后,不可直接进入仓库,必须由验收员认真验收,防止酒水的品种、质量、数量、价格等方面有所差异,杜绝采购员营私舞弊,弄虚作假。验收员的主要职责是:

（1）核对到货的品牌、规格、产地、商标、包装形式、数量是否与订购单、发货发票上一致。

（2）核对发货票上的价格与订购单上的价格是否一致。

（3）检查酒水质量是否与订购单要求一致。

（4）填写好酒水进货的验收单(见表 11-1)。

表 11-1　酒水验收报表

品　种	供应单位	每箱瓶数	箱数	每箱成本	每瓶容量	每瓶成本	小　计

验收员:　　　　　　　　　采购员:　　　　　　　　　仓库管理员:

3. 酒水的储存控制

酒水储存保管是否妥当,直接关系到宴会的盈利或亏损,许多高档酒类的价格昂贵,假如放置不妥,保存不当,一旦被细菌侵入,导致变质,将会造成很大浪费;如果储存得法,加强管理,不但不变质,反而能改善酒的本身价值,如茅台酒只要储存得当,时间储存越久,酒味越醇,价值越高。有的餐饮企业为了酒水的储存,特地建立了酒窖和酒架,对一些高档名贵酒储存在酒窖上,对一些高档葡萄酒平卧在酒架上,保持室内一定的湿度和温度,以便达到提高和保证酒水质量的目的。

另外,一些有保质期的酒水及饮料,应掌握先进先用原则,保证每一批每一瓶酒水不应存放时间太长,防止超出保质期不能食用而造成浪费,同时要增强防盗、防火、防损意识,确保储存库管理有序、安全规范。

4. 酒水的领发控制

各宴会厅每天都要从酒水储存室领回足够的酒水,以便满足整个宴会的需要,宴会结束后,再将剩余的酒水退回储存室。为了加强领发酒水的控制及管理,必须做到如下两点:

(1)领发酒水必须填写领料单。酒水领料单必须由宴会厅主管或领班填写,再由宴会厅经理审核批准,交酒水管理员,按领料单所需的品种、数量发放宴会厅服务员,宴会结束后,最好有专人或服务人员清理核对所有宴会整瓶剩余的酒水,如数退回酒水储存室,并在原酒水领料单上填写退回数量、实际耗用数量等内容,具体见表11-2。

表11-2 宴会酒水领料单

宴会主办单位:			宴会地点:			时间:		
酒水名称	数量	最初领料	增发数量	退回数量	实耗数量	单位成本	总成本

申请人: 批准人: 领料人: 发料人: 回收人:

(2)做好酒水日报登记工作。酒水储存室各种酒水都应建立账、卡制度,因为每种酒水都需进货、领发,随时都有增减的可能,要求及时填卡、及时做账,每天都要做好日报表,随时反映储存室中各种酒水的数量变化情况,并每月由财务部在酒水管理员的配合下实地盘点一次存货,发现问题,必须查找原因,提出整改办法,真正做到账卡相符、账物相符。

(三)宴会酒水的成本核算

宴会酒水品种繁多,各种酒水的毛利率各不相同,为了控制成本,提高利润率,必须每天加强酒水的成本核算,分析各种酒水的销售量、成本率、毛利率、利润率,了解哪些酒水品种已达到预测利润率,哪些品种没有达到预测利润率,分析原因,找出存在的问题,加强管理,争取各种酒水利润率达到理想的效果。

🔊 **特别提示**:宴会的成本控制不但要制定严格的管理制度,掌握其方法,更重要的是要培养全体员工的成本控制意识、创新意识、当家做主意识。

四、宴会其他费用的成本控制

宴会的成本控制除抓好宴会菜品、酒水的成本控制外,还要对人工成本、能源消耗、各种生产费用等方面的成本进行控制。

(一)人工成本的控制

当今人工成本越来越高,已成为宴会经营过程中的主要成本之一,为了降低宴会的费用,增加利润,许多餐饮企业提出"减员增效"加强人工成本的控制,具体可采取如下措施:

1. 控制人员数量

宴会厅人员的数量多少应根据企业的规模、档次、星级标准、餐位数、餐座率、菜单的难易程度、设备条件、员工的工作能力、淡旺季节等因素来决定。企业的规模越大,档次越高,星级标准及餐座率越高,使用的工作人员就越多,反之越少。具体工作人员的多少依据餐位及餐座率为基础,以岗位需要来确定人数。经调查宴会厅的档次、服务水准等不同,所需工作人员有很大的差异,具体见表 11-3。

表 11-3 按星级饭店宴会厅确定人员表

星级饭店	宴会厅餐位	餐座率	人数/每餐位	总人数	服务员/60%	厨师/40%
五星级	300	80%	0.2	60	36	24
四星级	300	80%	0.15	45	28	17
三星级	300	80%	0.12	36	22	14
二星级	300	80%	0.1	30	18	12

从表 11-3 可以看出,由于星级饭店档次不同,所需的工作人员有一定的差异,但此表仅作参考,主要还要根据餐饮企业的服务对象、具体情况等各种因素来控制人数,既要防止人数过多,人浮于事,增加企业人工成本,又要防止因人数过少而影响菜肴和服务质量,给餐饮企业带来不可挽回的影响。

2. 加强员工培训

许多酒店、餐馆、酒楼为了节省人工成本,在旺季或大批量的婚宴、招待宴会等活动中,雇用一些临时工、钟点工来代替固定员工,这些员工一般以实际工作时间来计算酬金,这样做可以有效地降低餐饮企业人工成本,但在服务质量、服务的熟练程度上往往达不到宴会服务的要求,所以我们不但要加强固定工的培训,更要对一些临时工、钟点工加强培训,提高他们的服务操作技术及工作效率,这样既降低了人工成本,又能保证宴会的服务质量。

3. 合理安排人力

餐饮企业应根据宴会经营的淡旺季,合理安排人力,一般要控制一定量的固定工,根据淡旺季节,适量聘用一些临时工、钟点工、实习生等。这叫"无固定工职工队伍不稳,无临时工用工不活",因为宴会客人时多时少,如果宴会部全部使用正式工,生意清淡时也要照付工资,这样会大大增加人工成本。

另外,宴会部可实行弹性工作制,宴会部最忙时,上班人最多;清淡时上班人相对较少。一般宴会部实行两班制或多班制,每人工作的时间基本一致,但上、下班的时间不一致,有力保证宴会部正常运行,这样,既节省人工成本,又合理安排人力。

(二)水、电、燃料费用的控制

宴会部每天使用的水电、燃料费用占总支出很大的比例,只要我们加强管理,制订一些切实可行的节能措施,一定会产生很好的经济效益。

1. 积极使用节能环保的设备设施

宴会厅、厨房所用的照明、空调、冰箱、冰库、洗涤、清扫等各种设备设施很多,我们应选用最先进的节能、环保的照明及电器设备,如节能灯、节能炉灶、智能电冰箱、空调、电饭煲、洗碗机等,运用调光开关和分段开关,尽量采用自然光、节能灯,并加强维护保养,防止各种水龙头、水管漏水现象,制订严格的节能节水的各项规章制度和奖罚制度,使水电费降到最低限度。

2. 积极使用环保的各种燃料

宴会部使用的燃料很多,有煤、煤气、天然气、固体酒精、木炭等。我们要尽最大努力节约燃料,选用最环保、最清洁、最易操作的燃料,如天然气、固体酒精等,要养成非烹调时段随手将火熄灭的习惯,及时维护炉灶上各种设备设施,防止漏气或燃烧不完全而浪费燃料,增加成本。

(三)其他费用的控制

其他费用主要是指宴会厅的易耗品,如口布、台布、口纸、器皿损耗及各种广告促销费用、邮寄费用、交通费用、维修费用等。我们应对各种费用严格控制,从一点一滴抓起,做到造价较高的设备设施重点管理,专人负责,将维修费降到最低水平;对宴会厅的易耗品及各种费用加强管理,明确管理目标,培养节约意识,让员工积极主动地养成节约习惯,降低成本,做到奖罚分明,让各种营业费用降到最低程度,以增加营业利润。

本章小结

1. 本章详细介绍了宴会质量控制的程序、方法,重点叙述了宴会菜品质量及服务质量控制的标准和措施。

2. 强调宴会成本控制的范围,菜品定价与成本控制的关系,明确宴会定价的原则及计算方法。

3. 懂得宴会菜品成本控制应抓好哪几方面的环节。

4. 分述宴会酒水定价的方法及成本控制管理方法,懂得宴会酒水成本核算。

5. 较全面叙述宴会其他费用控制方法,如人工成本、能源消耗及各种生产费用的控制。

6. 通过本章的学习,能较全面地掌握怎样抓好宴会的质量、定价方法、成本控制及管理方法,培养提高学生经营宴会的组织能力及管理能力。

检 测

一、复习思考题

1. 宴会质量控制程序可分哪三个阶段?举例说明。

2. 宴会菜品质量控制的方法有哪些?举例说明。

3. 宴会服务质量控制的措施有哪些?举例说明。

4. 宴会成本控制的范围有哪些?

5. 宴会菜品定价的原则有哪些?常见的宴会定价方法有哪几种?

6. 怎样控制宴会菜品成本?

7. 宴会酒水成本控制应抓好哪几方面的工作?

8. 怎样抓好宴会其他费用的成本控制?

二、实训题

1. 某一大酒店制作一桌商务宴会,规定总售价2 000元,酒水除外销售毛利率为55%。求这桌菜品原材料总成本应是多少?在制作菜品时,应怎样控制好成本?

2. 某一酒店举办一次大型鸡尾酒会,共500人,服务员从酒水仓库需要领用酒水285瓶,其中有茅台酒5瓶、葡萄酒30瓶、矿泉水100瓶、可口可乐100瓶、芬达橘汁50瓶。举办结束后,还剩下茅台酒1瓶、葡萄酒5瓶、矿泉水20瓶、可口可乐10瓶。试问服务员该怎样办理酒水领用手续?请自己设计一张酒水领料单。

第十二章　宴会部的促销与内部管理

本章导读

良好的产品除了靠其固有品质外,还必须运用适当的促销手段来增加它的知名度,本章详细介绍了宴会促销的具体形式与促销方法,重点阐述了宴会厅烹调设备、经营设备、辅助设备、宴会厅大堂设施设备及宴会厅的环境要求管理。在宴会收银的程序与账款交接制度方面,力求做到实用、简洁,且符合规范的酒店运作程序,能够有效地杜绝经营漏洞。随着餐饮产品的不断开发、更新与宾客的需求多样化,充满了活力的餐饮娱乐产品项目得到了宾客的青睐,且与餐饮相辅相成,使宴会的环境气氛得到了提高。但任何运作的项目多少都会出现一些问题,这就要求酒店管理者能够沉着地运用一定的方法去处理。本章针对性地列举了一些实例,内容简明扼要,解决问题的方法实用,对酒店管理者有一定的参考价值。

第一节　宴会的促销

引导案例

在某地区,诸多酒店经过明争暗斗的激烈市场较量,在彼此付出了很大的代价后,有两家高星级酒店 A 和 B 脱颖而出,他们成为最强硬的竞争对手。酒店 A 为了增强市场竞争力,采取了极度扩张的经营策略,在大量收购、兼并各类经营不佳的酒店后,接着就在各地发展连锁店。但由于实际操作中的失误,造成信贷资金比例过大,经营包袱过重,其市场业绩反倒直线下降。

这时,许多业内人士纷纷提醒酒店 B 的高层管理者,这时可主动出击,一举击败对手酒店 A,进而独占该市酒店市场的最好商机。但酒店 B 高层管理者却微微一笑,始终不曾采纳众人提出的建议。

在酒店 A 最危难的时刻,酒店 B 却出人意料地主动伸出援手,斥借资金帮助酒店 A 涉险过关,最终,让酒店 A 的经营状况日趋好转,并一直给酒店 B 的经营施加压力,迫使酒店 B 时刻面对着这一强有力的竞争对手。

许多人曾嘲笑酒店 B 高层管理者的心慈手软,说他是养虎为患。可酒店 B 高层管理者却没有丝毫反悔之意,只是殚精竭虑,四处招纳人才,并以多种经营管理方式调动员工拼搏进取,不断创新,一刻也不敢懈怠。就这样,酒店 A 和酒店 B 在激烈的酒店市场竞争中,既是朋友又是对手,彼此绞尽脑汁地较量,双方各有损失,但各自的收获却都很大。多年后,酒店 A 和酒店 B 都成了当地赫赫有名的酒店。

面对事业如日中天的酒店 B 高层管理者,当记者提及他当年的"非常之举"时,酒店 B

高层管理者一脸的平淡：击倒一个对手有时候很简单，但没有对手的竞争又是乏味的。企业能够发展壮大，应该感谢对手时时施加的压力，正是这些压力，化为想方设法战胜困难的动力，进而在残酷的市场竞争中，始终保持着一种危机感。

把对手扶起来，不只是一种襟怀，还是一种智慧，现实生活中的许多酒店高层管理者是否能够依靠自己有效的经营管理方法与营销策略，在众多的酒店竞争中永远处于领先地位，值得我们很好地研究。

宴会促销是餐饮部门的效益来源，也是酒店选择满足顾客需求和欲望的获利市场，其营业额通常占整个餐饮部门的25%50%，为此，酒店经营管理者必须要重视制定宴会促销计划、目标和策略，制订促销计划，认清酒店餐饮发展趋势，针对宾客需求，开发饮食产品、确定销售价格、开展广告宣传、进行促销活动、总结评估促销成果。从经营的角度来看，其希望是成本率较低，利润率较高，所以，对酒店来说，宴会的促销就显得格外重要。为增加企业的经济效益，必须加强宴会的促销力度，同时也要对酒店宴会厅的设施、经营项目、菜肴品种特色及厨师的烹饪技术进行宣传，让顾客了解我们的产品，这样既可以使企业获得较好的收益，又可以提高酒店的知名度。

一、宴会促销的形式

🔊 **特别提示**：宴会的促销形式没有固定不变的模式，各酒店的客源结构不同，促销的形式与方法也要灵活多变，但是，酒店的各种促销活动必须要有计划与预算。

在宴会促销时，酒店必须首先确定所能提供的宴会类型与宴会菜单的种类与标准，同时要考虑搞一些特殊活动。制作一些可赠礼品、安排能够增加气氛的文艺演出，如有必要的话还可以提供一些优惠折扣。宴会促销的形式要根据顾客类型来确定，顾客的来源主要有以下几个方面：

(1) 本地区的政府、机关、企事业单位。

(2) 本地区的市民。

(3) 旅行社。

(4) 其他方面。

针对不同的顾客群体，宴会促销的形式也有所不同。对于政府、机关、企事业单位主要采取人员销售访问的促销方式，对于市民则要采用媒体广告的促销方式，如报纸、电视、电台等，适时推出一些优惠活动。对于旅行社则要依据不同的宾客来源及对象，掌握团队客人前几站的用餐情况，保持与旅行社的联系，听取宾客的反映，及时调整菜单，以满足不同宾客的需求。

二、宴会促销的方法

宴会促销的具体方法有许多，在进行宴会促销的时候，酒店必须制定好相应的促销计划，其促销的具体方法大致从以下几个方面来考虑：

(一) 媒体宣传促销

借助媒体来报道酒店的重大宴请活动、新闻发布会及名人下榻酒店等方法来提高酒店的知名度，同时通过举办电视"健康与饮食"、"饮食消费向导"等小栏目来提高酒店的声誉，不断采用电台广播、报刊文章等向公众提供相关餐饮信息，让公众逐步认识酒店的经营项目,久而久之对企业留下较好的印象。

(二) 人员公关促销

面对激烈的市场竞争,各大酒店均组织一批精通餐饮业务、熟悉市场行情的工作人员,采取直接的促销方式,为宾客提供灵活、完善的服务。这种促销采用分类划分地区,"拜访开发,跟踪服务",并配合信函及电话推销,运用语言技巧,掌握宾客的需求和意图。

除此之外,酒店内部员工及来酒店的顾客也是不可忽视的促销队伍,酒店往往采用全员促销方法,都会给企业带来较好的收益。

(三) 特色产品促销(各类菜单)

通过市场调研,掌握酒店周边地区的需求,组织酒店专业烹饪技术力量,推出各种"特选菜肴""婚宴菜单""美食节"等,向目标客户提供针对性的服务,从而稳定原有客源市场,吸引新的客户群体。

(四) 优惠活动促销

依据季节的变化及宾客的需求,灵活开展促销活动。旺季时,顾客盈门,生意红火,需保证菜肴质量;淡季时,可以采取打折等优惠方式来吸引宾客。许多宾客出于某种原因要举办庆祝活动,如结婚典礼、周年纪念庆典(包括个人与公司)、生日聚会、颁奖典礼、筹款活动、产品发布会、公司特别促销活动、就职典礼、体育赛事、媒体活动(记者招待会)、重大工程开工及竣工活动、欢送会等。我们要善于抓住这样的机遇,结合酒店的优惠活动促销,迎合宾客的特殊需求。

总之,宴会促销的方法有很多,酒店的宴会促销既要有短期的促销策略,又要有中期与长期促销战略,见表12-1。做到普通常规促销与特色促销有机结合,要抓住宾客的消费心理及消费趋向,坚持以质量取胜,讲求信誉,最终打造企业的优良餐饮形象。

表 12-1　餐饮部/营销部拟定促销活动一览表

月　份	促销活动主题	月　份	促销活动主题
一月	各单位年底会议用餐、宴请、聚会	七 八月	谢师宴、毕业聚会、高考录取后的宴请
二月	春节年夜饭、家宴	九月	中秋团圆宴、中秋月饼促销活动
三 四月	江鲜、湖鲜或河鲜美食节	十月	婚宴
五月	婚宴及绿色食品美食节	十一月	螃蟹美食节
六月	端午节及粽子美食节	十二月	圣诞狂欢美食节

🔊 **特别提示**:各种促销活动必须依据酒店的整体营销计划来进行,促销费用方面要有预算,活动结束后必须进行成本核算。

第二节　宴会厅设备设施与环境管理

引导案例

某家老饭店接待了一批 20 桌的婚宴,由于该饭店多年没有对宴会餐厅进行改造,部分设备设施已比较陈旧,恰逢当天天气很冷,婚礼举行时,中央空调突然出现了故障,整个婚宴大厅寒气逼人,服务员刚端上的菜肴很快就凉了,再加上餐厅灯光照明不足,地毯陈旧且有异味,引发了婚宴客人对饭店的强烈不满。新郎新娘的亲朋好友气愤地发誓:"今后朋友要举办婚宴,绝对不能选择这家破饭店!"由此,该饭店的声誉受到了严重影响,所以,设施设备与环境十分重要,它将直接影响饭店的声誉与经济效益。

一、宴会厅设备设施要求及管理

🔊 **特别提示**:宴会厅的设备设施配备是根据酒店的规模而定的,不能盲目地进行购买,否则会造成大量的浪费。

对于宴会而言,宴会厅设备设施要求是十分讲究的,它涉及宴会厅场地空间布置、餐厅桌椅、餐厅大堂设施设备、餐台用品及餐具用品、烹调设备等各方面。从用途上可以分为烹调设备、经营设备、辅助设备和餐厅大堂设备。

(一)烹调设备

主要用于烹饪及原料加工的设备,如炉具、抽油烟机、操作台、调料台、餐具柜、冰箱、储物柜、蒸汽烹调设备、消毒柜、制冰机、冷藏柜、微波炉、烹饪用具等其他加工设备,配置时要注意采购品牌产品,在平时的使用过程中要注意保养,根据设备的不同,做到每日清洁、每周护养,发现问题,及时维修。厨房设备主要分为烹饪加热设备、冷藏冷冻设备、食品原料加工设备、饮料设备及洗涤设备。

(1)中式烹饪加热设备主要有炒炉、煲仔炉、矮身炉、烤鸭炉、烤猪炉、万用蒸柜、中式双头蒸炉、运水烟罩等。

(2)冷藏冷冻设备有平台雪柜、高身雪柜、组合式冷库等。

(3)食品原料加工设备有切片机、绞肉机、多功能搅拌机、压面机、刨皮机等。

(4)饮料设备有咖啡炉、制冰机、碎冰机等。

(5)洗涤设备有小型及大型洗碗机等。

(二)经营设备

宴会厅需要配备的经营设备很多,常见的经营设备及要求如下:

(1)宴会包厢的主要经营设备有桌椅、工作台、衣帽架或挂衣钩、沙发、茶几、卡拉OK(含电视、音响)、小酒柜。

(2)餐台用品主要配备有台布、口布、银餐具/不锈钢餐具、瓷器餐具(骨碟、汤匙、口汤碗、调味碟、茶杯/茶碟、烟缸)、筷子/筷架、玻璃器皿、转盘、调味品器皿、托盘等。对于瓷器与玻璃器皿,操作时一定要注意轻拿轻放,餐具上桌前,要认真检查,收台时要分类,避免损坏餐具。洗涤、清洗好的餐具也要分类清点管理,对于一些特殊的金、银餐具,要按照规范的保养方法,指定专人用品质优良的清洁剂进行保养,而且每年要大洗和抛光23次。

(3)餐桌的规格要求。大多数中餐宴会厅一般采用方台与圆台,方台的规格通常为正方形,分别有85 cm、90 cm、100 cm与110 cm,桌高7275 cm不等。圆台规格也有多种,即直径为110 cm、160 cm、180 cm等,一般桌高为7577 cm。直径为110 cm的小圆桌可设46个座位,直径为160 cm的圆桌可设78个座位,直径为180 cm的圆桌可设910个座位,直径越大,坐的人就越多,通常每人占座位边长6085 cm不等,使用多大的圆桌,能坐多少人都有一定的规定;如果座位数安排得太多,就有些拥挤。一般其计算公式为:座位数 = 圆台的直径cm×3.14÷

（6085 cm）。与圆台相配的转盘一般在 10 人以上的圆台上均有配备,它是依据圆桌面的大小进行选择,从 70150 cm 之间不等,一般标准转盘直径是 85 cm。

（4）台布及口布的规格要求。棉织品台布的尺寸,要依据桌面的大小进行配备,通常使用的规格有以下几种:

① 圆台台布尺寸为:160 cm×160 cm、180 cm×180 cm、220 cm×220 cm、240 cm×240 cm、260 cm×260 cm。

② 长台台布尺寸为:120 cm×120 cm、120 cm×180 cm。

③ 口布尺寸为:4050 cm 之间进行选择,但通常以 45 cm×45 cm 见方为佳。

（5）餐椅的规格要求。餐椅的选择要与餐厅的整体装饰风格一致,要让宾客坐下后有舒适感。日本学者研究表明:当座面高度为 40 cm 时,腰部的肌肉活动最强烈。座面比 40 cm 高或低时,肌肉活动都有所降低。这说明当人坐在 40 cm 左右高的椅子上时,腰部不易疲劳,且椅子的高度应该比小腿的长度低 23 cm.

另外,餐椅的种类有木椅、钢木结构椅、扶手椅、儿童椅、沙发式椅等多种形式、功能的餐椅等。

（6）沙发、茶几的规格要求。沙发的品种比较多,要与餐厅整体装饰风格结合起来,应选择相适应的餐椅,从而达到和谐统一。选用时要根据休息室的等级及豪华程度来选择单人沙发、双人沙发、组合沙发等,它们的规格尺寸每个座位一般在 6065 cm 为宜,沙发的靠背倾斜度在 9298 度较合适。茶几是与沙发相配的家具,有单层与双层之分,样式也可分为方形、长方形、椭圆形与圆形,这要与沙发式样及规格相配套为宜。

（三）辅助设备

主要有储存设备、通风设备、卫生间、库房等配套的设备,通常在筹建过程中均已安排好,餐厅开业后要注意维护和保养。另外,餐厅的温、湿度调控设备及新风量,酒店的星级不同及夏季与冬季温度不同,具体的技术参数也不一样,管理者与工程技术人员要严格管理,灵活运用,这样才能保证餐厅的正常运营。

（四）宴会厅大堂设备

大堂应配置的设备有:收银台、收银设备、工作台、冷藏冰柜、消防设备、音像设备系统、空调、灯光等。音像系统一般由播放音像设备、收视设备、麦克风、扬声器及其连线组成,安置时一定要合理,扬声器播放的音量也要适宜,宴会厅通常以背景音乐较为合适。

宴会厅的消防设备应该具备自动火警报警系统、自动喷淋系统、消火栓系统以及必备的灭火器材等。除此之外,还应该设有火焰隔断,遇到火警时可将消防钢门放下,这样可以将餐厅与餐厅之间、厨房与餐厅之间作为防火分隔。

宴会厅大堂的灯光涉及美学、光学等知识,不同风格的餐厅大堂,要求也不相同,总体要让光线给人感觉到舒适,要与餐厅的装潢与整体气氛相吻合。

🔊 **特别提示**:为了餐厅能够正常运转,经营设备在配备过程中会有一些库存,以便及时补充餐厅的损耗,这些都是合理的,但是,库存的配比不应该太大,否则会导致酒店资金的大量积压。

二、宴会厅的环境要求及管理

宴会厅的环境是一种感觉,是宾客所面对的整体餐厅环境与气氛,它的设计风格也体现了一种文化与品位,环境的好坏会直接影响到餐厅的营运,因此,餐厅的环境要求设计考虑到整个宴会厅的气氛。一般来说,宴会厅的环境气氛分为有形环境气氛与无形环境气氛两种,有形环境气氛指宴会厅的位置、景观、内部装潢、构造和空间布局,有形环境气氛需要良好设计师的精心设计,而无形环境气氛却需要管理人员与餐厅宴会部员工的共同努力,只有将有形环境与无形环境有机地结合起来,宴会厅的整体环境才能吸引宾客。为此,塑造较好的宴会厅环境气氛重点应从以下几个方面来考虑:

(一) 灯光的设计

宴会厅的灯光对消费者的心理影响很大,成功的灯光能够调节宾客的情绪与心境,现代宴会厅设计趋向于采用多用途灯光系统,午餐选用明亮的灯光,晚上则用较柔和的照明。如传统、原始、优美的烛光能够使用餐的情侣显得更加自然美丽,配以甘醇的美酒,恋情浓厚,倍感浪漫;美食在可调的白炽光的照耀下,显得色彩自然,它能够将周围的环境变得愉悦和吸引人;其暖色的灯光,能够唤起众多宾客的食欲,增加了舒适感,从而延长了逗留时间,使宴会的气氛更加浓郁;既经济又大方的荧光灯的主要优点是用电成本低,它被多数酒店管理者从节能的角度所看中,适当地调节好荧光灯与其他光源的配比,既能够不引起宾客的反感,又能够达到节约能源的目的。

总之,灯光的选配一定要合理,是设计师用来创造各种心境的工具,依据特色不同的宴会厅,配以相宜的灯光,使整个宴会厅的气氛更加浓郁。但实践证明,强光线可以加快宾客的就餐速度,昏暗的光线会延长宾客的就餐时间,许多设计师对餐厅的照明采用了70%的冷色光(蓝白荧光灯)和30%的白炽灯搭配,这样可使宴会厅气氛热烈,食品呈现令人喜爱与自然的色泽。这就充分地考虑到了宴会厅用于厨师制作食品、服务员服务、客人用餐的实用照明,宴会厅有两个基本区域(餐桌与餐厅整体)需要用实用照明。适当地组合使用装饰照明与实用照明,可以降低成本。

(二) 色彩的设计

一般来说,颜色与食品之间存在着一定的关系,颜色依顺序被认为最可取的是:粉红色、桃色、浅黄色、净绿色、米色、蓝色和青绿色,这些颜色反映了食品的自然色彩。依据暖色调具有激励的效果、冷色调有镇定作用的特点,结合宴会厅的环境气氛要求,考虑各种不同色彩对人心境的影响,在宴会环境气氛设计中运用柔和色调对宴会厅的环境进行巧妙设计,配以浪漫的灯光、温柔的音乐来渲染气氛,从而使宾客在宽敞、舒适的宴会厅里享受着美食。当然,设计师也要考虑到餐厅的地理位置,对于高纬度的地方,因天气寒冷,需要多考虑暖色调,低纬度的餐厅因天气炎热,需要多考虑冷色调,对于一些有一定特色的宴会厅,为营造适合其特点的环境气氛,在色彩方面也可以灵活运用。

(三) 家具的选择

家具的选择是根据主要目标市场的宾客类型来确定的,它是营造宴会环境气氛的一个重要组成部分,通常根据宴会厅营业面积的大小和形状,精心布置选择其材料、式样及色彩,经过管理者的认真布置,改变宴会厅的气氛与风格,以迎合不同的需求。

宴会厅家具中,最常用的材料是木材,但近年来有些高星级酒店引进了轻便的铝合金、黄铜等金属家具,它们耐磨轻便、美观、便于清洁及合理的价格逐步在星级酒店占有一定的位置,但总体说来,家具的选择不能教条,要围绕着宴会厅的装饰来配备,要着重考虑下列一些因素:

(1)目标市场的宾客类型。

(2)宴会大厅的整体格局与风格。

（3）材料、色彩与式样。

（4）使用的灵活性。

（5）服务操作时的工作效率。

（6）舒适、经济美观、保养方便及耐用性。

（7）将来的适用性与替代性。

（8）存放。

（9）破损率及厂家售后服务。

除此之外，宴会厅的窗帘、壁画和整体布局都是应该考虑的因素。

（四）温度、湿度与气味的调节

1. 温度、湿度

温度、湿度直接影响到宾客的舒适程度，不同性别、职业、年龄的宾客对温度、湿度的要求也是各不相同的，同样，季节的不同对温度也有着很大的差别，较低的温度会增加宾客的流动性，而较高的温度则会增加宴会厅的舒适感，故管理者应该考虑到这一点。通常来说，餐厅的最佳温度应该保持在2124℃，湿度同样也要控制在适当的范围内，否则过于干燥或湿润均会影响到宾客的心情。

2. 气味

宴会厅应保持良好的通风，绝对不能有霉味及异味，否则影响客人的就餐环境及食欲。适当的烹饪香味可以刺激宾客的食欲，但这种香味不能超过一定的度，一定要严格控制。

（五）背景音乐的选择

根据酒店宴会厅的风格不同，播放相宜的音乐，要求达到的效果是：不影响宾客相互之间的谈话，但在空闲之余，又能为就餐的宾客欣赏到品位高雅的音乐，从而使听觉、味觉均得到享受，再融合了宴会厅的环境气氛，达到一种舒适的境界。现代研究已经证实，音乐确实对宾客的活动产生一定的影响，明快的音乐加快宾客的就餐速度，相反，节奏缓慢而柔和的音乐则给宾客一种放松、舒适的感觉，可以延长宾客的就餐时间，为此，宴会大厅对于音乐的选择应该符合整个宴会的特点及环境气氛的设计。

🔊 **特别提示**：除了上述几点宴会厅内部环境气氛设计以外，宴会厅外部环境气氛的设计也很重要，外部环境气氛是指餐厅的外部景观的位置、名称、建筑风格、门厅设计、风景、停车场等因素。外部环境气氛的设计一定要反映出宴会厅的经营特色，只有这样，外部环境气氛与内部环境气氛才能有效地结合起来，形成宴会厅的整体环境气氛。

第三节　宴会厅收银管理

引导案例

某家宾馆新招来几位宴会厅收银员，由于工作经验缺乏，对支票结账程序与工作流程不是很熟悉。有一天，客人宴会结束后就用支票在收银台结账，收银员没有仔细检查支票的有效性及有效期，就把发票开出，留下的支票待第二天送银行时，因支票上超过有效期且无款可划而被银行拒收,待按照客人留下的联系方式寻找时,已经无法找到该客人,从而使宾馆和收银员蒙受损失……

宴会厅的收银工作是餐饮管理中十分重要的环节,管理者应该注意计算那些由厨房发出的产品数量与所收到的付款数目是否一致。餐饮的收银方式有多种,现金、外币、信用卡等,除了掌握怎样收取它们的过程、方法及登记入账外,要求宴会厅收银员下班前,必须要做出当日报表,将详细的营收账款计算清楚后方能下班,这样才能确保宴会经营中不漏账、不错账。为了加强宴会厅的收银管理,所有收银员必须熟悉餐饮收银管理系统,防止收银差错及工作失误,做好宴会的收银管理。

🔊 **特别提示**:宴会厅收银员的工作时间应该依据餐厅的营业时间来安排班次,在遵守餐厅纪律方面必须纳入餐厅管理人员的监督管理范围,但是,在收银账款方面,则属于财务部直接管理。

一、宴会厅收银程序及要求

宴会厅的收银工作程序及要求可以分为班前准备工作程序与为宾客结账的工作程序两个阶段,具体程序与要求如下:

(一) 宴会厅收银班前准备的工作程序及要求

1. 领用办公用品

宴会厅收银员在上岗前去财务领取办公用品,备用金及零钱需充足,所有收银钥匙齐全,发票的数量符合要求,收银员本人印章也要准备好。

2. 交接工作

财务交接必须钱账当面点清,按照收银机报告进行核对检查,账单必须连号使用,如果发现不连号的现象,需查明原因并及时向当班上级汇报。

3. 班前准备工作

班前必须检查信用卡压卡机日期是否是当天日期,各类信用卡单据数量是否充足,正确掌握当天宴会菜单情况,做到心中有数,检查账单用量,及时了解和整理宴会营业点文件夹内的各种通知。

(二) 为宾客结账的工作程序及要求

1. 准备账单

检查宴会订单,要求日期、单位/姓名、人数、宴会厅名称清楚,在宴会订单的第二联上加盖收银员印章,留下第一联,如发现订单或价格有更改现象,需有当值服务员与当班上级的签字。

2. 打印账单

按照账单打印格式,依据订单内容开出账单,输入电脑。账单打印后需核对其内容,然后插入账单架中待宾客结账。

3. 为客人结账

核对所需结账的宴会厅包间名称,拿出相应账单,如果账单需要更改,需写明原因并有当值服务员与当班上级的签字。

4. 不同形式的结账方式

(1) 现金结账要求唱收唱付,账单及时输入电脑,且账单第一联盖有收银员的印章。

（2）信用卡结账需注意信用卡的有效期及宾客签名，在已与信用卡联网的电脑终端上直接交易，验证密码后将单据交客人签字，收银员需核对宾客签名笔迹的吻合情况。

（3）支票结账要检查支票的有效性，票面清洁、整齐，开出的支票正确，字迹工整、规范，有效期限符合要求，预留印鉴清晰、齐全，需有正确的磁码，磁码区域无划痕。最后要求宾客在账单上签名，写明身份证号码及联系电话并核对清楚。

（4）住店客人签单要看清楚宾客在账单上的签名与收银机上的姓名是否一致。

（5）暂挂账须由销售经理、宴会当值经理在账单上说明情况，经当班上级同意，方可挂账。

（6）其他公关类结账需查核签字人的权限范围，通常情况下需要有酒店总经理的批准或签字，并免收服务费。

二、账款管理及报表

（一）账款管理

宴会餐厅的账款营收管理制度要求工作人员按照严密的工作程序进行操作，收银员在收取宾客所付的账款时必须要做到核对账单定价及营业款，连同应缴税收的金额，一起登记于应收账册上。有关出纳所收的现款或信用卡等应一起记入账册，以备核算当天的总收入与应收账是否平衡。

通常情况下，宴会厅的收银员是不能支付款项的，宴会收银在将账结好后，连同账册与所收的现金、旅行支票或信用卡一起交财务无误之后方能下班。

另外，宴会收银员在当班期间内，只要是服务员为宾客所点的菜肴与饮料等都必须经过宴会收银员的签名，方能送厨房叫菜或吧台叫饮料，这样就不会漏账，服务员也就无法把钱装进自己的口袋里，也就是在宴会收银员、厨房、吧台及服务员之间彼此形成一种相互监督的关系，确保宾客所消费的食品、饮料、酒水等费用，酒店能收到应收的款项。

（二）报表制作及要求

为了更好地加强宴会厅收银的控制与管理，宴会厅的营收可以通过营业日报表反映出来，营业日报表是食品的成本日报表和销售日报表的组合，通常情况下宴会厅的营业日报表能够反映上一天各宴会的销售情况与成本控制情况。其主要报表包括以下几个方面报表：

（1）整个宴会厅的成本耗用情况。

（2）各宴会厅的收入、成本率、毛利率、利润率等。

（3）各餐厅就餐客人数、营业额和平均消费额等。

（4）各宴会厅收银到账率等。

第四节 宴会娱乐项目设计及管理

引导案例

某家三星级酒店，餐饮经营一直不善，换了多名餐饮部经理均未改变现状，总经理为此十分烦恼,情急之下,高薪招聘了一名经验丰富的餐饮职业经理人王经理。王经理对该地区的酒店客源市场进行一个阶段的彻底摸底、市场调研分析后,建议总经理对该酒店的餐饮经营思路进行调整,扩大酒店的优势部分,引进、改造现有的配套娱乐项目,且对餐厅进行局部装修改造,与此同时,加大营销的宣传力度。数月过去了,总经理每次看到餐厅的营业日报表,都露出了满意的微笑。

🔊 **特别提示**:随着餐饮产品的不断开发与更新,宾客的需求也越来越多,他们不仅要求高质量的菜肴,还希望在精神上得到享受,娱乐形式与餐饮经营相结合在一定程度上迎合了广大食客的需求,所以,餐饮娱乐产品项目的开发,使宴会环境气氛更加浓郁。

一、宴会娱乐项目的设计

宴会与娱乐项目的联姻在中国古代就很盛行,古代的皇帝每逢饮宴,必有乐舞相佐助兴。18世纪时期的欧美,餐饮和娱乐也形成了,并且趋向于多种多样。接待业中餐饮和娱乐项目大多数是以餐饮为主营,娱乐项目为副营。许多是两者混合经营,在世界赌城拉斯维加斯各种"餐厅秀"(Restaurant Show)尤其突出,现代餐饮界出现餐饮经营中伴有民族乐器演奏、歌舞欣赏、时装表演、东北二人转表演、卡拉OK演唱等也在情理之中,关键是管理要跟得上,餐饮与娱乐这两项产品的组合经营确实能够给企业带来较好的收益,娱乐给宴会营造了一种活跃、浪漫的气氛。所以,正确地引导餐饮娱乐项目向健康方向发展也是管理中的关键。具体的宴会娱乐项目设计,我们必须要从以下几个方面来考虑:

(一) 设计要考虑娱乐区域

大宴会厅的设计一般分为就餐区、柜台区、菜品陈列区及工作区四大部分。往往把娱乐区域忘了设计,随着宴会娱乐的不断发展,对一些大型的宴会厅在设计规划时必须根据餐厅的面积、形状确定一定面积的娱乐区域,可固定,也可临时布置,便于餐饮发展趋势的变化,便于操作。各种电源插座及投影设备等均要考虑。

(二) 舞台

舞台一般分为自娱性舞台和表演性舞台两种。自娱性舞台往往不固定,临时规划开一块面积,在条件许可的情况下,搭建"活动舞台"供客人自娱表演;表演性舞台通常采用便于舞台布置的一侧式或多功能性的活动舞台,常常配置了可供时装表演的T型伸缩舞台,有些宴会厅还配有舞池供演出队表演民族歌舞或供宾客娱乐用,在设计舞台时要重点考虑演出的具体要求及宴会厅的大小。

(三) 演出乐器及音响设备

主要包括音响、低音炮、功放、均衡器、DVD、多媒体屏幕、麦克风等,乐器包括古筝、琵琶、扬琴等各种民间乐器。

(四) 宴会厅其他娱乐项目设计

宴会厅的其他娱乐项目设计主要制订切实可行的娱乐项目的活动计划、人员及宴会预算等,必须根据宴会的促销需求及宾客的要求来考虑其内容。

二、宴会娱乐项目的管理

🔊 **特别提示**:宴会娱乐项目的选择必须锁定当地市场的主要客源,慎重选择其内容,并要求进行风险分析、测算。

餐饮和娱乐场所都是人们日常生活中经常需要消费的地方,有朋自远方来,需要宴请和娱乐,如子女婚嫁举办婚宴,邀请婚礼司仪对整个婚宴过程进行策划,整个宴会也就少不了一些娱乐项目,但是,盲目地拼凑一些娱乐项目,不一定会符合宴会的需求。因此,在经营餐饮的同时,也要重视对宴会娱乐项目的整体管理。具体应抓住以下几点:

(一)针对不同性质的宴会及场地,选用符合宴会要求的娱乐项目

宴会的性质是千差万别的,圣诞晚会与婚宴要求的娱乐项目是不同的。管理者在设计宴会娱乐时就应该对酒店的周边市场进行调查分析,了解社会政治环境、文化环境、自然环境和技术环境等宏观经营环境,锁定主要客源,判断宴会厅娱乐经营项目未来的经营发展前景,选定适合主要客源的娱乐项目进行经营,如歌舞表演、时装表演等。

(二)对同行竞争态势的判断

同行竞争态势主要取决于市场的供求关系,宴会娱乐项目的正确选择关系到企业是否能够获利。一般来说,娱乐项目进入障碍大、花费的成本高、利润率小,就会减少竞争者的加入,反之则会吸引众多的竞争者加入。其中娱乐的进入障碍是指政府政策法规限制、资金不足、竞争对手强大、专业人才缺乏、进入成本过大(设备、运营成本等)、利润率低等。为此,正确地估量竞争对手,认清宴会娱乐项目的优势与劣势,知己知彼,才能百战不殆。

(三)宴会娱乐项目的策划

宴会娱乐项目的策划需要对市场调研报告的详细数据进行分析,获取具备竞争优势的宴会娱乐资源信息与运营能力预测,制定宴会经营目标及经营指标,拟订宴会娱乐项目的经营清单及其价格定位,对未来经营的成本与效益进行概算,确定宴会娱乐项目的市场营销方案及资源、设备配置计划,同时进行风险分析,量、本、利分析及可靠性评估,最后对宴会娱乐项目进行生命周期测算及新项目的更替开发。

(四)宴会娱乐项目的管理

宴会娱乐项目策划完成后,就应该马上进入项目组织管理,具体从以下几个方面来考虑:

1. 确立宴会娱乐项目的组织机构

确立以宴会娱乐项目经理为首的项目组,通过招聘或从企业内部选调具有一定专业知识的项目组成员,建立一支精干、专业、凝聚力高的宴会娱乐队伍。

2. 制定严格的宴会娱乐项目管理制度

宴会娱乐项目的管理与酒店其他部门的管理是相同的,都应该制定相应的岗位职责、工作程序及管理制度,理想的做法是将各种相应的岗位责任制与经济责任制密切配合,这样才能充分调动每个岗位工作人员的工作积极性和创造性。

3. 建立完善的宴会娱乐项目激励机制

建立完善的宴会娱乐项目激励机制是一种非常有效的管理方法,它可以充分调动每位项目组成员的工作积极性和创造性,让他们以各种形式参与宴会娱乐项目的管理,要比采用传统的、单一的、严厉的奖惩措施在效果上要好得多。

4. 重视宴会娱乐项目的不断更新

任何产品都需要更新,宴会娱乐项目也是一样,要想留住每位常客,酒店不光要在菜肴和服务上不断下工夫,而且也要在演出形式、节目内容及经营理念上有所更新,目前广泛流传的演出人员与宾客的互动,从某一角度来说就是让宾客融入我们的宴会娱乐项目之中,我们在与宾客的接触中,了解他们的真正需求,从而有效地促进宴会娱乐项目的不断更新。

5. 有效地将标准化服务与个性化服务相结合

服务的标准化与程序化是任何一家酒店都很重视的,它能够提高酒店宴会的档次与声誉,给宾客留下较好的印象,但是宴会的娱乐项目又有它特殊的一面,来用餐宾客的素质也是千差万别的,宴会娱乐项目的突发事件很多,灵活地运用个性化服务,更能体现出优质服务,因此,从事宴会娱乐项目的工作人员必须有效地将标准化服务与个性化服务相结合,不仅要熟悉规范的操作规程,而且要善于从工作中总结经验,不断地提高自我应变能力,从而在激烈的市场竞争中取得优势。

🔊 **特别提示:**宴会娱乐项目的管理有一定的难度,既要考虑到企业的经济效益,又要遵守国家法律规定,服从社会治安管理。

三、宴会娱乐项目的开发

宴会娱乐项目的开发是目前市场竞争的主要焦点,它关系到酒店所占的市场份额比例,成功的宴会娱乐项目能够将餐饮产品与娱乐有效地组合经营,给企业带来良好的经济效益。一般来说,宴会的娱乐项目开发应注意以下几个问题:

(一) 确立以宴会为主,娱乐为辅,协调开发

在经营过程中,管理者必须清楚主次关系,宴会既为主营项目,那么娱乐项目就应该摆在次要的位置,围绕着宴会的需求进行开发,在衔接方面一定要协调好,这样才能促进宴会与娱乐项目的良性互动,达到良好的经营效果。

(二) 重视娱乐项目的文化层次与品位

随着社会经济的飞速发展,宾客对宴会及娱乐项目的各种需求也越来越高,对宴会与娱乐项目的设计也不能停留在简单的吃、喝与层次不高的娱乐上,中国的饮食文化经过烹饪大师的精心开发能够被宾客所接受,娱乐项目的经营者往往为了迎合少数宾客的需求而脱离了休闲娱乐、健身的消费宗旨,这样也就在文化层次与品位上差了很多,虽然在短时间内能获得一些暴利,但终究是不会长久的。

(三) 坚持"以顾客为中心"的同时,也要重视安全工作

宴会娱乐项目的组合开发是为了满足宾客的需求,在菜单设计、设备配置、整体布局、娱乐项目选择、服务方式等一系列的设计上均紧紧围绕着"以顾客为中心"的宗旨,但是,食品卫生、娱乐活动的安全、社会治安、消防安全等问题不能忽视,管理部门必须加强现场管理,制定各种突发事件的应急处理方案,严格培训员工,真正做到有备无患。

(四) 为宴会娱乐项目的优化升级留下一定空间

产品的更新换代是社会发展的一种趋势,宴会娱乐项目也是随着市场需求的变化而调整其结构内容的。在开发、设计宴会娱乐项目时要对其设备的配置、发展空间的预留均有所考虑,这样才能适应市场,降低企业成本,符合以市场需求为导向的指导思想。

🔊 **特别提示:**宴会娱乐项目的开发必须在原有宴会娱乐项目进入正常运营的基础上方可进行开发,这样可以避免因盲目投资而给酒店造成损失。

第五节　宴会部运作中的特殊情况处理

引导案例

宴会部在运作过程中会遇到许多问题,尤其是宾客的投诉,所谓的投诉,是指宾客直观上认为个人利益受到损害,以书面或口头的形式向酒店主管部门所作的反映。据统计,一名投诉而未得到满意答复的宾客,他会将自己的不满告诉910个人,而得到满意答复的宾客却只会将自己的满意程度告诉45个人,由此可见,对于宾客的投诉,如果处理不当就会使酒店的声誉受到影响。

特别提示: 宾客投诉在任何酒店都是不可避免的,酒店的管理人员遇到投诉后,应该本着大事化小小事化了的原则,正确地处理,既要让宾客的投诉得到圆满的解决,又要让酒店避免损失,这就要看管理人员处理宾客投诉的具体方法是否能够得到宾客的认可。

一、客人的投诉处理

面对宾客的投诉,酒店的管理者应该认真、耐心地聆听宾客的倾诉,分析宾客投诉的原因(菜肴质量、卫生情况、服务技能、对客态度、环境设备等),巧妙地运用策略和方法,适当给宾客一些折扣或食品补偿,使宾客的不满意逐步转变为满意,这样可以将负面影响控制在最小的范围内。下面就宾客投诉的问题,探讨一下处理问题的技巧方法。

(一)充分重视、尊重宾客的投诉

宾客投诉在任何酒店都是不可避免的,关键是酒店管理者对待宾客投诉的重视程度。既然宾客已经对酒店产生了不满,那就说明我们在菜肴或服务的环节上出现了问题,采取认真积极的态度对待它,且对客人表示歉意,说明我们对待宾客的投诉是充分重视的。

(二)善于耐心倾听,且保持冷静

宾客对酒店投诉,说明他们对酒店还抱有期望,虽说每个人的个性是千差万别的,但酒店管理者要善于理智地、耐心地倾听宾客的投诉,做到尽量与客人单独交谈,避免影响其他宾客,交谈时要注意观察客人的身体语言,了解他们的真正想法与意图,但切忌与宾客发生争执。

(三)同情、理解客人的感情并做好记录

记录宾客的主要投诉内容,表示酒店对宾客投诉的重视程度,适时地以眼神、语气、表情、身体语言等各种方式表露出对客人的同情与理解,可以稳定客人的情绪。往往记录的同时不光可以降低宾客愤怒的语速,使他们消气,同时也是给管理者思考处理方案留下一定的空间。

(四)诚恳道歉并告知将要采取的补救措施

诚恳道歉是赢得宾客谅解的好方法,但要注意把握分寸,不能让宾客产生酒店已经完全承认错误的误解,如果确实是酒店的责任,应该尽快道歉并做出有效的补救措施,千万不要推脱责任,切忌低估解决问题的时间,但也要注意不要超越自己的职权范围。

(五)监督补救措施的执行情况

对于不能当场解决的投诉,也要告知宾客解决投诉的时间期限,以表示酒店处理投诉的诚意。在处理投诉期间,要不断地通过电话或其他通讯方式与宾客保持联系,告知对方

事情的进展过程,以得到客人的谅解与配合。即使此项投诉由其他人处理,也要对整个事情的处理进程进行监督,确保宾客的投诉得到完美的解决。

(六) 信息反馈与上报书面报告

任何宾客的投诉,无论其动机如何,对于酒店是有好处的,它可以避免类似的事情再次发生,可以提高酒店的菜肴质量水平和服务技能要求,同时对管理者也敲响了加强管理的警钟,因此,酒店应该感谢那些提出中肯意见的宾客,把每件案例认真地写成书面报告,一方面上报上一级管理部门,另一方面把这些资料集中起来,用于酒店内部员工的培训教材,这样长期下去,整体服务质量才能有所提高。

🔊 **特别提示**:酒店管理人员处理完宾客的投诉后,一定要把整个事情的经过用书面的形式记录保留下来,这样可以作为培训员工的资料,避免此类事情在酒店里再次发生。

二、宴会服务中较为典型的问题处理

🔊 **特别提示**:宴会服务中,难免会发生一些预料不到的问题,以致遭到宾客的投诉,关键是酒店管理者如何妥善地处理好这些突发事件,及时解决好客人的投诉,以确保宴会顺利进行,同时为建立酒店良好的声誉打下良好的基础。

(一) 宴会预订问题的处理

1. 原因分析

(1) 客人订餐时,宴会预订员没有问明订餐者或赴宴者是否要在正餐前安排其他有关活动,以致最终未能满足客人的要求,十分扫兴,造成客人不满和投诉。

(2) 宾客订餐或宴会订餐,宴会预订员没有准确记录客人的订餐,更没有按时按日提供客人的订餐需求,从而造成客人的极大不满和投诉。

(3) 宴会包间被重复预订,导致两批宾客争执。

(4) 宴会菜单或宴会场地临时应急变更,没有及时与宾客沟通。

2. 应急处理

(1) 向宾客表示歉意,并问清宾客的需求。

(2) 迅速查看当日客情,给予更正、补救。

(3) 书面记录整个事情的经过,加强宴会预订员的责任心管理。

(4) 制定完善的宴会受理、布置与检查制度。

【小资料】

宴会受理、布置与检查制度:宴会预订员在受理预订时要问清举办单位和个人的详细名称、姓名、宴请对象、就餐人数、宴会时间、宴会标准、宴会场地布置、菜单要求等,做详细记录。确认后下宴会通知单至厨房等相关部门,重大宴会需提前通知采购部、酒水部。餐饮部管理者在宴会前必须检查宴会厅的布置、卫生、餐具备用数量、宴会台面布置、设备(主持台、话筒、灯光、音响、舞台、乐器等)、备餐间的备料、酒水、绿化、安全状况等。最后在开餐前的例会上向宴会服务人员强调服务要点、工作程序、注意事项等细节方面。

(二) 客人反映菜肴不熟

1. 原因分析

(1) 因烹饪火候不足或加热方法不当造成菜肴不熟。

（2）因客人不了解菜肴风味特点而误认为菜肴不熟或难以食用。

2. 应急处理

（1）因烹饪火候不足或加热方法不当造成菜肴不熟,宴会管理人员需向宾客表示歉意,征得客人同意后,重新更换一份,并请客人谅解。

（2）因客人不了解菜肴风味特点而误认为菜肴不熟或难以食用,宴会管理人员应礼貌地说明菜肴风味特点、烹制方法和食用方法,使宾客消除顾虑。

（三）菜肴、菜汤洒出

1. 原因分析

（1）宴会服务过程中,服务员操作不当,导致菜汤洒在客人身上或餐桌上。

（2）由于客人不小心,将汤汁洒在衣物上。

2. 应急处理

（1）宴会服务过程中,服务员操作不当,导致菜汤洒在客人身上或餐桌上,应立即诚恳地向客人表示歉意,在征得客人同意的情况下,用干净的毛巾为客人擦拭衣物,根据客人的态度和衣物被弄脏的程度,必要时为客人提供免费洗涤服务,至于脏桌面,应迅速清理,并用干净的餐巾垫在餐台上,以免影响客人继续用餐。

（2）由于客人不小心将汤汁洒在衣物上,服务员也应该迅速上前,主动为客人擦拭,并安慰客人。

（四）宾客醉酒

1. 原因分析

饮酒过量所致。

2. 应急处理

（1）宴会管理人员应及时赶到现场,设法让客人安静,并劝告、扶持宾客立刻离开宴会厅,帮助其醒酒,避免影响其他客人。

（2）宴会过程中,服务人员要观察客人饮酒动态及表情变化,并针对具体情况,适当劝阻。

（3）处理醉酒过程中,直至事后,均不可以笑话客人。

（五）客人损坏餐具

1. 原因分析

（1）客人用餐过程中不小心。

（2）客人的孩子损坏了餐具。

2. 应急处理

（1）服务员应迅速到场,要关心客人是否受伤,不可以指责宾客。

（2）清理破损餐具,快速擦拭桌面。

（3）换上新餐具,让客人继续用餐。

（4）其费用在结账时按酒店规定处理。

（六）客人食物中毒处理

1. 原因分析

（1）食物可能受污染。

（2）食物加热处理的时间不足。

（3）食物烹制完后放在室温中的时间过长。

（4）生食与熟食交差污染。

（5）人为的污染。

（6）设备清洗不完全所造成的食品污染。

（7）使用了已经受到污染的水。

（8）储藏不当。

（9）使用了有毒的容器。

（10）添加了有毒的化学物质。

（11）动植物食品中含有天然毒素。

（12）厨房环境不清洁。

2. 应急处理

（1）立刻拨打120急救中心及110报警，详细告知事情发生地点的地址及附近有明显可供识别的标志，以便救护人员迅速赶到现场。

（2）通知店医前来采取急救措施（喝水、催吐等）。

（3）将可能引起客人中毒的食物及患者的呕吐物、排泄物等保留下来，作为事后检查或检验之用。

（七）客人烧/烫/摔伤处理

1. 原因分析

（1）热汤烫伤：服务员上菜时不小心将热汤泼在客人身上，导致大面积烫伤。

（2）火焰烧伤：服务员在客前烹制食品时，不小心将火焰烧伤客人。

（3）宴会厅地面湿滑或地面不整，导致客人摔伤。

2. 应急处理

（1）立刻拨打120急救中心（如果火势较大，还须同时报119火警），详细告知事情发生地点的地址及附近有明显可供识别的标志，以便救护人员迅速赶到现场。

（2）在救护车未到之前，通知店医前来对烧/烫伤客人采取急救措施。

3. 后续补救措施

（1）积极采取补救措施，防止事故再次发生。

（2）事后分析事故原因，写成案例。

（3）进行针对性培训，避免此类事情再次发生。

（八）客人反映账单不符

1. 原因分析

（1）酒店工作人员失误所致。

（2）因客人不熟悉收费标准或算错账。

2. 应急处理

（1）应迅速与客人一起仔细核对所上食品、饮料、酒水和其他收费标准。

（2）如果因酒店工作人员失误所致，应该立即向宾客道歉，及时修改账单。

（3）如果因客人不熟悉收费标准或算错账，应诚恳地小声向客人解释，语言要求友善，不使客人难堪。

（九）客人的逃账、漏账处理

一般来说，故意不付账的客人还是很少的，如果发现有客人未付账离开餐厅时，处理方法如下：

（1）服务员马上追上客人。

（2）礼貌地、小声地将情况说明。

（3）请客人补付餐费。

（4）如客人与朋友在一起，应请客人到一边，再将情况说明。

（5）整个过程要注意礼貌与语气。

（十）客人的挂账及催账

通常无特殊情况，酒店不赞成宾客挂账，要求宾客在宴后立刻结账，但下列情况下，酒店给予挂账：

（1）与酒店相关的协议公司或客户。

（2）由酒店工作人员或营销经理担保。

（3）当值经理同意。

（4）与酒店签订协议的政府相关部门及旅行社。

对于上述因故临时挂账的，酒店财务会按照相关协议进行处理，对于酒店工作人员或营销经理进行担保的，必须限定期限，挂账到期后，则按照各酒店的不同规定进行催账处理。

特别提示：宴会服务中所产生的问题还有许多，宾客投诉的类型无非表现在员工的服务态度、清洁卫生、礼貌礼节、设施设备、菜肴质量等方面。酒店管理者要善于在处理突发事件和投诉中发现自己的管理漏洞和不足，及时给予修正，并逐步完善工作程序与管理制度。

本章小结

1. 通过本章学习，能比较全面地了解宴会的促销形式与方法。
2. 能够懂得宴会厅的设施设备的质量控制及其环境的管理要求。
3. 了解宴会厅收银程序与账款交接制度方面的收银管理知识。
4. 掌握宴会娱乐项目的设计、管理与开发。

检　测

一、复习思考题

1. 联系自己的实际工作，谈谈宴会促销方式的实用性。

2. 根据宴会收银的程序与账款管理制度的要求，列举几例说明实际收银工作中可能产生的问题。

3. 请分析目前市场上较为流行的娱乐项目，阐述宴会娱乐项目在我国的发展前景。

4. 宾客投诉常见的类型有哪几种？酒店管理者是怎样处理客人投诉的？

5. 宴会运作过程中常见的突发事件有哪些？怎样进行应急处理？

二、实训题

1. 根据宴会厅的设备设施要求及管理的学习，制订一份四星级饭店宴会厅设备设施的具体标准要求及管理细则。

2. 根据所学的宴会娱乐项目设计及管理知识，结合当地宴会经营的发展趋势，设计一份五星级饭店全年宴会娱乐项目计划，并说明如何加强运作及管理。

3. 在宴会经营运作过程中，您认为最难处理的客人投诉是什么？如果你去处理这些投诉，应采取哪些方法？请写明处理好客人投诉方法的可行性。

参 考 文 献

1. 周妙林. 菜单与宴席设计. 北京:旅游教育出版社,2005
2. 陈金标. 宴会设计. 北京:中国轻工业出版社,2002
3. 俞仲文,周宇. 餐饮企业管理与运作. 北京:高等教育出版社,2003
4. 施涵蕴. 菜单计划与设计. 沈阳:辽宁科学技术出版社,1996
5. 邵万宽. 美食节策划与运作. 沈阳:辽宁科学技术出版社,2000
6. 陈光新. 中国筵席宴会大典. 青岛:青岛出版社,1995
7. 陈光新,王智元. 中国筵席八百例. 武汉:湖北科学技术出版社,1987
8. 李登年. 中国古代筵席. 南京:江苏人民出版社,1996
9. 周宇,颜醒华. 宴席设计实务. 北京:高等教育出版社,2003
10. 梁玉社. 餐台设计与布置. 沈阳:辽宁科学技术出版社,1998
11. 万光玲,贾丽娟. 宴会设计. 沈阳:辽宁科学技术出版社,1996
12. 叶佰平,鞠志中,邸琳琳. 宴会设计与管理. 北京:清华大学出版社,2007
13. 贺湘辉. 餐厅经营管理300问. 广州:广东经济出版社,2006
14. 滕宝红,刘慧明. 餐饮、娱乐管理问题一本通. 广州:广东经济出版社,2006
15. (美)Agnes Defranco,(美)Jeanna Abbott;王向宁,译. 酒宴管理. 北京:清华大学出版社,2006
16. 俞仲文,周宇. 餐饮企业管理与运作. 北京:高等教育出版社,2003
17. 梭伦. 宴会设计与餐饮经营管理. 北京:中国纺织出版社,2004
18. 金陵饭店工作手册编写组. 金陵饭店工作手册. 南京:译林出版社,1999
19. 樊平. 餐厅服务. 北京:旅游教育出版社,2001
20. 邵万宽. 中国烹饪概论(第2版). 北京:旅游教育出版社,2013